游戏数值
百宝书

战斗数值实战

袁兆阳　著

电子工业出版社
Publishing House of Electronics Industry
北京·BEIJING

内 容 简 介

由于数值设计是游戏战斗体验的核心规则，因此本书聚焦这一核心领域，为读者提供纯战斗向的数值系统化实战指南。本书通过《黑暗之魂》BOSS 的韧性阈值、《英雄联盟》技能伤害数值模型等经典案例，深度拆解战斗数值如何以简单规则构建策略深度；从角色基础属性公式、技能伤害链式模型到动态难度曲线设计，完整呈现战斗数值规则背后的数学架构。

书中独创"目标-验证"设计框架，配套多套模块化工具（如属性成长计算表、职业平衡测试模板、战斗时长验证脚本等），所有案例均基于真实项目脱敏重构，完整呈现战斗数值的构建过程。

本书专为战斗系统策划、动作类游戏、MMO 开发者及游戏专业学生打造，跳过冗余理论，直击"公式推导-参数调优-验证迭代"全流程。随书附赠数字资源包，帮助读者将数值设计从"经验试错"升级为"可复用的体系化方法"。

图书在版编目（CIP）数据

游戏数值百宝书：战斗数值实战 / 袁兆阳著.

北京 ：电子工业出版社，2025. 8（2025.10重印）. -- ISBN 978-7-121-50938-4

Ⅰ. TP317.6

中国国家版本馆 CIP 数据核字第 2025WG6943 号

责任编辑：张慧敏　　　　　　　　　特约编辑：田学清
印　　刷：涿州市般润文化传播有限公司
装　　订：涿州市般润文化传播有限公司
出版发行：电子工业出版社
　　　　　北京市海淀区万寿路 173 信箱　　　邮编：100036
开　　本：720×1000　　1/16　　印张：14.5　　字数：309 千字
版　　次：2025 年 8 月第 1 版
印　　次：2025 年10月第 2 次印刷
定　　价：79.00 元

凡所购买电子工业出版社图书有缺损问题，请向购买书店调换。若书店售缺，请与本社发行部联系，联系及邮购电话：(010) 88254888，88258888。

质量投诉请发邮件至 zlts@phei.com.cn，盗版侵权举报请发邮件至 dbqq@phei.com.cn。

本书咨询联系方式：faq@phei.com.cn。

序言

一

有幸受邀为兆阳的新作《游戏数值百宝书：战斗数值实战》作序。兆阳的上一本著作《游戏数值百宝书：成为优秀的数值策划》已是业内公认的经典，而这部新作则更进一步，将理论转化为实战应用，填补了数值设计从框架到执行的空白。

本书不仅系统梳理了游戏通用架构与数据可视化方法，还以模块化思维优化数值配置流程，让复杂的设计变得直观可控。尤为可贵的是，书中对战斗公式、成长曲线、数值投放节奏的推演逻辑，均匹配了翔实的验证案例和 Excel 实操技巧，使其成为数值策划从入门到精通的指南。

本书对自主生成数值系统（Procedural Generation）的前瞻探讨，更展现了数值设计的未来可能性。相信这本书能为读者提供全面可行的数值设计思路，成为游戏开发者案头常备的实战宝典。

千境文化创始人　吴郁君

2025 年 6 月

二

当我们在团队中讨论"好数值"的标准时，往往面临两个现实难题：一是新手策划面对几百个 Excel 表格参数却无从下手，二是有经验的同事在版本平衡上陷入"拆东墙补西墙"的疲惫循环。这背后并不是谁不够努力，而是行业里一直缺少一本既能指导落地实践、又系统化的方法论参考。

2021 年，兆阳所著的《游戏数值百宝书：成为优秀的数值策划》首次将"数值"这门"工程活"以通俗且体系化的方式阐释，不少年轻策划跟我说："这本书让我们第一次意识到，自己也能掌控复杂系统，而不只是跟着表格改数。"时隔四年，他带着更聚焦、更具实战性的新作回归。

这一次，书名中的"战斗"二字并非仅对选题范围的限定，更是深耕之后的进一步凝练。从职业与技能、角色成长、装备系统到战斗公式与验证工具，本书将数值拆解为可理解、可迭代、可验证的模块。它不仅仅局限于"告诉你怎么做"，更提供了一整套"可以用于设计和验证"的方法体系。书中那些令人眼前一亮的工具（如技能释放模拟器、属性梯度模型等），无一不是从项目中诞生、又能反哺项目的实战成果。

我尤其欣赏的是，这本书在"工程逻辑"之外，对"设计美感"的强调。书中不仅教你如何调节伤害数值的平衡，还提醒你关注"打击感"的数值来源，以及何种成长曲线更符合玩家的心理预期。这些判断既源于数据模型，又源于作者在一线数值岗位上的丰富经验。这是一种从"知其然"到"知其所以然"的认知跃迁。

因此，如果你是初入游戏行业、渴望建立系统知识框架的策划，那么这本书便是助你避坑提效的实战手册；如果你已经身经百战，那么不妨瞧瞧作者如何以模块化思维重构我们熟悉的数值体系，说不定你会发现更优雅、更高效的解法。

写到这里，我仍不禁感慨：数值策划是一门孤独的手艺，其优劣往往藏在体验深处与数据背后，既不易被察觉，又难以直接验证。但正因如此，我们更需要兆阳这样的人，将经验沉淀为文字，把工具开放给同行，以此建立行业内更高效的协作语境与知识起点。

希望这本《游戏数值百宝书：战斗数值实战》能成为更多数值策划案头的"百宝书"，帮助他们在面对复杂系统时多一分确定感。

哔哩哔哩游戏数据分析专家　黎湘艳

2025 年 6 月

三

作为一家初创游戏公司的创始人，当我看到兆阳的第二本著作即将付梓时，心中涌起的不仅是欣慰，更有一种"同道者并肩攀登"的豪情。这不仅是一本书的面世，更像是在我们共同开拓的游戏征途上，又一座由智慧与心血铸就的灯塔被点亮。

犹记得几年前，兆阳的第一本《游戏数值百宝书：成为优秀的数值策划》面世时，如同在混沌的数值海洋中投下一枚定海神针。那本书是"道"，是根基，是通往游戏世界底层逻辑的钥匙。如今，这本《游戏数值百宝书：战斗数值实战》则是"术"的升华，是将冰冷的数字淬炼成刀光剑影、策略博弈与心跳律动的实战手册。

在追逐游戏梦想的道路上，我深知"数值"二字的分量。这些看似是隐身于屏幕之后的代码，却如同游戏世界的"牛顿定律"，无声地主宰着每一次挥剑的力道、每一次技能的爆发、每一次胜负天平的倾斜。在这本书里，他将战斗数值从抽象的概念，解构为可触摸、可计算、可优化的实战体系。没有空洞的理论堆砌，只有从无数项目实践与成败得失中淬炼出的"真经"。

作为他的合作伙伴，我有幸近距离见证了这本书的孕育过程。它不仅是知识的输出，还凝聚了兆阳对游戏本质的深刻理解和对玩家体验的极致尊重。书中的每一个公式、每一个案例、每一个被反复推敲的阈值，都昭示着一种近乎"偏执"的匠心——那是对"好玩"二字的虔诚信仰和极致坚持。一次恰到好处的暴击数值，能让玩家肾上腺素飙升；一套环环相扣的技能 CD 设计，能催生出精妙的战术配合；一场势均力敌的 BOSS 战背后，是无数个平衡点上的反复打磨。这本书将这种"让数字服务于情感，让逻辑服务于乐趣"的创作哲学，毫无保留地呈现给每一位读者。

对于所有在游戏行业耕耘，尤其是正在或渴望打造令人热血沸腾的战斗系统的同仁们，《游戏数值百宝书：战斗数值实战》无异于一本"屠龙秘技"。无论你是初入本行的新手，还是寻求突破的"老兵"，甚至是如我这般需要洞悉团队创作核心的管理者，这本书都能为你我提供清晰的地图与锋利的工具，助你我在复杂如繁的战斗数值世界里，精准定位自身坐标，点燃独一无二的战斗焰火。

最后，愿每一位翻开此书的朋友，都能在兆阳笔下那严谨而灵动的数字星河中，找到属于自己的那束光，创造出让玩家为之欢呼、为之着迷、为之热血沸腾的战场！这正是我们所有游戏人最朴素也最伟大的荣光。

资深游戏制作人　史家宝
2025 年 6 月

四

兆阳的新书又来了，作为好朋友，很荣幸再次受邀写序。

这些年游戏行业风云变幻：一方面，国内小游戏强势崛起，国产 3A 大作崭露头角，休闲 SLG 市场表现亮眼；另一方面，二次元游戏市场趋于饱和，卡牌品类热度下降，传统 MMO 和 SLG 项目屡遇挫折。我们这些在行业一线拼杀的"老兵"，大多会产生些许迷惘，至少在某一时刻困惑于未来的方向，更别提那些计划进入游戏行业的年轻人了。

除感觉行业发展进入瓶颈期之外，更深刻的感触是行业教育的进步。最近几年面试了很多游戏策划，明显感受到毕业生的专业程度在大幅提升。很多人从小就开始学习编程和艺术，在大学甚至高中就有独立制作游戏的经历，部分人还主修了游戏设计专业，这使得游戏行业的人才供给质量显著提高。

虽然人才质量的提升对行业发展绝对是好事，但是在行业变化加剧的背景下，新手策划却面临更高的要求，需要紧紧抓住游戏行业的发展趋势。在我看来，近年行业变化主要由三股力量推动，具体如下。

软硬件技术的发展：尤其是硬件性能、AI 和引擎技术的进步，让制作高品质的游戏变得相对更加容易。

用户需求的迭代："00 后"可以说是游戏世界的原住民，从小玩着游戏长大，对游戏的需求更加细分化。

平台生态的演变：平台的隐私政策调整及短视频与游戏的融合，对游戏行业冲击巨大。

在这些错综复杂的影响因素中，有志于加入游戏行业的从业者既要保持对行业动态的关注，积极参与行业交流，又要在变化中锚定核心——抓住不变的底层逻辑。

兆阳一直致力于数值策划知识的系统化整理和传播。他的数值策划系列从理论到实战，试图从数值角度剖析游戏的本质，阐述数值与系统、体验的关系。书中从战斗到经济，从横向到纵向的框架，是一位历经实战的游戏策划对行业经验的高度抽象。这对刚入行的新手策划来说，可以快速为自己构建一套游戏理论的框架；对从业多年的资深开发者来说，可以从不同视角重新审视游戏框架，堪称开卷有益。

最后，愿大家在看完此书后能有所收获，未来创作出令自己满意的游戏作品。

资深游戏制作人　田晓东

2025 年 6 月

五

认识兆阳多年，印象最深的就是他总在笔记本上写写画画，嘴里还念叨着"这个暴击率得再调调""金币回收曲线不太对"。当时只觉得他对游戏数值近乎偏执的钻研，透着股"轴劲"。直到读完这本《游戏数值百宝书：战斗数值实战》，才明白这份执着背后，藏着对游戏行业最纯粹的热爱与使命感。

记得有次聚餐，大家聊起新上线的某款游戏，吐槽数值失衡导致玩家流失严重。兆阳当即掏出手机，翻出他整理的数值分析文档，从伤害公式到经济系统漏洞，头头是道地分析了近半小时。他眼中闪烁的光，让我感受到一个数值策划对"好游戏"的坚守——在他看来，数值并非冰冷的数字，而是玩家沉浸于游戏世界的"引力场"。或许正是这份初心，推动着他把十余年的实战经验，毫无保留地倾注进这本书里。

翻开书页，扑面而来的是"干货浓度"极高的内容。不同于市面上泛泛而谈的理论书籍，兆阳像个手把手教你的老师，从项目立项前的数值预研，到上线后的数据复盘，每一步都掰开揉碎了讲解。书中那些真实的案例，不少都源自他亲历的"坑"：曾因忽略玩家成长曲线，导致某款游戏前期体验极佳、后期却因难度骤增流失大量用户；也试过为了平衡 PVP 系统，和团队反复推演上百次战斗数据。这些踩过的坑、总结的经验，如今都化作书中的"避坑指南"，字字句句都透着实用与真诚。

最让我惊喜的是兆阳在书中展现的"破局思维"。他不仅教会读者如何搭建数值模型，还强调"跳出数值看数值"的重要性。对于刚入行的新手策划，这本书像是一位靠谱的领路人——它会带着你从 Excel 函数学起，手把手教你设计伤害公式；对于资深开发者，书中那些关于"数值生态""动态平衡"的深度思考，则能引发新一轮的头脑风暴；而作为游戏爱好者，你也能透过这些数字，读懂开发者的"小心思"，重新发现游戏的乐趣。

合上书本，脑海中浮现出兆阳伏案写作的模样。这不仅是一本关于游戏数值的工具书，更是一个游戏人用热爱与专业浇筑的诚意之作。相信每一位翻开它的读者，都能感受到这份沉甸甸的心意，也能在游戏设计的道路上，找到属于自己的答案。

资深游戏制作人　陈凯
2025 年 6 月

六

上一次为本书作者的书执笔作序，已是四年前。

那时的游戏行业刚经历了一场狂奔式发展，人才如潮涌入，资本上演烈火烹油的盛宴。当然，盛宴之后便是杯盘狼藉——资本如潮水般涨落，不由分说。可那些被浪潮裹挟入行的新手策划，踏上这条名为"做游戏"的道路，便很难轻易回头，它更像一条单行道。留下来的我们，面对冷却的市场和陡增的挑战，手中可有一二锦囊，助我们破局前行？

潮水退去时，裸泳者无处遁形。这话虽直白，但放在游戏数值领域，可谓一针见血。这四年间，我目睹了无数项目的崛起与陨落。每个团队都在自己的战场上挣扎，困境各异，解法亦无定式。当市场火热时，粗糙的数值尚可藏身于华丽画面与玩家的宽容之下；当寒冬来临时，那些曾被视为"小毛病"的数值暗伤便骤然发作，痛彻骨髓。

回想那些让人头疼的场面：某个职业过于强势，论坛即刻"炸锅"，策划组熬夜调整，结果越改越乱，玩家依旧流失；耗费心力设计的 BOSS，因数值计算偏差，导致大部分玩家无法通过，运营急得束手无策；精心设计的成长线，玩家前期体验畅快，中期成长曲线却突然出现断崖式下跌，纷纷愤然弃游……

这些问题的根源，往往深扎于支撑游戏战斗的隐形规则——数值系统之上。它如同房子的钢筋架构，架构若歪斜，装修再精美也终将倾塌。数值出了问题，玩家最直接的感受便是违和、失衡、体验憋屈。它虽无形，却切实决定着每一次攻击的痛感、每一场战斗的胜负、每一轮升级的爽感。

曾有段时间，战斗数值设计近乎玄学。新手策划打开 Excel，面对着密密麻麻的数字茫然无措，心生焦虑。即便是经验丰富的资深开发者，在做关键决策时，也常在主观判断与数据推演间摇摆，最终仍需依赖反复试错。大家都想把体验调到最好，却苦于没有一套清晰、可靠、能照着做的方法。这种力不从心的感受，想必不少同行都深有体会。

因此，当我看到《游戏数值百宝书：战斗数值实战》这本书稿时，内心倍感踏实，甚至有些动容。作为四年前《游戏数值百宝书：成为优秀的数值策划》的姊妹篇，它并非高高在上的理论著作，更像一位经验老到、愿意倾囊相授的师长。作者未做理论堆砌，而是将自己多年来项目实践中踩坑、碰壁、破局的经验，掰开揉碎，清晰阐释。

这本书对读者来说，不仅是学习新知识这么简单，还能获得解决问题的思路，成为能立刻上手用的工具。书中会指导你如何搭建战斗数值的底层架构，会帮你解开成长的节奏密码，同时教你如何预见风险，将所谓的"玄学"转化为可量化的技术。那些曾依赖经验与感觉的设计环节，在书中都被拆解为可测量、可调整的参数关系。

正如我四年前在序言中写到的那样，写书育人是一份苦差事。所幸作者坚持至今，让我们得以见到《游戏数值百宝书：成为优秀的数值策划》的续篇。当然，这其中的酸甜苦辣唯有亲历者方能知晓。

前作字字如砺，常读常新；新篇亦字字珠玑，取精用弘。相信在市场遇冷之际，有这样的拾薪者躬身传递火种，假以时日，必能星火渐炽，终成燎原之势！

资深数值策划　朱元晨

2025 年 6 月

前言

在游戏开发的世界里，数值是沉默的造物主。它不似美术那般具有视觉冲击，没有剧情带来的情绪共振，却悄然决定着每一次挥剑的重量、每一场对局的胜负、每一段成长的节奏。十年间，我看着无数团队在战斗系统的深渊中挣扎——技能连招的伤害溢出导致职业失衡，BOSS 的韧性阈值设置失误让玩家集体卡关，角色成长曲线的陡峭转折引发大规模玩家流失……这些教训背后，往往藏着一个被忽视的真相：优秀的战斗设计，本质是数值规则的精妙编织。

市面上关于游戏设计的著作，大多将笔墨倾注于玩法创新或叙事艺术中。当新手策划打开 Excel，面对上千行属性参数时，依然不知该从何处推导第一个公式；当资深开发者为新角色设计技能倍率时，仍在感性与理性之间反复摇摆。这种困境催生了本书的诞生——它不试图覆盖游戏设计的全貌，而是像手术刀般精准地切入"纯战斗数值"这一垂直领域，将晦涩的数学语言转化为可复用的设计范式。

如果你是刚入行的新手策划，那么本书能帮你避开我曾踩过的坑；如果你已是资深开发者，那么书中关于动态平衡验证和自动化测试的案例，或许能打破你的思维定式；如果你只是独立游戏团队的一员，那么你可以借助模块化工具，以极低的成本构建不逊色于商业大作的策略深度。

这不是一本读完即可束之高阁的理论手册。随书提供的 Excel 模板，正是为了将"体系化设计"的理念植入工作流：用动态公式替代手动填表，用自动化验证取代经验试错。即使你从未接触过编程，也能通过案例文档中的分步指南，亲手为虚拟角色注入数值灵魂。愿本书助力每一位有梦想的"游戏人"——让游戏数值不再成为制作游戏的瓶颈，让美好的构想得以完美落地，最终打造出真正的"精品游戏"。

本书的完成离不开行业同仁的支持。感谢父母和家人的支持与陪伴！感谢好友吴郁君、黎湘艳、史家宝、田晓东、陈凯、朱元晨为本书作序！感谢张慧敏等编辑对内容的建议及帮助，助力完成全书校对和修改！最后，感谢每一位读者，你们的热情与批判性思考是游戏行业不断进步的源泉。如果你对本书有良好的建议或有所疑惑，欢迎加入本书 QQ 群（2380572）进行探讨和咨询，期待你的光临。

作者

2025 年 6 月

目录

01

第1章
游戏的本质

在纷繁复杂的游戏世界中，玩家与游戏的互动犹如一场永不间断的对话。这场对话的核心，便是游戏设计的灵魂。无论是 RPG（角色扮演游戏）类游戏中引人入胜的剧情，还是策略类游戏中深邃精妙的战术博弈，每一次令人难忘的游戏体验都依赖于一个共同的基础——游戏的本质。这种本质不仅定义了游戏作为一种娱乐媒介的独特属性，还通过数值系统的精巧构建，为玩家带来了更丰富、更深刻的体验。理解游戏的本质与数值设计的核心逻辑是每一位游戏设计师迈向卓越的必经之路。

那么，什么是游戏的本质？当人们讨论游戏时，常提到绚丽的视觉效果、复杂的数值系统或丰富多样的玩法。虽然这些元素确实是游戏的重要组成部分，但它们并非游戏的本质核心。游戏真正的独特之处，在于能够激发玩家内心深处的情感共鸣，带来纯粹的乐趣。这种乐趣可能源自探索未知的刺激，克服挑战的满足，或是与他人协作的喜悦。

游戏的设计是一门融合艺术与科学的学问。艺术赋予游戏情感和灵魂，科学则为其构建逻辑与结构。真正出色的游戏设计往往秉承"简单即复杂"的理念：通过简洁有力的设计，引导玩家聚焦于核心体验——与虚拟世界的互动与探索。简单并非简陋，而是经过深思熟虑的凝练，是对游戏本质的纯粹呈现。正如某位设计大师所说："设计的艺术不在于添加，而在于去除不必要的复杂性。"

然而，简单并不意味着游戏无须深度。恰恰相反，深度和复杂性是游戏吸引力的重要来源，只是它们必须建立在清晰且合理的基础上。数值系统正是承载这种深度的关键所在。数值绝非仅仅是推动游戏中角色成长、维持战斗平衡和保障经济运转的核心工具，更是一股悄然影响玩家体验的隐形力量。要设计出一个出色的数值系统，不能仅着眼于数值的平衡性，更要深入思考如何通过数值来强化玩家的沉浸感与参与感。

从本质上看，数值是游戏规则的一种抽象表达方式。它们通过精确的参数、严谨的公式和严密的逻辑，为游戏世界赋予了秩序，注入了生命力。无论是战斗中的攻防博弈，还是经济系统中的资源流通，数值设计的核心任务是找到一种平衡——一种能让玩家感受到挑战与成长相辅相成的平衡。出色的数值设计不会刻意让玩家察觉到自身的存在，却能在不知不觉间增强游戏的趣味性和可玩性。

例如，在一个战斗系统中，攻击与防御的平衡决定了战斗的节奏与难度；在一个成长系统中，奖励与挑战的平衡直接影响玩家的投入感与成就感。数值的魅力在于，它既是游戏体验的支柱，又是策略深度的催化剂。正是这种隐藏的艺术，使数值成为游戏设计中不可或缺的一部分。

本书将以游戏的本质为起点，深入探讨数值设计的核心理念与实践方法。我们希望通过这本书，不仅帮助新手策划理解数值的原理与应用，还能为经验丰富的资深开发者提供新的思路和工具。在这场探索中，我们将不仅仅是观察者，更是实践者，通过构建和调整数值系统，亲身感受设计的魅力。

在接下来的章节中，我们将从游戏的本质出发，逐步揭示数值的意义与功能。从目标、规则到挑战和奖励，从简单的设计哲学到精密的数值运算，我们将通过理论与案例的结合，引导读者设计出既具深度又不失直观的数值系统。无论你是刚刚踏入游戏设计领域的新手策划，还是已经积累了丰富经验的资深开发者，本书都会为你带来新的灵感与启发。

让我们从头开始，重新思考游戏与数值的本质。探索游戏设计的无限可能，为玩家创造出更有趣、更具吸引力的虚拟世界。

1.1 理解游戏的本质

在进入游戏设计领域之前，我们必须回答一个最基本的问题：什么是游戏？游戏不仅是一种娱乐形式，还是一种独特的互动媒介，通过规则、目标、互动与反馈，为玩家创造了一个充满吸引力的虚拟世界。它能通过复杂的机制引发玩家的情感共鸣，让他们在挑战与成长中体验乐趣。从轻松的休闲类游戏到复杂的多人在线角色扮演游戏（MMORPG），每款游戏的核心都源于一套精心设计的机制，驱动着玩家探索、投入与满足。

理解游戏的本质可以从4个层面入手：游戏是什么？它是如何吸引玩家的？游戏设计师如何将这种吸引力转化为具体设计？游戏设计应追求什么样的平衡？

首先，游戏的定义与特征提供了基础框架。游戏是通过规则组织的系统，包含规则、目标、互动、反馈等基本元素，其终极目标是激发玩家的情感共鸣。其中，规则是秩序的基石，决定了玩家可以做什么、不能做什么，同时为策略的可能性提供空间；目标赋予玩家方向感，引导他们在虚拟世界中追求成长与满足；互动让玩家的每一步选择都充满意义；反馈可以强化玩家的行为结果。这些元素共同构成了游戏的骨架，而情感则赋予了游戏生命力，使其超越单纯的交互体验，成为直击人心的艺术形式。

其次，游戏体验的核心将视角转向玩家本身。情感的起伏、互动的深度、沉浸感的塑造和成就感的延续是构建玩家体验的关键要素。无论是在《黑暗之魂》中克服高难度挑战后的满足，还是在《塞尔达传说：旷野之息》中自由探索的喜悦，体验的质量决定了游戏的吸引力和玩家的兴趣持久度。

再次，游戏设计原则为游戏设计师提供了清晰的实现路径。通过奖励机制激励玩家、通过挑战设计赋予努力以价值、通过平衡性确保游戏的持久吸引力，以及通过反馈机制增强行为的意义感，游戏设计师能够将抽象的体验理念转化为实际的设计方案。这些原则不仅支撑了游戏的核心体验，还让游戏设计师在复杂的开发过程中找到方向。

最后，游戏设计的实现需要在简单与复杂之间找到平衡。许多游戏设计往往经历一个从简单到复杂、再从复杂回归简单的过程。简单的设计降低了玩家的上手门槛，让他们专注于核心乐趣；复杂的系统则加深了游戏的策略深度，使其具有持久吸引力。然而，当复杂性失控时，反而会让玩家感到困惑与疲惫。因此，返璞归真是优秀游戏设计的智慧所在——将复杂的系统隐藏在直观的体验背后，为玩家呈现一种"简单的深度"。例如，《超级马里奥兄弟》的关卡设计通过逐步递增的挑战，既保持了简单的操作体验，又提供了持续的操作技巧成长乐趣；而《围棋》用极简规则支撑了无限的策略变化。

归根结底，游戏的本质在于它如何通过精心设计的系统触动玩家内心，让他们在虚拟世界中感受到成长与满足。下面将从游戏的定义与特征入手，逐步探讨游戏体验的核心和游戏设计原则，为游戏设计的实现奠定理论基础。

1.1.1 游戏的定义与特征

游戏是一种通过规则组织的系统，可以为玩家提供目标、互动和反馈，并通过这些元素创造深刻的情感体验。无论是深度复杂的策略类游戏，还是简单轻松的休闲类游戏，其核心特征都可以归纳为以下几个关键维度。

- **规则：游戏的骨架**。规则为游戏设定了秩序与边界，让玩家在明确的框架内探索无穷的可能性。例如，《围棋》的规则简单到可以用几句话描述，但支撑了无穷无尽的战略变化；《星际争霸》的规则构建了资源采集、军事调配与科技研发的多维平衡，让玩家体验到紧张刺激的战略博弈。

- **目标：激励玩家的驱动力**。目标是游戏吸引力的核心，为玩家提供了方向感和意义感。在《黑暗之魂》中，击败高难度BOSS是显而易见的目标，而玩家克服挫折、达成目标时获得的成就感，进一步强化了持续探索的动力。

- **互动：游戏的灵魂**。游戏的魅力在于其动态的互动性。玩家的每一次操作都会触发反馈，而反馈又会影响下一步决策。在《塞尔达传说：旷野之息》中，玩家通过点燃草地或使用金属导电，可以改变战斗策略。这种自由度极高的互动机制，让每一位玩家的体验都独一无二。

- **反馈：行为的激励机制**。清晰、即时的反馈能增强玩家对游戏世界的掌控感和沉浸感。当在《炉石传说》中使用强力卡牌时，华丽的动画和震撼的音效让每次操作都显得意义重大。然而，若反馈机制过于复杂或信息过载，则可能会让玩家感到迷失，甚至失去参与兴趣。

- **情感：超越规则的共鸣**。优秀的游戏设计不仅是系统和数值的堆叠，还能引发深刻的情感共鸣。在《最后生还者》中，乔尔和艾莉的故事通过强烈的情感张力触动了无数玩家，而《传说之下》通过简单的设计，展现了玩家的选择对 NPC 命运的深远影响，让游戏超越了规则的限制。

这些特征共同构成了游戏的核心结构，其组合使游戏成为一种融合了娱乐、艺术与互动的媒介。游戏设计师需要从这些维度出发，为玩家创造一个充满吸引力的虚拟世界。

1.1.2　游戏体验的核心

游戏体验的核心不仅是游戏设计师创作的终极目标，还是玩家与虚拟世界之间的桥梁。游戏的吸引力源于它能激发玩家的情感共鸣、构建深度的互动、营造沉浸式的体验，并让他们感受到持续的成长与成就。无论是复杂的战术博弈，还是简单的操作挑战，这些游戏体验的质量决定了一款游戏的持久生命力。

1. 玩家情感的起伏与共鸣

情感是游戏体验的核心吸引力之一。无论是失败后的挫败感，还是成功时的满足感，游戏都需要通过挑战与奖励的设计节奏不断触发玩家的情感波动。这种情感张力会让玩家在虚拟世界中产生真实的投入感。

例如，《黑暗之魂》的高难度设计常让玩家多次失败，但通过策略调整和反复尝试，最终击败强大 BOSS 时的成就感会远超单次挫败的负面体验。相反，如果挑战失衡或奖励不足，那么玩家的情感波动会趋于平淡，甚至感到无趣。例如，某些任务系统过于机械化、重复性过高，很可能让玩家感到单调和乏味，逐渐失去继续投入的动力。

2. 玩家与系统的双向互动

互动是游戏区别于其他单向媒介的核心特征。玩家的选择或操作应触发系统反馈，而系统的反馈又会反过来引导玩家的下一步行为。优秀的互动设计能让玩家感受到自己对虚拟世界的掌控和深度参与。

例如，《塞尔达传说：旷野之息》以其高度自由的互动系统著称。玩家可以通过点燃草地引发火焰、利用环境条件击败敌人，这种物理规则的真实感赋予了游戏世界极高的自由度和代入感。然而，在一些 MMORPG 中，过于简化的任务流程（如"一键完成"式的设计）虽然提高了便捷性，但是剥夺了玩家在交互中的思考与决策，使游戏体验趋于浅薄，缺乏深度的参与感。

3. 沉浸感与在场感的构建

沉浸感是玩家忘却现实、全身心投入虚拟世界的重要因素。游戏世界需要具有逻辑一致性和丰富的细节，才能让玩家相信他们的行为对世界产生了真实的影响。这种"在场感"是构建沉浸体验的关键。

例如，《巫师 3：狂猎》以其动态的任务系统和影响剧情发展的玩家选择，打造了一个连贯的游戏世界。在游戏中，玩家的决策不仅影响任务结局，还可能改变某个区域的生态环境，让荒废的村庄重新焕发生机。与此形成对比的是，一些设计不足的游戏因场景简陋或 NPC 行为模式单一，极易破坏玩家的代入感。例如，当 NPC 反复重复同一句台词，或者世界环境对玩家的行为无任何响应时，玩家很可能会感到疏离与失望。

4．成就感与反馈循环

成就感是推动玩家持续投入游戏的强大动力，而合理的反馈机制则是增强成就感的基础。通过短期目标和长期目标的结合，游戏设计师可以让玩家体验到逐步成长的满足感。

例如，《炉石传说》的每日任务和解锁稀有卡牌的目标设计，巧妙地结合了即时回报和长期追求。玩家通过完成任务获得金币，以便立即兑换卡包（短期目标）；而收集完整卡组的长期目标，则激励玩家投入更多时间和精力。然而，当游戏设计师未能平衡奖励与努力（例如，奖励过于稀少或进度过于缓慢）时，玩家可能会在付出与回报失衡的情况下感到沮丧，甚至放弃游戏。

游戏体验是玩家与虚拟世界的共鸣，是情感波动、互动深度、沉浸感强度与成就感延续共同作用的结果。游戏设计师需要在这些要素间寻找平衡，通过规则与系统的精密设计，让玩家能够在虚拟世界中体验到真实、深刻且持久的乐趣。

在接下来的内容中，我们将探讨如何通过游戏设计原则落地这些体验目标，并通过数值系统为玩家构建一个逻辑严密、充满吸引力的虚拟世界。

1.1.3　游戏设计原则

为了实现卓越的游戏体验，游戏设计师需要遵循一系列基本原则。这些原则不仅为玩家构建了吸引力，还为游戏系统提供了平衡和逻辑支持。从奖励机制到挑战设计，从反馈强化到规则严谨性，每一项原则都与玩家体验息息相关。下面介绍几个关键的游戏设计原则及其在实际游戏中的体现。

1．奖励机制：激励玩家的驱动力

奖励是推动玩家持续投入游戏的核心动力。一个优秀的奖励机制能够平衡短期满足与长期目标，为玩家提供即时反馈的同时，激励他们设定更宏大的追求。奖励既可以是物质上的（如金币、装备），也可以是精神上的（如成就感、剧情解锁）。

例如，《暗黑破坏神》系列以其装备掉落系统闻名，在击败敌人后获得稀有装备的即时奖励极大地满足了玩家的期待与成就感。而通过积累资源和强化装备的长期目标，则激励玩家持续投入时间与精力。然而，当奖励设计过于吝啬（例如，某些手游需要玩家重复数十次任务才能获得微量资源）时，玩家很可能因此失去兴趣，甚至产生厌倦情绪。

2. 挑战设计：让努力赋予价值

挑战设计是构建成就感的基础。玩家只有克服了合理的障碍设计，才能真正感受到成功的满足感。挑战不仅体现在"赢得胜利"上，还体现在策略实施、技能掌握或问题解决上。

例如，《超级马里奥兄弟》的关卡设计遵循"逐步递增"的原则：初期关卡通过简单跳跃机制引导玩家熟悉规则，而后期逐渐增加陷阱和敌人，使难度呈对数增长。这种设计让玩家在技能提升的过程中，清晰感知"挑战-突破"的爽快感。相反，如果挑战设计不合理（如难度突然激增或缺乏变化），则可能会让玩家感到沮丧或乏味，进而失去继续探索的兴趣。

3. 平衡性：确保持久吸引力

平衡性是游戏设计的核心，决定了游戏世界的公平性和玩家的长期投入。平衡不仅体现在战斗数值、经济系统等数值维度，还包括玩法规则的公平性（如玩家互动机制）。

例如，《英雄联盟》通过动态调整英雄技能与属性来维持英雄之间的平衡，让玩家能够以多样化的策略参与竞争。这种平衡性设计不仅加深了游戏的策略深度，还吸引了更多玩家长期参与。然而，当游戏失去平衡（例如，某个职业或角色明显强于其他选择）时，可能导致玩家体验的两极分化，甚至破坏整个游戏生态。

4. 反馈机制：让每一次行动都意义非凡

反馈机制通过多感官信号（视觉、听觉、触觉），将玩家行为与系统响应绑定，增强操作的确定性与沉浸感。清晰的反馈能减少"行为结果模糊"带来的迷茫，让每一次交互都具有意义。

例如，《塞尔达传说：旷野之息》以其精确的反馈机制让玩家感受到每一次行动的意义：击败敌人时的音效、奖励动画和道具掉落提示都让玩家的成功体验得到即时强化。而当反馈设计不足（例如，击败敌人后毫无视觉效果或音效提示）时，可能让玩家感到行为结果"空洞无物"，削弱了游戏的沉浸感与控制感。

奖励机制驱动玩家探索，挑战设计赋予努力以价值，平衡性保障游戏生态健康，而反馈机制则强化行为价值。这些游戏设计原则并非孤立存在，而是彼此依存、相辅相成，共同构成了游戏设计的核心基石。

对游戏设计师来说，理解并灵活运用这些原则至关重要。通过精心调整规则与数值设计，不仅能满足玩家的需求，还能为游戏的持续发展打下坚实的基础。在接下来的内容中，我们将进一步探讨这些原则如何与数值系统结合，为玩家提供更加深刻和多样化的游戏体验。

1.1.4　游戏设计的实现

卓越的游戏设计往往能巧妙驾驭简单与复杂之间的平衡。在游戏伊始，简洁的设计助力玩家迅速入门，轻松掌握核心玩法。而随着游戏进程逐步推进，系统复杂性逐渐提高，不断拓展策略深度，源源不断地为玩家呈现丰富多元的内容，借此长久维持玩家的浓厚兴趣。不过，一旦过度追求复杂，游戏往往容易陷入难以驾驭的境地，致使玩家心生疲惫，望而却步。因此，游戏设计师务必精准把控简易性与深度之间的分寸，确保游戏既简明易懂，便于玩家上手，又蕴含深度，乐趣满满，能够长久吸引玩家沉浸其中。

1. 从简单到复杂：满足玩家的成长需求

简单的设计让玩家能快速上手，专注于核心体验。然而，随着玩家对游戏机制的熟悉，他们对游戏的期待也会从简单的挑战转向深度的探索和策略。因此，游戏需要通过逐步递增的复杂性，为玩家提供长期的吸引力。

例如，《超级马里奥兄弟》的关卡设计体现了"从简单到复杂"的渐进式设计。初始关卡通过基本的跳跃和攻击任务，让玩家熟悉操作；随着游戏的推进，逐渐引入更复杂的障碍和敌人，让挑战和乐趣始终保持递增。而当游戏一开始就堆砌大量复杂系统和规则时，则可能会让新玩家感到无所适从，直接放弃探索。

2. 从复杂到简单：提炼设计的核心乐趣

尽管复杂的系统能够加深游戏的策略深度，但是过度堆砌反而会掩盖核心体验的本质。因此，游戏设计师需要通过提炼核心机制，将非必要的复杂性后置或隐藏，让玩家优先接触核心乐趣。

例如，《炉石传说》对传统卡牌类游戏进行了极大的简化，去掉了复杂的阶段流程和资源管理，让玩家只需专注于卡牌的策略性使用。这种设计保留了核心乐趣，同时降低了门槛，使更多玩家能够轻松上手。相比之下，一些过度追求系统多样性的游戏可能因为规则过于烦琐而让玩家感到疲惫，最终放弃深入体验。

3. 返璞归真：用简单表达复杂

卓越的游戏设计不是简单与复杂的对立，而是两者的融合与平衡。复杂性应隐藏在玩家的感知之外，而直观的表现方式则让玩家专注于乐趣本身。游戏设计师需要不断提炼核心玩法，避免玩家被繁复的机制和操作束缚。

例如，《围棋》的规则简单到只有几句描述：黑白双方轮流落子，占据更多地盘即可获胜。然而，正是在这看似简单的规则下，隐藏着无限的策略深度，使其成为千年的经典。同样，《超级马里奥兄弟》系列通过简单的跳跃机制和逐步增加的挑战，让复杂的关卡设计与直观的操作完美结合，成为全球玩家的共同回忆。

简单与复杂的平衡是游戏设计的艺术，也是游戏体验的核心哲学。简单让玩家快速理解游戏，复杂赋予游戏持久吸引力，而返璞归真则让游戏设计师能在两者之间找到最佳平衡点。通过隐藏复杂性、突出核心乐趣，游戏可以在保持深度的同时，避免玩家感到困惑和疲惫。无论是《围棋》的极简规则，还是《超级马里奥兄弟》的渐进挑战，都证明了"简单的深度"才是游戏设计的终极追求。

下面将继续探索如何通过数值设计来实现这种平衡，从而为玩家提供既直观又充满策略深度的游戏体验。

1.2 数值的本质

在游戏设计中，数值系统是一切规则与机制的量化体现，是连接游戏设计师意图与玩家体验的桥梁。数值虽然隐形，却无处不在。例如，它决定了角色的强弱、资源的分配、战斗的平衡，也影响了玩家的成长节奏与挑战难度。数值系统不仅构建了游戏世界的逻辑，还为玩家的探索、挑战与成就提供了明确的方向。

理解数值的本质是游戏设计师迈向专业化的关键一步。本节将从以下 4 个角度，深入探讨数值系统在游戏中的角色和作用。

首先，数值的定义与构成为我们提供了基础框架。数值是游戏规则的量化表达与动态平衡调节器，用来描述角色属性、资源关系和行为结果。不同类型的游戏对数值的需求不同，但无论是即时战略类游戏中的经济系统，还是动作类游戏中的伤害计算，数值都是游戏逻辑的核心驱动。

其次，数值与游戏体验的关系则转向玩家视角，探讨数值通过控制挑战–成长–奖励的数学关系，间接塑造玩家的情感体验。合理的数值设计能让玩家感受到成就感与沉浸感，而不合理的数值设计则可能导致挫败感或无聊感。

再次，数值设计的原则与应用从游戏设计师的视角出发，解析数值系统的设计方法。数值的平衡性、合理性与动态性是游戏设计师需要优先考虑的关键点，而这些原则的合理运用，可以将抽象的数值转化为直观的玩家体验。

最后，从数值回归体验讨论数值设计的终极目标。复杂的数值系统需要隐藏在直观的游戏体验背后，在保持策略深度的同时不让玩家被公式和计算束缚。无论是动作类游戏的即时反馈，还是策略类游戏中的深度思考，数值的本质是服务于体验，而非成为体验的阻碍。

数值系统是游戏设计中非常基础且重要的部分。它不仅是游戏规则量化的工具，还是玩家体验构建的支柱。在接下来的内容中，我们将从定义到实战案例，逐步解析数值系统的本质与设计方法，为游戏世界的构建提供坚实的理论支持。

1.2.1 数值的定义与构成

数值是游戏中用来量化各种属性、状态和行为的具体工具，是将游戏规则与玩家体验联系起来的核心工具。数值以数字为核心，结合运算符号或公式变量呈现，不仅量化了角色的攻击力、防御力等基础属性，还决定了资源、货币、经验值等状态的管理逻辑。它的设计与调整，既能影响游戏的难度与平衡，又能直接塑造玩家的成长路径与决策方式。

1. 数值的核心功能

1）表达游戏规则和机制

数值是游戏规则与机制的核心载体，通过量化游戏设计师的创意，驱动游戏逻辑运转。例如，伤害计算公式、资源的产出/消耗速率、技能的伤害/冷却时间等都需要通过数值精准定义。

例如，在《暗黑破坏神》中，角色的攻击力、防御力与装备属性共同构成了战斗数值的核心。通过这些数值，玩家可以动态调整装备搭配，优化输出策略，从而加深游戏的策略深度。

2）塑造游戏体验

数值直接影响游戏的节奏、难度曲线与挑战性，是玩家成长与反馈的基础。合理的数值设计有助于让玩家在逐步升级中感受到递进的成就感。

例如，在《只狼：影逝二度》中，生命值与架势条（PostureBar）的数值系统让玩家直观感受到战斗策略与节奏的变化，数值微调也能够精准调控敌我间的战斗难度，让挑战更具吸引力。

3）支撑游戏进程

数值不仅是玩家成长的记录，还是游戏引导与交互的重要组成部分。例如，角色等级、装备强化程度与任务进度等数值为玩家与游戏世界之间构建了清晰的交互路径。

例如，在《宝可梦》系列中，数值以经验值、技能威力、性格加成等形式体现，清晰记录了玩家与精灵的成长轨迹。这种数值化的反馈让玩家能够感知努力的成果，并进一步激励探索与收集。

2. 数值的构成要素

数值系统按功能主要分为基础数值、衍生数值、成长数值和经济数值 4 种类型，每种类型的数值在游戏中都起着不同的作用。它们相互关联，共同决定了游戏的策略深度与玩家的成长体验。

1）基础数值：核心能力的衡量

基础数值是最直观且最基础的数值类型，通常用来衡量角色的核心能力，如生命值、攻击力、防御力、移动速度等。这些数值直接影响角色在游戏世界中的表现，是战斗与互动系统的基石。

例如，在《英雄联盟》中，每个英雄的基础属性（如攻击力、护甲等）决定了他们的初始战斗定位，玩家需要根据这些数值选择合适的战术。

2）衍生数值：策略深度的延展

衍生数值由基础数值通过数学公式生成，常见形式包括百分比加成（如暴击率、伤害减免）、概率数值（如闪避率）和复合效果（如元素精通对反应伤害的增幅）。它们的存在让单一基础数值产生多元策略可能。

例如，在《原神》中，玩家可以通过装备与角色技能提升暴击伤害或元素反应效果，从而实现更高效的输出方式；在《命运 2》中，武器暴击率和射击精准度的叠加机制进一步体现数值深度带来的策略自由度。

3）成长数值：驱动玩家的进步感

成长数值体现了玩家在游戏中的成长与进步，通常包括经验值、技能点、升级属性点等。这些数值为玩家提供了成长路径和动力，并引导玩家投入更多的时间与精力。

例如，在《怪物猎人：崛起》中，玩家通过完成任务获得素材和技能点，并逐步提升角色与武器的能力，从而实现从新手到猎龙高手的蜕变。

4）经济数值：资源与货币的管理

经济数值是游戏中资源系统的量化体现，包括金币、钻石、材料、能量点数等。这些数值为交易、建造和升级提供了基础，决定了玩家的资源管理与行为选择。

例如，在《动物之森》中，玩家在获取铃钱（基础货币）后可以购买装饰品、家具并对房屋进行升级，这一经济循环成为游戏长期体验的重要部分；在《星露谷物语》中，资源管理的多重选择对长期发展的影响，进一步展示经济数值的复杂性。

数值系统不仅是游戏规则的量化工具，还是玩家成长与策略体验的核心载体。通过合理的设计与协调，这些数值构建了游戏的基础逻辑，也为玩家的情感投入提供了持续的动力。在接下来的内容中，我们将深入探讨数值系统如何影响玩家的游戏体验，并分析游戏设计师在优化数值平衡与反馈机制中的关键方法。

1.2.2　数值与游戏体验的关系

数值是游戏体验背后的隐性支柱。通过调整难度曲线、构建成长路径和制定奖励机制，数值系统不仅连接游戏规则与玩家行为，还深刻影响玩家的情感起伏与决策模式。优秀的数值设计能够平衡玩家的挫败感与成就感，让玩家在挑战中找到乐趣；而不合理的数值设计则可能让玩家感到厌倦或失望，甚至放弃游戏。本节将从挑战、成长与奖励 3 个维度探讨数值是如何影响游戏体验的，并揭示它在游戏设计中的关键作用。

1. 决定挑战的难度曲线

数值系统是调控游戏挑战难度的核心工具，通过设置敌人强度、资源获取速度和任务完成条件，可以决定玩家需要面对的压力与挑战。如果数值设计合理，那么玩家将体验到一个既充满挑战又可控的难度递增过程，从而激发他们克服困难的决心。反之，若难度过低，则会让玩家失去兴趣；若难度过高，则可能导致玩家的挫败感过强。

案例 1：在《黑暗之魂》中，敌人的攻击力和生命值随着玩家进度逐步递增，同时武器与技能的数值成长与敌人强度形成动态博弈。每一次战斗都考验玩家的策略与操作，让他们在攻克难关后获得强烈的成就感。数值调整的精妙之处在于，它不仅让游戏保持高压挑战，还赋予玩家不断适应与超越的空间。

案例 2：在《文明》系列中，难度主要由 AI 对手的数值加成决定，包括资源获取效率、生产速度及科技研发成本。玩家需要在资源分配限制下优化策略，同时应对 AI 随进程获得的递增增益，这种动态机制使游戏难度层次分明且富有策略深度。

2. 构建玩家的成长路径

玩家的成长体验是游戏吸引力的重要来源，而数值系统正是这一体验的核心载体。从初期的能力积累到后期的实力爆发，数值系统构建了玩家从"弱者"到"强者"的成长路径，为他们提供了清晰的目标和持续的动力。合理的成长数值设计能让玩家感受到进步的快感，而不合理的成长数值设计则可能导致疲惫或挫败。

> **案例 1**：在《魔兽世界》中，玩家通过完成任务、击败敌人获取经验值，并逐步升级以解锁更强大的技能和装备。这种成长路径由数值系统清晰地记录与反馈。每一次升级带来的数值增长，不仅提升了玩家的战斗力，还强化了他们对未来目标的期待。这种"量化的成长"极大地增强了玩家的沉浸感。
>
> **案例 2**：在《文明》系列中，玩家的成长路径并非体现在角色个体属性的提升上，而是通过数值化的资源积累与科技进步构建出的战略优势。合理设计成长数值可以让玩家从初期的落后状态逐步成为统治世界的强者，体验到成长的多样性。

以数值反馈为核心的成长体系，通过阶段性目标与即时奖励的配合，持续激发玩家的挑战欲望，满足玩家对成长的期待。因此，一款成功的游戏应具备平滑的成长曲线，避免因进度停滞或目标断层导致玩家流失。

3. 制定奖励与反馈机制

奖励与反馈是连接玩家行为与数值系统的桥梁。即时的数值反馈（如战斗胜利后瞬间获得的金币、经验值等）为玩家提供了短期激励，而长期奖励（如稀有装备、满级技能）则为玩家设立了长久的目标。数值系统通过精准的奖励机制激励玩家不断挑战，从而推动游戏进程。

> **案例 1**：在《塞尔达传说：旷野之息》中，玩家通过击败敌人、探索神庙获得奖励。新装备可以直接提升玩家战斗力；而耐力条的提升则是玩家努力探索后的实力进阶体现。这些收获不仅让玩家当下体验到成功的喜悦，还引领玩家踏入更多隐藏区域，深度挖掘游戏的探索乐趣。即时奖励提供了短期满足感，而长期的解锁目标则推动玩家持续投入。
>
> **案例 2**：在《星露谷物语》中，玩家悉心经营农场，作物产量以直观的数值呈现，每一次收获都伴随着金币的进账。这种奖励机制不仅鼓励玩家进行规划，还通过多样化的奖励内容（如季节性作物、高级工具）让玩家长期沉浸在农场的经营与发展中。

数值化的奖励设计能够将玩家的努力转化为明确的成就感，并为他们提供探索和成长的动力。优秀的奖励机制应该兼顾即时与长期的平衡，同时规避过度奖励引发的"奖励疲劳"，以免消磨玩家热情。

数值设计贯穿了游戏体验的每一个维度。它通过调整难度曲线，为玩家创造了挑战的乐趣；通过构建成长路径，让玩家感受到进步的价值；通过制定奖励与反馈机制，激励玩家不断探索与投入。优秀的数值设计是游戏体验的幕后驱动力，为玩家与游戏世界之间构建了一座无形的桥梁。唯有游戏设计师精准洞察数值对玩家情感与行为的微妙影响，方能凭借数值系统创造出经久不衰的游戏佳作。

1.2.3　数值设计的原则与应用

数值设计是游戏规则的精准量化表达，也是驱动玩家体验的核心引擎。卓越的数值设计能够在复杂的游戏规则中找到平衡点，为玩家精心打造一个公平、有趣且充满挑战性的游戏世界。游戏设计师需要凭借精妙的数值设计，让游戏既能契合玩家的直觉认知与逻辑思维，又能伴随玩家的成长进行动态适配。平衡性、合理性和动态性构成了数值设计的核心原则，不仅决定了游戏规则的运作方式，还直接影响玩家的沉浸感与乐趣。

1. 平衡性：确保公平与策略性

平衡性是数值设计的基础，不仅保证了玩家在竞争或合作中的公平性，还为游戏注入了策略深度。合理的平衡性需要兼顾横向和纵向两个维度，既要让同等级的角色、职业或装备在数值能力上保持相对均衡，又要通过难度递增的曲线，满足玩家成长过程中对挑战的期待。

1）横向平衡

横向平衡注重同一层级的角色、职业或装备在数值能力上保持相对均衡，同时巧妙融入特色差异，大幅提升策略选择的多样性。

例如，在《黑神话：悟空》中，各种技能的数值设计将每个技能的独特优势展现得淋漓尽致。其中，高单体伤害技能虽然输出爆表，但冷却时间较长；而范围伤害技能则注重控制场景中的多个敌人。这种设计促使玩家在战斗中依据场景实际需求，灵活调配技能组合，避免单一数值成为主导，极大地丰富了战斗策略的多样性。

2）纵向平衡

纵向平衡始终关注着玩家的成长轨迹，确保游戏挑战和奖励是精准匹配的。合理的纵向平衡会让玩家在提升能力的同时始终面临适度的挑战，既真切感受成长带来的满足感，又能在新的挑战阶段斩获成就感。

例如，在《艾尔登法环》中，玩家从初入游戏时与基础士兵战斗的低数值状态逐步成长为具备挑战强大 BOSS 数值实力的角色。随着敌人强度和数值的稳步递增，玩家通过装备强化、技能解锁等途径提升自身属性数值。这种数值曲线让玩家在艰难战斗中反复打磨策略，在挑战与突破中收获深层次的满足感。

2. 合理性：逻辑自洽与游戏背景的契合

数值设计绝非孤立存在的抽象量化工具，而是扎根于游戏的世界观与机制，契合玩家的直觉期待，与整体设计浑然一体。合理的数值设计能让玩家感受到游戏世界的逻辑自洽，同时增强他们对规则和环境的代入感。从敌人强度的精准设定，到奖励的合理分配，再到角色成长数值曲线的规划，每一处数值细节都应与游戏整体背景、玩法目标相辅相成。

1）数值与世界观的契合

数值需要与游戏设定、故事背景深度绑定，达成逻辑上的统一。稀有的武器、高等级的敌人，其数值表现的强大应在外观、行为和背景故事中全方位彰显威胁感与稀缺性。

例如，在《黑神话：悟空》中，BOSS 怪物的技能释放模式和数值设定应与其体型、种族特征高度匹配。巨型妖怪凭借高攻击力与极具破坏性的攻击范围，搭配震撼的动画效果和场景破坏表现，不仅在数值层面展现压倒性的强大，还在视觉与心理上强化了玩家面对强敌时的危机感，使玩家仿佛置身于那个充满奇幻与挑战的神话世界。

2）奖励与进阶的合理性

玩家对奖励和数值成长有本能的直觉预期，奖励的价值需要与玩家的付出相匹配。如果奖励过于吝啬，则会让玩家在成长道路上举步维艰，热情受挫；如果奖励获取过于轻松，则会削弱游戏的挑战性，使玩家兴致索然。

例如，在《赛博朋克 2077》中，高等级武器不仅在数值上呈现出更高的伤害输出，还巧妙附加了特殊技能，如暴击触发电击、穿透护甲等效果。这些设计与游戏的科技背景、武器研发逻辑完全契合。在获取高等级武器的过程中，玩家能清晰感受到成长的线性积累并收获与之匹配的合理成就感。

通过合理的数值设计，游戏能够增强规则的直觉性与世界观的一致性，为玩家提供更加真实且令人信服的游戏体验。这不仅提升了玩家的代入感，还为游戏整体的设计逻辑奠定了坚实的基础。

3. 动态性：数值的适应与调整

数值设计并非一成不变，而是需要随着玩家成长、社区反馈和游戏环境的变化不断调整。动态性赋予数值系统灵动的生命力，既是游戏长久保持吸引力的秘诀，又能根据不同玩家的多样需求与表现动态适配，为游戏注入更多的可能性。

1）动态平衡

动态平衡要求游戏设计师根据玩家行为和数据反馈，优化数值系统，避免某些玩法或策略因数值失衡而一家独大，破坏游戏的多样性。这种动态调整既能维持游戏的公平性，又能激发玩家探索新玩法的热情。

例如，在《原神》中，米哈游在每个版本更新中都会对角色技能数值进行细致调整。新角色的机制创新与数值设计为团队搭配带来多样性，而对过强老角色的数值微调（如调整技能倍率、冷却时间）则避免单一角色主导玩法，推动阵容搭配的多元化。这般动态数值调整不仅让战斗系统保持活力，还激发了玩家对版本更新的期待。

2）适应性调整

动态数值还体现在难度自适应机制中，通过实时监测玩家表现智能调整挑战强度，为不同水平的玩家量身定制平衡的游戏体验。

例如，在《生化危机 4：重制版》中，游戏根据玩家的战斗表现可以动态调整敌人强度。表现优异的玩家会遇到更强的敌人和更复杂的战斗场景，而表现欠佳的玩家则会看到敌人的数量减少或攻击力下降。这种动态调整机制让每位玩家都能在游戏中找到适合自己的挑战节奏，极大提升了游戏的整体体验。

动态数值设计不仅能适应玩家成长中的差异化需求，还能快速响应社区反馈与环境变化。通过对数值的实时调整，游戏设计师可以让游戏保持旺盛的生命力与吸引力，让玩家始终对未来保持期待。

数值设计的动态性是游戏适应变化与优化体验的核心原则。借助动态平衡调整，游戏设计师能够守护游戏的多样性与公平性；依托适应性难度机制，游戏能够为不同水平的玩家提供定制化的体验。这种灵活的数值设计既是游戏长久发展的保障，又是游戏设计师与玩家之间沟通互动的桥梁。

1.2.4   从数值回归体验

数值设计是游戏规则的量化体现，但数值绝非游戏的终极追求。游戏的使命是服务于玩家体验，让他们感受到挑战的乐趣与成就感。如果数值设计过于复杂，则容易让玩家深陷于烦琐的计算中，失去探索游戏世界的兴趣。因此，游戏设计师需要以玩家体验为核心，利用数值激发玩家的探索欲望和情感共鸣，创造更加直观且纯粹的游戏感受。

1. 简化数值设计，聚焦核心乐趣

数值的简洁性和易理解性直接影响玩家的游戏体验。过于复杂的数值堆叠不仅让玩家难以上手，还可能让他们在数据管理过程中产生疲惫感和挫败感。优秀的数值设计应当围绕游戏核心玩法展开，化繁为简，以最少的数值维度呈现最丰富的游戏乐趣。

例如，在《超级马里奥兄弟》中，数值系统极为简洁并聚焦核心体验，玩家主要关注生命值、时间限制和金币收集量。看似简单的数值设定，却与游戏的节奏感和挑战性完美匹配。玩家不需要应对复杂的装备属性或技能升级系统，仅凭这几个清晰明了的数值反馈，就能直观感受角色状态与挑战进度，沉浸于平台跳跃的纯粹乐趣中。

相比之下，一些现代游戏为了追求"深度"，将角色装备、技能、道具等数值系统设计得过于繁杂。例如，某些装备的附加属性（如"抗性提升 12 点"）看似精确合理，实则让玩家在海量数据中迷失方向，进而产生困惑与厌倦情绪。因此，聚焦核心玩法的简化数值设计能更有效地助力玩家沉浸于游戏乐趣之中。游戏设计师应突出对游戏体验至关重要的数值，并剔除冗余数值，确保数值系统成为玩家探索游戏世界、做出决策的有力支撑，而非沉重负担。

2. 通过数值引导情感与叙事

数值不仅是物理规则的量化工具，还是传递情感、营造叙事张力的重要媒介。巧妙的数值设计通过精心设置的曲线和反馈机制，能让玩家在挑战过程中体会紧张、兴奋乃至悲伤等情绪，从而与游戏世界建立情感联结。

> **案例 1**：在《最后生还者》中，资源数值（如弹药、医疗包数量）的稀缺性，强化了玩家对末世环境的匮乏感知。这种设计不仅与游戏的末世背景高度契合，还让玩家在每次使用资源时都需要深思熟虑。资源数值的稀缺让玩家的每一次选择都具有重要意义，进一步增强玩家对角色命运的情感投入。
>
> **案例 2**：在《黑神话：悟空》中，BOSS 的高伤害与高生命值数值设定强化了战斗的紧张感。玩家需要在每一次攻击中寻找机会，并通过自身成长逐步缩小与敌人的差距。精准合理的数值曲线不仅催生了更深层的战斗策略，还让玩家在突破难关后收获强烈的成就感。

由此可见，通过巧妙的数值设计来引导情感与叙事，游戏设计师能让玩家铭记的不只是玩法，更是过程中的情感体验与故事共鸣。

数值在游戏体系中扮演的是支撑性角色，而非主角。游戏设计师需要在规则复杂性与体验直观性之间找到平衡，既要凭借数值强化游戏的挑战性与趣味性，又要避免玩家陷入"数据管理"的泥沼。数值的使命是助力玩家深度体验游戏的核心价值：探索未知、感受情感、收获成就。优秀的数值设计应是一种"隐形"的存在，引导玩家全身心投入虚拟世界，却不强迫他们过多关注数值本身。

游戏设计师应时刻反省：这段数值是否真正提升了玩家的游戏体验？是否服务于核心玩法？唯有以玩家的游戏体验为导向，游戏方能通过数值设计实现返璞归真。

1.3　连接设计理念与玩家体验的桥梁：数值策划

数值策划是游戏开发中不可或缺的核心岗位，其职责范畴远超单纯设计数值系统，更涵盖整个游戏生态平衡与活力的优化和维护。通过对规则的量化表达，数值策划成为连接设计理念与玩家体验的关键桥梁，为游戏玩法的平衡性、玩家沉浸感的营造，以及商业化盈利的实现提供了坚实支撑。在这一过程中，数值策划需要明确三大核心方向，协调与其他部门的紧密合作，并应对复杂多变的设计挑战。通过动态调整与精准优化，数值策划确保游戏在生命周期的各个阶段对玩家保持吸引力，并实现长期发展。

1.3.1　三大核心方向

数值策划的核心职责涵盖多个领域，其中战斗数值策划、经济数值策划与商业化数值策划构成其最重要的三大方向。三者虽各有侧重，但彼此之间相互依存，共同为游戏体验的提升与商业目标的达成提供支撑。

1. 战斗数值策划：构建平衡且具挑战的战斗系统

战斗数值策划直接关乎玩家的游戏体验，所涉范围包括角色属性、技能数值参数、敌人强度等诸多方面。其核心目标是通过数值平衡和动态调整，创造兼具挑战性与成长感的战斗体验。

例如，在《黑神话：悟空》中，BOSS 的数值设计是战斗系统的精髓。高生命值与高伤害的敌人设定给玩家带来强烈的压迫感，而角色技能的冷却时间、伤害倍率等则赋予玩家充分的策略施展空间。玩家通过调整技能和优化装备数值，从一次次失败中汲取经验、实现成长，最终完成挑战，进而深刻体会到战斗过程中的进步与成就感。

战斗数值策划不仅要确保敌人与玩家的数值相对平衡，还要为不同类型的玩家提供多样化的策略选择。通过设计合理的伤害公式、冷却机制和状态效果等，战斗数值策划将紧张的战斗节奏与深度的策略思考巧妙结合，为玩家带来沉浸式的游戏体验。

2. 经济数值策划：优化资源流通，引导玩家行为

经济数值策划聚焦资源获取与分配，通过构建货币系统、交易机制和奖励规则引导玩家行为，增强游戏的长期吸引力。合理的经济系统既能激励玩家投入时间与精力，又能在资源规划中创造乐趣。

以《怪物猎人：崛起》为例，其经济系统巧妙运用稀有素材与装备升级的成本设计，促使玩家为获取珍贵资源完成高难度任务。稀有素材的稀缺性促使玩家精心规划行动方案，而装备升级所带来的显著战斗力提升则进一步强化了玩家的成就感。这种经济数值策划不仅激励了玩家的探索欲，还增强了游戏的可玩性。

经济数值策划需要在资源获取的路径、效率与奖励吸引力之间找到最佳平衡点。通过精心构建的经济循环体系，玩家能够在游戏中充分体验资源管理的成就感，同时保持对长期目标的追逐动力。

3. 商业化数值策划：平衡盈利与玩家体验

商业化数值策划的核心任务是通过内购、广告、活动等机制实现商业目标，同时确保玩家体验不受损害。优秀的商业化数值设计不仅能满足付费玩家的需求，还能让非付费玩家获得完整的游戏乐趣。

以《原神》的抽卡机制为例，其设计通过精确计算高星角色的掉落概率来吸引付费玩家追求稀有内容。同时，免费玩家也能通过任务奖励和活动货币逐步解锁自己心仪的角色。这种设计方式在盈利最大化与玩家满意度之间找到了微妙的平衡，不仅延长了玩家的参与时间，还增强了玩家对游戏的忠诚度与用户黏性。

商业化数值策划的核心挑战在于，如何在"盈利"与"玩家体验"之间找到最佳平衡点。合理规划付费路径与奖励机制既能保障游戏的商业成功，又能提升玩家的参与感与满意度。

通过战斗数值、经济数值与商业化数值的协同设计，数值策划在不同维度稳固支撑起游戏的整体框架。战斗数值用于提升玩家的成长与挑战体验；经济数值用于优化

资源分配并引导玩家行为；商业化数值则用于平衡盈利与玩家体验。这三大核心方向的协同发力，使游戏既能满足玩家的娱乐需求又能达成游戏开发者的商业目标，为游戏的长期成功筑牢根基。

1.3.2　协作与支持

作为游戏开发的核心环节，数值策划需要与多个团队保持紧密协作，确保数值系统与游戏整体设计的无缝衔接。在实际工作中，数值策划的职责不仅局限于设计合理的数值模型，还需为其他部门提供专业支持，确保数值设计能够顺利实现并提升玩家的游戏体验。

1. 与关卡设计的协作：平衡难度曲线与成长节奏

关卡设计通过难度逐步递增的方式，为玩家提供富有挑战性的游戏进程，而数值策划则通过调整敌人属性、资源获取效率和奖励机制，确保关卡的难度曲线既合理又富有吸引力。

例如，在《只狼：影逝二度》中，数值策划通过设定敌人的架势条恢复速率、攻击伤害与玩家防御性能的数值关联，与关卡的渐进难度紧密结合。玩家在击败逐渐强大的敌人时获得成就感，同时通过合理设计的资源奖励感知角色成长的节奏。数值策划与关卡设计的协作不仅丰富了玩家的战斗体验，还增强了玩家对游戏目标的投入程度。

2. 与系统策划的协作：量化机制与优化成长路径

系统策划负责明确游戏的核心机制，如装备系统、成长系统或经济循环等，而数值策划则通过数据的量化与平衡使这些机制得以实现。两者的紧密配合，确保游戏系统既具有逻辑性，又能提供清晰的成长路径。

例如，在《怪物猎人：崛起》中，系统策划设计了装备的分类与功能框架，而数值策划则通过赋予每种装备具体属性数值（如攻击力、技能加成和素材消耗需求等）来为玩家拓展策略选择的空间。这种分工协作使装备系统既具备功能性，又能通过数值设计增强游戏的策略性与可玩性。

3. 与剧情策划的协作：强化叙事与奖励的情感连接

剧情策划通过叙事为游戏注入情感，数值策划则通过奖励数值和战斗平衡增强任务吸引力。例如，任务中敌人的数值设计、稀有道具的获取条件等，都直接影响玩家对剧情的沉浸感和任务的参与度。

例如，在《巫师 3：狂猎》中，数值策划为稀有装备设计属性数值（如攻击力、法强加成），使其与任务难度对应的挑战强度匹配。玩家在完成任务获得传奇武器时，不仅能感受到装备数值提升带来的实力增强，还能体验到剧情与奖励的有机结合。这种协作增强了游戏的情感表现力，也让玩家的冒险旅程更加难忘。

4. 与程序与美术团队的协作：实现逻辑与强化表现

数值策划的设计需要通过程序团队的技术实现，并通过美术团队的视觉设计呈现给玩家。动态的数值系统与直观的反馈效果是跨部门协作的成果。

例如，在《原神》中，数值策划提供武器强化的数值模型（如每级经验值需求、属性成长公式），程序团队通过算法实现数值动态计算与存档同步，确保玩家操作与数值反馈的实时性。同时，美术团队设计强化成功时的光效和音效，使玩家在数值提升时获得即时的情感反馈。这种协作让数值设计不仅具备功能性，还能为玩家带来沉浸式的互动体验。

5. 与测试团队的协作：验证与优化数值平衡

测试团队在数值设计的验证与调整过程中扮演着至关重要的角色。通过模拟测试与数据分析，他们能够发现数值设计中存在的问题，帮助数值策划不断优化游戏平衡性。

例如，在《英雄联盟》中，测试团队通过模拟测试和数据分析评估英雄技能的强度与冷却时间。数值策划根据这些反馈信息调整数值，确保每位英雄在游戏中都有合理的定位，并维持游戏整体的平衡性。这种协作对玩家的公平体验和游戏生态的长期稳定至关重要。

数值策划的职责贯穿游戏开发的全周期，通过与关卡、系统、剧情、程序、美术和测试团队的高效协作，保障游戏设计的逻辑性与表现力。跨部门协同使数值设计不仅能增强游戏的可玩性，还能为玩家带来更加丰富、连贯的游戏体验。

1.3.3 挑战与解决方案

数值策划是游戏设计的核心支柱，其工作的复杂性与动态性带来了诸多挑战。这些挑战既源于数值系统内部的设计难题，又受到玩家行为变化与市场需求更迭等外部因素的影响。为了应对这些问题，数值策划需要在系统设计、玩家反馈与商业化需求3方面寻找平衡点。本节将围绕系统平衡、动态调整与商业化设计3个维度，深入探讨数值策划所面临的主要挑战，并提出切实可行的解决思路。

1. 系统复杂性与平衡性：在多维度中寻找平衡点

随着游戏机制日益复杂，数值系统的多层次结构（如基础数值、衍生数值、成长数值）可能相互叠加，导致系统失衡。例如，部分角色或装备因数值设计过强而过度突出，致使其他内容相对弱化，难以发挥应有作用。

为应对这一挑战，可以采用优先级分层设计策略，即通过明确基础数值与衍生数值之间的逻辑关系，简化数值间的依赖关系。例如，优先调整基础数值（如生命值、攻击力等），而衍生数值（如暴击率、护甲穿透等）则通过动态公式生成，以此降低数值调整的复杂程度。此外，持续的测试与优化必不可少，数值策划通过在内部模拟玩家行为，能够及时发现潜在的系统失衡问题。例如，在竞技游戏中模拟不同角色的对抗情况，并根据模拟结果调整技能数值，使其更具平衡性。

2. 玩家反馈与动态调整：迅速响应玩家行为与数据

在游戏上线后，玩家的实际行为和反馈意见常与设计预期存在偏差。例如，某些机制可能被玩家过度利用（如某件装备因数值性价比过高成为玩家的"必选"配置），或者成长数值曲线过缓导致玩家丧失继续游戏的动力。数值策划需要迅速响应，通过动态调整确保游戏体验得以持续优化。

实时监控玩家行为数据是发现问题的有效手段。例如，分析装备或技能的使用频率，发现并调整可能导致失衡的数值。同时，游戏设计师可以借助自动化工具实现更高效的动态调整。例如，通过 AI 动态适配敌人强度，根据玩家的表现灵活调整游戏难度，使不同水平的玩家都能获得适宜的游戏体验。在《魔兽世界》中，开发团队根据玩家反馈数据，定期调整职业技能数值（如圣骑士治疗量、术士 dot 伤害），尽管部分调整引发争议，但通过"削弱强势、增强弱势"的循环，维持了职业生态的多样性。

3. 商业化需求与公平性：盈利与玩家体验的双重考验

商业化数值设计需要在盈利目标与玩家体验之间寻求平衡。如果过度侧重付费内容，则可能让非付费玩家失去动力；如果商业化设计过于保守，则可能对游戏的收入表现造成不利影响。探寻这一平衡点是数值策划的关键任务。

为此，游戏设计师可以设计双路径获取机制，确保付费与非付费玩家都能享受到完整的游戏体验。例如，付费玩家可以通过消费快速获取稀有资源，而非付费玩家则可以通过完成任务或参与活动逐步积累资源。《明日方舟》采用的"保底系统"就是经典案例：非付费玩家在投入一定时间后能够获取强力角色，而付费玩家则可以通过消费加速获取过程。这种机制不仅可以提升玩家的满意度，还可以有效提高游戏的商业收益。

通过构建清晰的数值逻辑、规则化的调整机制和公平的商业化设计，数值策划能够有效应对开发挑战，为游戏的成功奠定坚实基础。同时，数值策划需要持续关注玩家的行为变化与市场的发展趋势，确保设计方案既能满足玩家多样化需求，又能实现游戏商业化目标。

总结

本章从全局视角深入探讨了游戏与数值的本质，系统阐明了数值策划作为连接设计理念与玩家体验的桥梁所发挥的重要作用。通过对游戏和数值本质的深入探究，我们深刻认识到数值不仅是游戏规则的量化表达，还是塑造玩家成长历程与沉浸式体验的关键工具。

与此同时，通过解析数值策划的核心方向、协作机制及挑战应对策略，展现了其在理论层面如何支持游戏设计和开发。战斗数值、经济数值与商业化数值共同构建起游戏体验的核心框架，而跨部门协作与动态调整机制则使数值设计工作更加高效、精准。

在明确数值策划的本质与价值后，下一步便是将理论转化为实际行动。在第 2 章中，我们将从数值策划的视角出发，重点聚焦游戏框架结构的构建。基于"一目标、三系统与商业化"的框架体系，深入解析如何通过明确目标，设计玩法系统、成长系统、经济系统的数值模型，并整合商业化设计，搭建起一个清晰且可行的数值策划结构。这一游戏框架专为数值策划工作量身定制，旨在为实际设计工作提供清晰明确的路径与方向指引。

02

第 2 章
游戏框架要素

在第 1 章中，我们探讨了游戏的本质，理解了游戏作为一种互动媒介的核心特征：规则、互动、目标和反馈如何共同塑造玩家的沉浸式体验。然而，游戏的本质仅是整体设计的起点之一。要将这些特征转化为实际可操作的系统，还需要构建一个科学而合理的游戏框架。正如建筑需要稳固的结构来承载设计的艺术，游戏同样需要一个清晰的框架来整合各种玩法、机制和数值元素，从而为玩家创造一个吸引人且持久的虚拟世界。

一个优秀的游戏框架决定了游戏的节奏、深度，以及玩家的长期参与度。而从数值策划的视角来看，游戏框架的意义更加重要。它不仅可以明确核心玩法的逻辑与系统关联性，还可以直接影响数值设计的方向和实施可行性。本章将从数值策划的角度，重新审视游戏框架的构建逻辑。

从数值策划的视角出发，游戏框架可以提炼为三个关键要素：一个目标、三个系统和商业化。这些要素既是数值设计需要重点关注的核心内容，又可作为玩家体验的关键环节。

首先是一个目标。无论是让玩家在战斗中战胜强敌、在经营中建设理想国度，还是在解谜中破解难题，目标始终是游戏体验的核心驱动力。目标为玩家提供方向感和成就感，而数值策划则通过合理的目标设定与动态调整，确保目标能够持续保持玩家的兴趣与投入。

其次是三个系统：玩法系统、成长系统和经济系统。这些系统相互协作，共同支撑着游戏的核心玩法。从数值策划的角度来看，玩法系统通过丰富的交互机制，让玩家在操作与策略中找到乐趣；成长系统通过递进的成长路径，给予玩家持续的满足感；经济系统则通过资源的获取与分配，塑造玩家的行为模式与策略决策。这些系统之间的互动与协调，直接决定了游戏的平衡性与可玩性。

最后是商业化。在现代游戏市场中，商业化已成为不可忽视的一部分。从数值策划的角度来看，商业化不仅需要实现盈利目标，还必须与游戏的核心玩法保持一致，避免破坏游戏的平衡性和玩家的沉浸体验。

通过这一结构化的框架，我们将从数值策划的视角切入，逐步展开对游戏框架的深入探索。本章将引领我们从全局视角迈向具体的系统设计，为数值设计实践奠定基础。

2.1　一个目标

在游戏设计中，目标堪称驱动玩家行为、塑造游戏体验的核心要素。无论是击败强大的敌人、完成复杂的解谜任务，还是打造理想的虚拟世界，目标的存在始终为玩家提供明确的方向感和持久的成就感。一个清晰且具有吸引力的目标不仅能激励玩家投入时间和精力，还能引导他们在虚拟世界中不断探索和挑战。

从数值策划的角度来看，目标是数值系统的核心导向。目标的设定需要通过数值具象化，如任务的时间限制、敌人的生命值与攻击力，或者资源的采集数量等。这些数值不仅可以决定目标的难度层级和可行性程度，还可以直接影响玩家的行为模式和游戏体验。

合理的目标设计不仅为玩家提供了挑战，还为数值系统的搭建指明了方向。例如，短期目标通过即时反馈机制（如经验值、金币等量化奖励）激发玩家的即时参与热情，而长期目标则通过持续挑战（如角色升级、全地图探索等）增强游戏的吸引力。两者的结合能够在游戏节奏上形成良好的张弛平衡，让玩家既能收获即时满足感，又能对未来的游戏进程充满期待。

此外，目标的设计需要充分考量多样性与策略性。战斗目标让玩家感受到策略运用与操作技巧带来的乐趣；成长目标能够满足玩家对成就感的需求；探索目标能有效激发玩家的好奇心和冒险欲望；而社交目标则通过合作与竞争等方式增强玩家之间的互动。例如，在 RPG 类游戏中，主线任务的目标通常是击败强大的敌人或拯救关键角色，通过设计合理的数值（如敌人的生命值、技能强度和奖励内容等），这些目标既可以为玩家提供明确的任务方向，又可以与游戏剧情深度结合，增强玩家的代入感。在策略类游戏（如《文明》系列）中，玩家可以通过外交、军事或经济等手段达到不同的胜利条件，这些目标依赖于数值的精确调控，以便为玩家提供多样化的游戏路径和挑战。

游戏目标不仅能明确界定玩家在游戏中的追求方向，还能决定数值系统的基础逻辑架构。通过合理设定目标，并对目标难度进行动态调整（如优化奖励机制、规划数值递进曲线等），数值策划能够为玩家打造一个既富有挑战性又充满乐趣的游戏世界。接下来，我们将探讨目标如何具体推动数值系统的构建，进而为游戏的玩法系统、成长系统和经济系统奠定基础。

1. 数值策划视角下的目标：如何通过目标影响游戏体验

在数值策划的视角中，目标不仅是引导玩家行为的重要导向，还是数值系统构建的逻辑起点和核心要素。目标的合理设定和动态调整直接决定了游戏的节奏、玩家体验的深度及游戏生命周期的长短。下面将从几个关键维度，深入解析目标如何通过数值策划对游戏体验产生深远影响。

1）目标的数值量化：从抽象到具体的实现过程

数值策划的核心任务是将抽象的目标具体化，使其能够通过数值系统得到衡量和实现。这一量化过程是连接目标与玩家体验的关键环节。

- **难度设计**：每个目标都需要借助数值表达难度层级。例如，战斗目标可以通过敌人的生命值、攻击力、防御力等数值设定难度；资源采集目标可以通过数量要求或时间限制来衡量难度。合理的数值设计能够确保目标既有挑战性，又不至于让玩家产生过度挫败感。例如，在《巫师3》中，主线任务的敌人强度与奖励数值设计始终保持与玩家当前实力相匹配，使玩家在面对目标时既具有挑战性，又不过于困难。

- **奖励机制**：玩家在完成目标后获得的奖励需要通过明确的数值予以体现，如经验值、金币、稀有物品等。这些奖励不仅是对玩家的直接反馈，还是激励他们完成更多目标的动力。例如，《原神》的每日任务通过适当数量的原石和经验奖励，让玩家每天都保持对目标的热情。

2）目标决定数值节奏与生命周期管理

游戏目标需要与数值成长节奏和玩家生命周期相匹配，构建一个合理的张弛平衡机制，让玩家既能即时收获反馈，又能对长期目标保持兴趣。

- **短期目标**：即时反馈与成就感。短期目标通常是玩家能够在短时间内快速完成的任务，通过即时奖励维持玩家的参与热情。例如，完成一场战斗、采集一定数量的资源、解锁一项技能等。这些目标通过给予玩家小额奖励（如金币、经验值或小型道具）为其带来短暂的满足感。在《魔兽世界》中，日常任务提供的小规模奖励可以帮助玩家在短期内维持对游戏的高参与度。

- **长期目标**：挑战与持久性投入的动力。长期目标需要通过持续的挑战和递进式的成长路径来激发玩家的投入，如角色的满级设定、全地图的探索或稀有装备的获取等。这类目标通过合理的成长曲线让玩家体验到付出带来的积累感与成就感。在《巫师3》中，主线任务需要玩家通过多阶段目标逐步接近最终结局，每个阶段都通过合理的数值设计来增强玩家的沉浸感。

3）生命周期管理的阶段性目标

游戏的生命周期可分为早期、中期和后期3个阶段。每个阶段的目标需要根据玩家行为和游戏内容对数值设计进行针对性调整。

- **早期目标**：注重引导玩家熟悉游戏规则，数值设计相对简单，回报直接。例如，《英雄联盟》的新手任务通过设置低难度和高回报的目标来帮助玩家快速上手并获得强烈的成就感。

- **中期目标**：逐步增加复杂性，引导玩家探索更多深层玩法，同时提升目标奖励的吸引力。

- **后期目标**：设置高级挑战内容，如高难度副本或排行榜竞争等，通过提供更高数值的回报和稀有奖励吸引玩家保持活跃状态。例如，《魔兽世界》的后期副本设计通过高难度任务和独特装备奖励促使核心玩家持续参与游戏。

4）目标的动态调整：适配玩家与游戏内容的变化

目标设定需要具备灵活的动态调整能力，以有效适应玩家行为的变化和游戏内容的不断扩展。

- **实时适配玩家行为**：玩家行为可能会超出游戏设计师的预期，如某些目标被过度追求或忽视。通过实时监控玩家数据，数值策划可以对目标进行动态调整。例如，在竞技游戏中，根据玩家胜率动态调整匹配对手的强度，确保玩家始终感受到适度的挑战压力。
- **基于内容更新的调整**：随着游戏版本的不断更新，新的目标和任务不断涌现，这些内容需要通过数值设计与已有游戏系统进行适配。例如，在《原神》中，每次新地图和角色上线都会引入与之对应的新目标，通过精心设计数值奖励和难度曲线，激发玩家对新内容的探索兴趣与吸引力。

在数值策划的视角下，目标不仅定义了游戏的挑战难度和发展方向，还通过数值系统的量化、节奏控制和生命周期管理等手段，为玩家提供了一种持续且深刻的体验。通过动态调整机制和阶段性目标设计，数值策划能够确保目标在游戏的各个阶段始终保持吸引力，为玩家创造千人千面的沉浸体验。

2. 目标的多样性与策略性：激发玩家兴趣

游戏目标的多样性不仅能满足不同玩家的个性化需求，还能为数值策划提供更广阔的设计空间。通过设定多元化的目标类型，数值策划能够为玩家提供更丰富的游戏体验路径，激发其兴趣。同时，多样化的目标设计还可以通过数值策略的差异化配置，增强游戏的深度与重玩性。

1）不同类型的目标及其数值支持

目标的多样性体现在满足不同玩家行为模式和游戏场景需求的设计理念上。下面将从两种主要的目标分类方式入手，深入解析它们在数值设计中的作用。

- 基于玩家行为的目标类型。

该分类方式关注目标对玩家行为的激励，通过战斗、成长、探索和社交等不同目标类型为玩家提供多样化的游戏体验。

- **战斗目标**：考验玩家的操作技巧与策略运用能力，如击败特定敌人、完成高难度战斗任务等。通过合理设计敌人强度、技能机制与奖励内容可以让玩家在挑战过程中感受到成就感。
- **成长目标**：主要围绕角色或能力的提升展开，如角色升级、技能解锁等。数值策划需要精心设计成长曲线，确保需求的平滑递增，让玩家体验到持续成长带来的满足感。
- **探索目标**：旨在激发玩家的好奇心，如发现新地图、解锁隐藏区域等。奖励设计（如稀有物品或能力提升等）鼓励玩家不断尝试新的探索路径。

■ **社交目标**：注重玩家之间的互动，如团队副本或排行榜竞争等。通过集体合作或个人竞争的目标设定，提升玩家的社交体验。

● 基于设计结构的目标分类。

该分类方式侧重于目标在游戏结构中的功能定位和实现方式，进一步丰富了目标多样性的设计视角。

■ **主线目标与支线目标**：核心与拓展的平衡。

主线目标是推动游戏剧情发展的核心驱动力，其数值设定需要匹配游戏的主要进程。例如，《巫师3》中主线任务通过难度递进与剧情联动的方式，引导玩家逐步接近最终目标。

支线目标则为玩家提供额外的探索空间和挑战机会，其数值设定更为灵活，通常奖励相对轻松但形式多样。例如，《塞尔达传说：旷野之息》的支线任务通过隐藏宝藏和神庙奖励，赋予玩家充分的探索自由度。

■ **短期目标与长期目标**：即时反馈与持续投入的有机结合。

短期目标：通过简单任务为玩家提供即时奖励，如每日任务或小型挑战等。在数值设计上，短期目标倾向于较低的门槛和快速的回报机制，以维持玩家的高活跃度。

长期目标：如角色的满级设定、全地图探索等，数值策划需要通过递进式的奖励和复杂的目标链，激发玩家的长期投入。例如，《魔兽世界》的高难度副本是玩家长期追求的目标之一，其奖励在数值上远超日常任务。

■ **个体目标与集体目标**：平衡多样化体验。

个体目标：专注于单个玩家的成长体验，如个人成就解锁和装备强化等，奖励设计需要强调个体努力所获得的直接回报。

集体目标：通过团队合作或竞争的方式实现。例如，工会战需要团队成员协作完成高难度任务，其奖励往往更稀有、更具吸引力。

■ **显性目标与隐性目标**：增加探索与深度。

显性目标：通过任务提示或成就列表直接呈现给玩家，其数值设计通常非常明确，如任务进度条和奖励清单等。

隐性目标：隐藏在游戏内容之中，需要玩家主动探索发掘。例如，《塞尔达传说：旷野之息》中隐藏的神庙可以提供高价值奖励，其数值设计激励玩家在未知中寻找乐趣。

2）多样化目标的策略性设计

多样化的目标设计不仅可以丰富游戏内容，还可以通过多路径实现方式和系统间的交互增强游戏的策略性。

● **多路径实现目标**：同一目标可以通过不同路径达成，以满足玩家的个性化需求。例如，在 RPG 类游戏中，玩家可以选择通过战斗、谈判或潜行等不同方式完成同一个任务；在策略类游戏中，玩家可以通过经济、军事或文化等多种手段实现目标。在《文明》系列中，玩家可以选择外交胜利、军事胜利或科技胜利等不同方式，每种方式都需要独特的数值策略作为支撑。

- **目标之间的关联性**：不同目标之间可以通过数值系统相互关联，形成更具深度的游戏体验。例如，战斗目标的完成为成长目标提供必要的资源支持，而成长目标的达成又反过来增强玩家完成战斗目标的能力。在《魔兽世界》中，专业采集或日常任务奖励的材料可用于强化装备，帮助玩家更高效地完成核心战斗目标。

- **目标奖励的平衡性**：不同目标的奖励需要通过数值系统体现出合理的差异化和层次感。高难度目标应给予稀有资源奖励，而低难度目标则提供基础资源保障。例如，在《暗黑破坏神》中，越高层的大秘境所提供的装备奖励越稀有，而基础任务也能满足玩家的日常需求。

通过目标的多样性和策略性设计，数值策划能够全面增强玩家的沉浸感。基于玩家行为的目标类型为玩家提供多维度的选择空间，而基于设计结构的目标分类则使目标的功能定位更加清晰。两者结合，通过多路径实现、目标关联和奖励平衡等手段，让数值系统更具深度与吸引力，从而为玩家构建一个既充满自由又富有挑战性的虚拟世界。

目标作为游戏设计的起点，是数值策划的核心工具。通过合理的目标设定和多样化的设计策略，数值策划能够有效驱动玩家的行为，打造丰富而充满吸引力的游戏世界。无论是基于玩家行为的目标分类，还是基于设计结构的目标划分，每一种目标都在数值系统中承担着明确的角色功能，共同为游戏的节奏、深度和玩家黏性提供支持。

短期目标为玩家带来即时反馈和成就感，长期目标则引导玩家投入更多时间和精力；主线目标与支线目标可以平衡核心叙事与探索自由；显性目标与隐性目标可以激发玩家对明确任务与未知挑战的双重兴趣。同时，多样化的目标实现路径和系统之间的相互关联可以进一步强化目标的策略性与游戏的重玩性。

从数值策划的角度来看，目标不仅是玩家体验的导向，还是构建整个游戏数值框架的基石。在后续内容中，我们将探讨如何通过玩法系统、成长系统和经济系统这三个系统，进一步助力目标的实现。这些系统既是实现目标的关键工具，又是游戏数值体系的重要组成部分，共同决定了玩家的游戏体验深度与投入程度。

2.2　三个系统

在游戏设计中，为了实现整体目标并维持玩家的长久兴趣，游戏设计师需要构建一套完善的核心系统。这套系统不仅能支撑游戏的基本玩法，还能通过合理的结构和数值设计，让玩家体验到挑战与成长的双重乐趣。然而，游戏中的系统纷繁复杂，数值策划的首要任务是明确哪部分系统对构建玩家体验的核心起决定性作用。

从数值策划的角度来看，玩法系统、成长系统和经济系统通常被视为支撑游戏体验的三大基石，如图 2-1 所示。这三个系统之所以被视为核心，不仅因为它们分别涵盖了游戏体验的关键维度，还因为它们相辅相成，共同决定了游戏的策略深度与可玩性。

注：

玩法系统→成长系统：通过玩法产出资源，推动成长。

成长系统→玩法系统：提供强化后的战斗数据，支持玩法系统。

经济系统：作为玩法系统和成长系统的纽带，协调资源获取和使用。

图 2-1   支撑游戏体验的三大基石

玩法系统是游戏的操作核心和交互载体，承载了玩家与游戏世界互动的主要方式。它通过基础战斗、谜题解谜或环境交互等机制，促使玩家沉浸于虚拟世界的重重挑战与无尽乐趣之中。作为游戏设计的基础模块，玩法系统的流畅性与创新性直接影响玩家的第一印象和长期黏性。

成长系统则着重刻画玩家角色的进阶和蜕变历程。该系统通过经验值、等级提升、技能解锁等设计，可以展现玩家在游戏世界中的成长轨迹。合理的成长曲线能够满足玩家的探索欲和成就感，激励他们持续投入，并为下一步挑战提供动力。成长系统与玩法系统关联紧密，玩家只有不断成长才能应对玩法系统中日益强大的敌人和复杂艰巨的挑战。

经济系统为整个游戏的资源流动和策略决策提供了框架支持。金币、材料、能量等资源的获取和消耗，不仅能影响玩家的即时行为，还能营造玩家长期的游戏体验。一个平衡的经济系统能够引导玩家在资源分配和策略优化中发掘乐趣，同时对玩法系统和成长系统产生深远影响。

尽管这三个系统各自具有独特的功能与价值，但它们并不是孤立存在的。玩法系统奠定了玩家操作模式与游戏目标的基础；成长系统通过提升玩家角色能力为玩法的深度拓展提供支撑；而经济系统则通过资源的输入与消耗维系着玩法系统与成长系统之间的动态平衡。三个系统相辅相成，共同构筑起游戏世界的主要运行逻辑，确保游戏能够为玩家提供丰富多样的游戏体验和持久的娱乐乐趣。

在接下来的内容中，我们将分别深入探讨这三个系统，分析它们的设计原理、数值逻辑，以及在游戏框架中的具体作用。首先从玩法系统开始，探索如何通过精妙的机制设计，让玩家沉浸于虚拟世界的操作与挑战之中。

2.2.1　玩法系统

在游戏设计中，玩法系统是玩家与游戏世界展开深度互动的核心载体。无论是击败强敌、完成任务，还是探索未知领域，玩家的所有操作与体验都通过玩法系统得以实现。它不仅定义了游戏的交互方式，还塑造了玩家在游戏中的目标、行为模式和深度体验，成为游戏一切乐趣的起点。

玩法系统的核心作用在于，为玩家提供即时反馈和持久的吸引力。通过精心设计的操作流畅性、策略多样性和高效的反馈机制，玩法系统让玩家在挑战与成就的循环中乐此不疲，同时为成长系统和经济系统提供了坚实的内容依托。毫不夸张地说，玩法系统不仅是游戏体验的基础，还是维系玩家长期投入的关键。

玩法系统的设计必须紧贴玩家的心理需求。通过基础玩法的引导，帮助新手玩家快速上手并建立方向感；通过进阶玩法与挑战玩法，为核心玩家提供高水准的策略性体验和强烈的成就感；通过社交玩法和休闲玩法，可以丰富玩家的长期游戏体验，有效延长游戏的生命周期。

在数值策划的视角下，玩法系统不仅是游戏设计的核心，还通过精准的数值调控引导玩家行为、优化反馈机制，确保各模块之间的平衡性。本节将深入探讨玩法系统的组成与逻辑，细致分析其如何通过战斗框架支撑起丰富多元的游戏体验，并与成长系统和经济系统形成有机的联动效应。

1. 战斗框架

在玩法系统中，战斗框架是定义玩家与游戏世界互动规则的基础逻辑。它为玩家的操作与游戏的响应搭建起明确的规则体系。无论是攻击、防御、技能释放等战斗行为，还是场景解谜、环境探索等非战斗交互，都需要通过战斗框架来实现并加以规范。作为所有玩法模块的技术基础，战斗框架在游戏设计中占据优先地位。

战斗框架的设计堪称玩法系统的起点，决定了游戏中所有交互机制的运行逻辑。无论游戏的玩法目标多么复杂，最终都需要通过战斗框架来实现。一套优秀的战斗框架能够统一规则，为玩家与敌人、环境之间的互动提供一致性，避免逻辑冲突或体验割裂；同时，它能够化繁为简，为复杂玩法的扩展提供清晰的结构，减少后续开发中的逻辑矛盾；此外，它还具备强大的兼容性，通过明确的规则定义，让基础玩法（如普通战斗）与进阶玩法（如多人 BOSS 战）在同一框架下实现无缝衔接。

因此，在设计玩法系统时，构建战斗框架作为首要任务。它为整个玩法系统提供了稳固的基础支撑，同时决定了游戏的操作流畅性和交互反馈质量。

作为玩法系统的核心模块，战斗框架还直接影响着游戏的平衡性和可扩展性。它支撑着基础玩法，通过定义攻击、防御、技能等核心行为，让玩家能够快速上手游戏；它连接着其他玩法模块，为挑战玩法和社交玩法等复杂机制提供规则支持。例如，挑战玩法中的 BOSS 战可能需要引入特殊的技能效果，而这些效果必须基于框架规则实现；它引导着数值设计，通过明确的交互逻辑，协助数值策划定义伤害公式、技能冷却时间等参数，为数值平衡奠定基础；同时，它还能增强玩家体验，通过即时反馈（如打击感、技能特效等）和延迟反馈（如经验奖励等），为玩家带来流畅且沉浸式的交互体验。

尽管战斗框架的设计对游戏体验至关重要，但其具体实现需要结合数值逻辑和实际案例，这部分将在后续章节中详细展开论述。本节的核心在于阐明战斗框架作为玩法系统逻辑起点的基础性作用，并为后续复杂玩法的设计提供理论支撑。

2. 玩法系统的分类

玩法系统是玩家与游戏世界互动的直接载体，其丰富性和多样性直接决定了游戏的吸引力和可玩性。为了满足不同阶段玩家的多元需求，同时紧密围绕"一个目标"展开设计，玩法系统可以分为基础玩法、进阶玩法、挑战玩法、社交玩法和休闲玩法五大模块。这些模块环环相扣，为玩家提供从简单到复杂、从独立到合作的多层次游戏体验。

1）基础玩法：与主线目标的结合

基础玩法是玩家进入游戏后最先接触的内容，也是实现主线目标的主要载体。其设计旨在引导玩家熟悉游戏规则、掌握操作技巧，同时体验故事推进的乐趣。下面是一些常见的基础玩法示例。

- **主线推图**：通过一系列关卡，带领玩家逐步解锁游戏内容。例如，《阴阳师》的主线推图以章节关卡的形式呈现，玩家通过依次挑战难度渐增的敌人，解锁游戏的主要剧情。在数值设计上，关卡中敌人的生命值与攻击力会逐步提升，掉落奖励则包括金币、式神碎片等资源，既吸引玩家投入精力，又确保玩家成长与游戏目标相匹配。

- **副本挑战**：作为基础玩法的重要组成部分，副本提供了更多样化的资源获取途径。例如，在《明日方舟》中，玩家通过日常副本获取经验卡、材料等资源，这些副本是基础玩法的延伸，帮助玩家为后续高难度关卡积累实力。数值设计通过体力限制与丰厚奖励引导玩家合理规划游戏时间。

2）进阶玩法：拓展主线目标的深度

当玩家熟悉基础玩法后，进阶玩法通过设置更高难度的挑战和更复杂的机制，为主线目标注入更深层次的策略需求。下面是一些常见的进阶玩法示例。

- **BOSS 关卡**：设计多阶段战斗机制，促使玩家在面对不同技能和弱点时灵活调整策略。例如，《怪物猎人》的 BOSS 战以巨型怪物为核心，玩家需要根据怪物行为模式调整攻击策略。在数值层面，怪物的血量、技能冷却时间、弱点伤害倍率等设计，强化了战斗的节奏感与策略性，稀有素材奖励更是激励玩家反复挑战的核心动力。

- **精英副本**：注重团队合作和策略性，需要多名玩家分工应对高强度敌人。例如，精英副本是《魔兽世界》中团队玩法的重要组成部分，玩家需要携手合作击败高强度 BOSS。副本数值通过技能连锁机制和团队分工（如坦克吸引仇恨、治疗维持生命等）强化游戏的挑战性，最终以稀有装备和团队成就为回报。

3）挑战玩法：测试玩家能力与策略

挑战玩法与玩家的战斗目标紧密相连，是检验玩家战斗力与策略思维的关键模块。下面是一些常见的挑战玩法示例。

- **战斗挑战（如试炼塔）**：通过逐层难度递增的设计，测试玩家的数值成长和策略选择能力。例如，《原神》的深渊挑战属于典型的试炼塔玩法，玩家需要逐层挑战敌人，随着层数提升，敌人的生命值、攻击力和技能复杂度逐步攀升。深层奖励包括稀有材料和限定资源，同时排行榜系统激励玩家追求极限。

- **策略挑战（如限时任务）**：设定特定规则（如角色属性限制）和严格的时间要求，迫使玩家在资源有限的情况下优化操作策略。例如，《炉石传说》的限时挑战以限定卡组的形式展开，玩家需要使用指定的卡牌和资源完成对局。数值设计通过限制卡牌的属性强度，倒逼玩家在资源约束下探索策略搭配，创造出丰富的解题路径。

- **定向挑战（如特殊任务）**：限定玩家使用特定角色或技能完成任务。例如，《怪物猎人：崛起》的活动任务要求玩家使用指定武器或装备完成特定挑战。数值设计通过削弱装备强度增加难度，同时以独特的装饰品或称号为奖励，吸引玩家参与。

4）社交玩法：增强玩家间互动

社交玩法通过 PVP 或 PVE 形式，提升玩家之间的竞争与合作体验，与玩家的成长目标深度绑定。下面是一些常见的社交玩法示例。

- **竞技场**：PVP 玩法的核心，通过匹配机制和积分系统展示玩家实力。例如，《英雄联盟》的排位赛是经典 PVP 玩法，玩家通过实时对战争夺积分和排名。匹配机制根据数值（如胜率、段位等）匹配对手，奖励包括独特皮肤和排名徽章，长期激励玩家持续投入。

- **大逃杀**：一种高度竞争性的 PVP 模式，强调资源掠夺率与战术决策的即时性。例如，《堡垒之夜》是典型的大逃杀玩法代表之一，在一个不断缩小的开放地图中，玩家通过搜集资源、建造掩体和与其他玩家对抗来争夺最后的胜利。

- **团队副本**：PVE 合作玩法的典范，需要玩家之间的默契配合，奖励分配机制需充分激励团队协作。例如，在《最终幻想 14》的高难度团队副本中，玩家通过配合完成多阶段的 BOSS 战。数值设计确保队伍中每个角色都发挥重要作用，团队协作成功可以获得稀有装备和称号奖励。

5）休闲玩法：主线目标之外的放松体验

休闲玩法通过提供轻量化体验降低玩家流失率，间接延长游戏的生命周期。下面是一些常见的休闲玩法示例。

- **钓鱼**：通过设置鱼的种类、稀有度等概率数值，让玩家感受探索和收集的乐趣。

例如，《最终幻想15》的钓鱼玩法通过鱼的种类、稀有度概率等数值设计，让玩家在主线任务之余享受探索和收集的乐趣，成为放松身心的休闲类选择。

- **解谜小游戏**：提供与战斗不同的智力挑战。数值设计需要确保难度适中，奖励设置与玩家努力相符。例如，在《塞尔达传说：旷野之息》中，神庙解谜作为主线推进过程中的休闲类环节，玩家需要通过巧妙操作与逻辑思考完成各类机关挑战。奖励设计与解谜难度相匹配，如解锁勇者之力或提升体力上限。

通过实例分析可见，每种玩法模块不仅满足了不同阶段玩家的需求，还在实现"一个目标"的过程中提供了层次丰富的互动体验。基础玩法承载着玩家的主线目标；进阶玩法与挑战玩法进一步深化了目标内容；社交玩法强化了玩家之间的互动与游戏黏性；休闲玩法则为主线之外提供了轻松的调剂。这些模块共同铸就了玩法系统的丰富性与强大吸引力。

在游戏设计过程中，玩法系统作为玩家与游戏世界的核心互动载体，决定了玩家体验的广度与深度。本节围绕玩法系统的组成架构，详细分析了基础玩法、进阶玩法、挑战玩法、社交玩法和休闲玩法这五大模块的设计逻辑和目标导向。

战斗框架奠定了玩法系统的基础逻辑，为各模块提供了明确的规则支撑。无论是主线推图的基础玩法，还是团队副本的社交玩法，多数玩法都依赖于战斗框架提供的稳定运行机制。同时，各模块通过差异化的目标设置，满足了玩家从简单到复杂、从独立到协作的多层次需求。例如，基础玩法帮助玩家快速上手并实现主线目标，进阶玩法和挑战玩法深化了战斗与策略目标，而社交玩法和休闲玩法则为玩家提供了互动与放松的多元体验。

值得注意的是，玩法系统的设计并非简单的模块堆砌，而是需要紧密契合游戏目标，确保每种玩法在整体框架中拥有清晰的定位与作用。无论是让玩家感受成长的满足感，还是体验策略与挑战带来的乐趣，目标明确是玩法设计的前提条件。同时，玩法的融合趋势正逐渐成为现代游戏设计的新潮流。例如，将解谜与战斗玩法相结合，创造出既考验智力又检验操作的独特体验；或者将竞技与休闲玩法巧妙融合，让玩家在轻松氛围中感受竞争的乐趣。多元化的玩法设计既增添了游戏的创新性，又为玩家带来更加丰富的沉浸式体验。

总之，玩法系统通过战斗框架和模块分类，为玩家构建起一个丰富而系统化的游戏世界。游戏设计师需要在目标导向下平衡多样性与创新性，确保玩法既能相互独立，又能紧密联动。唯有如此，方能为玩家打造出一个兼具吸引力和深度的虚拟世界。

2.2.2　成长系统

在游戏设计中，成长系统堪称维系玩家长期投入与赋予其成就感的核心机制。它通过一系列的数值设计与反馈机制，源源不断地为玩家注入提升自我、突破挑战的动力。通过成长系统，玩家得以在游戏进程中逐步实现进步，进而更深入地融入游戏世界，探索新的目标与成就。

成长系统不仅能提供即时的奖励和反馈，还能让玩家在挑战中感受到自己的成长与强大。无论是角色属性的增强、技能的解锁，还是装备的升级强化，成长系统为玩家开辟了多元的进步途径。在这个过程中，玩家的每一次提升与突破，都能进一步推动他们向游戏的更高目标靠近。它为玩家带来了持续的动力源泉，使得他们不仅在游戏中收获即时的成就感，还能在不断变化的挑战面前保持投入热情。

从数值策划的角度来看，成长系统与玩法系统是高度绑定的。许多成长元素，如宝石系统、装备强化、经验值获取等，往往与某些特定玩法存在紧密关联。例如，某些玩法可能会大量产出特定资源，这些资源可用于强化玩家的角色、武器或技能，从而使玩家能够应对更强大的敌人或更复杂的挑战。通过这种紧密的关联，成长系统与玩法系统相辅相成，共同助力玩家朝更高的目标前行。

成长系统大致可分为 3 个部分：标杆成长、核心成长和辅助成长。其中，标杆成长是玩家实现进步的主要途径，通常与角色的等级提升、技能解锁，以及主要装备升级等关键成长要素相关。这部分成长通常代表着玩家角色能力的提升，是推动游戏进程的核心动力。下面将详细探讨标杆成长的具体内容和数值设计。

1. 标杆成长

标杆成长是玩家在游戏中追求的关键节点与重要里程碑，为玩家提供明确的成长路径和方向感。标杆成长一般指玩家在游戏过程中不断达成的主要成长目标，这些标志着角色能力的显著提升，并激励玩家不断努力前进。

最为常见的标杆成长系统当属等级系统。在众多 RPG 类游戏、卡牌类游戏及其他类型的游戏中，玩家通过完成任务、击败敌人、挑战副本等方式积累经验，实现角色等级的提升。随着等级的提升，玩家不仅能获得更强大的属性，还能解锁新的技能、装备和玩法，进一步丰富游戏体验和挑战维度。

- 经验值曲线设计：经验值曲线是标杆成长系统的核心要素，可以直接决定玩家的成长速率和游戏的深度体验。一般来说，随着角色等级的提升，所需的经验值会逐步增加，这样高等级的玩家需要投入更多时间和精力才能获得下一次升级。在《魔兽世界》中，玩家从 1 级起步，通过击败怪物、完成任务等方式积累经验。随着等级的提升，经验需求逐渐增加，尤其是从 60 级升至 70 级时，经验需求大幅度提升，玩家需要付出更多的时间和努力来提升等级。这种经验曲线设计不仅能保证玩家的成长过程既具挑战性又充满成就感，还能避免因成长过快导致游戏失去挑战性。

- 等级上限与突破机制：为防止玩家过快达到游戏的最终等级，游戏设计师通常会设置等级上限与突破机制。等级上限使玩家达到某一等级后无法继续提升，而突破机制则要求玩家完成特定任务或消耗特定资源，才能突破当前的等级限制，进入更高等级阶段。在《梦幻西游》中，当玩家达到 69 级时，必须通过完成特定的"升级任务"才能突破至 70 级。这一突破机制不仅可以加深游戏的深度，还激励玩家参与更多的任务或活动，从而提高成长的复杂性，并确保游戏的持久吸引力。

- **等级成长的反馈机制**：每次玩家升级都需要配备明确的反馈机制，让玩家能够清晰地感受到成长带来的变化。升级反馈通常包括属性提升、技能解锁或升级、新玩法解锁等。在《英雄联盟》中，玩家通过击杀敌人或摧毁防御塔等行为获取经验并提升等级。每次升级后，玩家不仅能获得技能点，还能解锁新技能，从而不断增强战斗力。此外，随着等级的提升，玩家还能解锁更强大的装备、皮肤等，进一步提升他们在游戏中的战斗力和成就感。

2. 核心成长

核心成长指游戏中角色、卡牌等主体的直接成长，通常是游戏的主要内容之一。核心成长机制因游戏类型而异。下面分别讨论 RPG 类游戏和卡牌类游戏的核心成长。

1）RPG 类游戏的核心成长：角色成长

在 RPG 类游戏中，角色成长是核心成长的主要体现形式。角色成长不仅包含基础属性的提升，还涉及技能解锁、装备强化及通过特殊道具的培养等方面。在数值设计上，需要平衡各个成长维度，确保角色成长既具挑战性，又能持续激发玩家动力。

- **角色基础属性**：角色的基本属性（如力量、敏捷、智力等）决定了角色的战斗力和玩法风格。在进行数值设计时，需要平衡不同属性的成长曲线，以符合角色的定位。例如，力量型角色的力量属性增长较快，而智力型角色则以智力属性为主，力量属性相对较低。这种设计帮助玩家明确角色的定位，并营造独特的玩法体验。

- **角色等级**：尽管角色等级在标杆成长部分已有所探讨，但在核心成长中，角色等级与其他成长途径（如技能提升和装备强化）之间的联动极为关键。角色等级的提升通常带来属性（如攻击力、防御力等）的增长，但数值设计还需要考量如何平衡每次升级时角色属性的增幅。例如，部分游戏可能在某些等级（如10级、20级等）阶段设置属性加成峰值，以凸显角色成长的重要节点。此外，技能的解锁条件和效果也应与角色等级密切相关，为玩家提供更多战术选择。例如，在《逆水寒》这类 MMORPG 中，角色等级的提升直接关联技能的解锁与强化。在达到一定等级后，玩家可以实现解锁新技能或提升现有技能的效果，丰富战斗多样性与策略性。

- **角色技能**：通常通过技能树或技能点进行解锁和升级。数值设计的核心在于平衡各个技能的伤害、冷却时间、消耗资源等参数，确保每个技能在战斗中具备独特性与组合策略价值。随着角色等级的提升，技能不仅会得到增强，还可能获得附加效果或新技能，进一步丰富玩家的战斗体验。在《魔兽世界》中，角色的技能树设计允许玩家根据自身游戏风格选择不同的技能提升路线。例如，战士可以选择增加攻击技能的伤害，或者延长防御技能的持续时间。技能的逐步解锁和提升可以加深角色成长的深度，并为玩家提供更多的策略选择空间。

- **角色培养**：通常通过消耗道具（如经验药水、强化石等）来提升或调整角色的属性。这种培养方式常涉及概率机制（如成功率、失败后属性降低等），并增加成长的风险与回报。数值设计需要确保培养的风险与回报达到平衡，这样既能增添策略性，又能维持游戏的挑战感。

2）卡牌类游戏的核心成长：卡牌成长

在卡牌类游戏中，卡牌成长是核心成长的重要组成部分。与角色成长类似，卡牌的成长涉及卡牌等级、进阶、升星等多方面的提升。不同品质的卡牌具备不同的成长潜力，玩家通过消耗资源来提升卡牌能力，增强整体卡组战斗力。

- **卡牌基础属性**：卡牌类游戏中的卡牌通常分为不同的品质（如 UP、SSR、SR、R 等），每种品质的卡牌具有不同的基础属性和成长潜力。在进行数值设计时，需要平衡不同品质卡牌的初始属性和成长速度，确保高品质卡牌具有更强的吸引力，同时为低品质卡牌预留一定的成长空间，使所有卡牌在一定条件下都能实现成长。在《炉石传说》中，卡牌的品质差异体现在基础属性的不同。高级卡牌通常拥有更强的效果和属性，玩家可以通过不断收集与提升卡牌来组建强大卡组。然而，低品质卡牌通过不断强化，同样能发挥出意想不到的作用，让玩家的卡牌收集过程充满挑战与惊喜。

- **卡牌等级**：卡牌等级的提升通常通过消耗资源（如经验值、金币等）来实现。每次升级卡牌，通常会小幅提升卡牌基础属性（如攻击力、防御力、生命值等）。在数值设计上，需要确保卡牌升级成本与属性增幅相匹配，避免玩家的投入与回报失衡。在《影之诗》这类卡牌类游戏中，卡牌等级提升可以直接影响其攻击力与特殊技能的强度。随着卡牌等级的提升，卡牌在对局中的作用愈发重要，帮助玩家获取更多的策略优势。

- **卡牌进阶**：与等级系统紧密相连，通常当卡牌达到一定等级（如 20 级、30 级等）时，玩家可以通过消耗特定资源使卡牌进阶。在进阶后，卡牌基础属性会大幅提升，并可能解锁新的技能或效果。在《魔灵召唤》中，卡牌进阶系统同样非常重要。玩家通过收集不同的召唤兽，并消耗一定数量的"材料"来提升召唤兽的星级。每次进阶，召唤兽的基础属性（如攻击力、防御力、生命值等）会显著增强，部分召唤兽的技能也会得到提升。更高星级的召唤兽通常具备更强的输出能力与耐久性，适合挑战更高难度的副本和敌人。

- **卡牌升星**：通过消耗重复获取的同品质卡牌来提升其星级。每次升星后，卡牌的成长属性值（如每次升级时的属性增幅）会得到提升，从而增强卡牌的整体战斗力。在《明日方舟》中，卡牌升星是核心成长系统的一部分。玩家通过消耗多余的相同星级的干员卡牌(或者抽卡获得的重复卡牌)来提升干员的星级。

在升星后，干员的基础属性（如攻击、防御、生命等）与技能效果会显著增强。高星级的干员通常能解锁更强大的技能，或者提升技能的效果强度，这在高难度的关卡挑战中至关重要。

3. 辅助成长

辅助成长通过提升装备、坐骑等辅助性元素来增强角色或卡牌的核心成长效果。它为玩家提供额外的属性加成、技能效果或其他特殊能力，从而进一步提升游戏中角色或战斗单位的实力。与核心成长不同，辅助成长通常通过收集、强化和策略性运用这些辅助元素来增强玩家的整体战斗力。

1）装备成长（替换式成长）

装备成长是辅助成长中最为常见的部分，玩家通过不断替换、强化和升星装备来提升角色的战斗力。装备通常具有不同的品质、属性与成长潜力。

- **装备基础**：装备通常按照品质（如白色、绿色、蓝色、紫色、金色等）划分，不同品质的装备拥有不同的基础属性和最大成长潜力。在进行数值设计时，需要明确各品质装备的初始属性与最大强化潜力，激励玩家不断替换装备，提升战斗力。

- **装备强化**：通过消耗资源（如金币、强化石等）来提升装备的属性。在数值设计上，强化成功率和失败机制需要非常谨慎。强化失败可能导致装备属性下降、消耗资源却未成功强化或装备被摧毁，因此需要设置合理的强化成本与惩罚机制，使强化系统既具挑战性，又能让玩家在强化成功后获得满足感。

- **装备升星**：通过消耗特定资源提升装备星级，进而增强其基础属性和成长属性。在进行数值设计时，需要平衡升星所需的材料获取难度与升星带来的属性增幅，确保升星过程既具挑战性，又能带来明显的成长收益。

- **装备宝石**：宝石系统允许玩家镶嵌宝石以提升装备的特定属性（如暴击、生命恢复等）。在进行数值设计时，宝石的种类、等级和属性加成需要平衡考量，并兼顾镶嵌槽数量与宝石升级成本。合理的宝石系统能为玩家提供更多的自定义选择与策略深度。

2）坐骑成长（收集式成长）

坐骑作为一种辅助成长系统，为玩家提供了另一种提升角色能力的途径。坐骑不仅能提供额外的属性加成，还可能具备独特的技能或效果，进一步丰富玩家的成长体验。

- **坐骑基础**：每种坐骑都有其独特的初始属性和特殊效果。在进行数值设计时，坐骑的稀有度和获取方式应具备多样性，让玩家可以通过不同的玩法或活动获取各类坐骑。在《骑马与砍杀》系列中，坐骑不仅能提高角色移动速度，还能增强战斗力和防御力。游戏中的坐骑设计各具特色，玩家通过征战与完成任务获得不同类型的坐骑，提升角色的作战能力。

- **坐骑等级**：坐骑的等级成长系统决定了坐骑的属性增长。每次提升坐骑等级，玩家都能获得一定的属性加成，通常包括攻击力、防御力或特殊技能的提升。在进行数值设计时，需要考量坐骑成长的资源投入及其带来的属性提升，确保玩家对坐骑的升级感到充实且富有成就感。

- **坐骑升星**：通过消耗特定材料来提升坐骑的星级。每次升星后，坐骑的基础属性和成长属性会大幅提升。在进行数值设计时，需要平衡升星材料的获取难度和升星带来的属性增强，确保玩家的努力和投入能得到合理回报。

辅助成长通过装备、坐骑等多样化的成长机制，为玩家提供更具深度的成长体验。装备成长和坐骑成长不仅对核心成长起到补充和强化的作用，还为玩家提供更多策略选择和个性化定制的机会。这些辅助成长系统使玩家在不断提升核心属性的同时，能够享受更多挑战和成就感，进而增加游戏深度与长期吸引力。

成长系统作为游戏设计的核心组成部分，通过标杆成长、核心成长和辅助成长等多层次的机制，推动玩家不断提升角色或卡牌的能力，从而确保游戏的持久吸引力。标杆成长为玩家设定明确的目标，核心成长通过提升属性和技能增强玩家的战斗力，辅助成长则凭借装备、坐骑等系统进一步强化角色的实力。

这些成长系统不仅构建起多样化的进步路径，还与游戏的玩法系统紧密融合。无论是角色等级提升、卡牌进阶，还是装备强化，成长系统都为玩家的策略选择与游戏体验增添丰富的层次感。合理设计成长系统能够有效增强玩家的投入感与成就感，以及游戏的可玩性与深度。

2.2.3　经济系统

经济系统作为游戏设计的重要组成部分，承载着游戏内资源的获取、消耗和流通的重任。它不仅直接影响玩家的行为抉择和策略制定，还在很大程度上决定游戏能否在长期运营中保持平衡性与可玩性。一个精心设计的经济系统能够为游戏赋予深度，增强玩家的沉浸感，同时保持游戏的挑战性与吸引力。

经济系统通过对资源的产出、消耗和交换方式的设计，为游戏的玩法、角色的成长体系及玩家间的互动搭建起稳固的基础架构。在虚拟世界中，它帮助玩家确立有意义的目标，点燃前行的动力之火。同时，经济系统可以通过调节资源流动来维持游戏的动态平衡，确保玩家源源不断地投入时间与热情，积极参与游戏世界的构建与探索。尤其是在商业化游戏领域，经济系统的设计还与玩家的付费意愿紧密相连。一套良好的经济机制能够促进玩家的消费行为，为游戏盈利开拓广阔空间。

简单来说，经济系统堪称游戏设计的核心支柱，在维持游戏平衡、提升可玩性、引导玩家行为与促进互动等方面发挥着至关重要的作用。

1. 经济模式的分类

经济模式是游戏经济系统的基础，决定了资源在游戏世界中的获取、流通和消耗路径。选择合适的经济模式不仅能确保游戏的平衡性，还能大大影响玩家的行为和游戏体验。常见的经济模式主要有以下 3 种。

1）单向经济模式

单向经济模式是资源流动的一种简单形式，资源仅在玩家与系统之间单向流动。玩家通过完成任务、击败怪物或参与其他活动获取资源，并将这些资源用于角色成长、装备提升或解锁新的游戏内容。单向经济模式的特点是资源的产出与消耗之间没有明显的循环关联，契合轻度玩家的休闲游戏需求。

例如，在《剑与远征》中，玩家通过完成任务、参与战斗和挑战副本等方式获取金币、材料等资源，以便强化角色和装备。资源不会在玩家之间流动，而是专注于角色能力的提升。类似的模式在《明日方舟》和《原神》中也有所体现，玩家通过参与游戏活动获取资源，用于角色培养和游戏内容解锁。

2）双向经济模式

双向经济模式允许资源在玩家之间流动，使玩家不仅能通过游戏活动获取资源，还能通过交易市场、拍卖行等途径与其他玩家交换物品或货币。这种模式适用于 MMORPG 等大型多人在线游戏，为游戏增添了社交氛围和经济互动元素，丰富了玩家的游戏体验。

例如，在《魔兽世界》中，拍卖行便是双向经济模式的核心枢纽，玩家可以在此出售物品或购买其他玩家的物品，促进玩家之间的互动与经济活动的繁荣。《逆水寒》同样采用双向经济模式，玩家通过交易市场交换装备、材料等资源，市场供需关系的变化对玩家的决策和行为产生重要影响。

3）混合经济模式

混合经济模式结合了单向经济模式和双向经济模式的优势，即部分资源在玩家与系统之间流动，另一部分资源则在玩家之间流动。它适用于拥有复杂系统和多元玩法的游戏，如沙盒类或策略类游戏，能够满足不同类型玩家的需求。

例如，《梦幻西游》手机版便是混合经济模式的典型代表。玩家通过游戏内的活动获取资源，用于角色成长和物品购买，同时通过市场和交易系统与其他玩家交换资源。这种模式能够满足玩家在单人任务和多人互动之间的平衡需求。同样，《逆水寒》手机版在保留 MMORPG 中双向经济模式的基础上，针对移动端进行了调整。部分资源通过单向途径流动（如任务奖励），而其他资源则结合单向经济模式和双向经济模式的优势，通过玩家间的交易市场和拍卖行进行交换。

通过对经济模式的分类分析可以看到，不同的经济模式对游戏的资源管理、玩家行为和游戏深度产生不同的影响。单向经济模式适合营造简单、休闲的游戏环境，玩家凭借投入时间与精力推动角色成长；双向经济模式通过增加玩家之间的互动，为复杂的多人在线游戏提供更多经济选择；混合经济模式在复杂的游戏环境中，通过平衡系统内与玩家之间的资源流动，全方位满足不同玩家的需求。

2. 经济流转的媒介

经济流转的媒介是指游戏中用于承载资源交换和流动的具体工具。它们构建起游戏内的资源流动机制，使得玩家能够与游戏系统交互，实现提升角色、完成任务等目标。其设计直接影响玩家的游戏行为、决策和体验。常见的经济流转的媒介包括货币、时间、物品资源和其他特殊游戏物品。

1）货币

货币是最为常见的经济流转的媒介，通常用来代表游戏内的交易单位。玩家通过货币可以购买、出售和交换物品，也可以用于支付角色成长、技能升级、装备强化等各类消耗。常见的货币有金币、钻石、荣誉点等。每种货币都需要明确其获取途径、用途范围和价值对比关系。例如，金币通常用于常规性消耗（如购买低级道具、支付装备修理费用等），钻石多用于高级消费（如购买高级装备、特殊道具等），荣誉点常作为PVP奖励兑换的专属货币。在数值设定方面，请务必严格把控货币的流通速度与使用频率，谨防出现通货膨胀现象。

例如，在《魔兽世界》中，金币作为核心货币贯穿游戏始终。玩家通过战斗、完成任务、参与交易等方式获取金币，并用它购买物品、强化装备或支付修理费用。金币的流动不仅会影响玩家的成长速度，还会促使拍卖行和交易市场的多样化。

2）时间

时间作为一种资源媒介在许多现代游戏中扮演着重要角色。尤其是在移动游戏和免费游戏中，时间通常用来限制玩家的行为，管理游戏的节奏，控制玩家的参与度。时间媒介常以能量条、体力值、冷却时间等形式呈现。玩家每次执行任务、参与战斗或开展其他活动都会消耗一定量的时间或对应的能量值，而这些资源通常会随着时间的推移自动恢复，或者玩家可以使用道具加速恢复。

以《明日方舟》中的体力系统为例，玩家每次挑战副本都需要消耗体力，而体力可以通过等待时间自动恢复，也可以使用道具加速恢复。这种设计鼓励玩家有节奏地进行游戏，同时为付费加速机制创造空间。

3）物品资源

物品资源是游戏中的核心资源之一，通常指玩家在游戏过程中通过战斗、完成任务或探险等方式获取的物品、材料与道具。这些物品资源在游戏中身兼数职，既是角色成长的基石，又是玩家互动和交易的核心纽带。物品资源不仅直接影响角色能力的提升，还可能成为玩家之间交易、交换或赠送的对象，进而形成资源的流动。物品资源种类繁多，包括消耗品、装备、材料、资源等，为玩家带来丰富多样的游戏体验。

例如，《原神》中的各种资源（如矿石、植物、食材等）是玩家提升角色和武器的核心材料。玩家可以通过探索游戏世界、挑战副本等方式获取这些资源，并将其用于角色和装备的升级强化。同时，玩家还能通过交易市场或直接与其他玩家交换的方式，进一步拓展角色提升的途径。

4）其他特殊游戏物品

除了货币、时间和物品资源，部分游戏还会引入其他特殊游戏物品作为经济流转的媒介。这些物品通常是限时的、稀有的，或者是游戏内活动特有的资源，用于解锁新的游戏内容、购买限时道具或参与其他专属活动。它们的获取和消耗方式包括完成特定任务、获得事件奖励、参与竞技活动或通过其他特殊机制。由于其稀有度较高，因此这些特殊物品通常会影响游戏进度的推进或特定功能的解锁。因其独特的稀缺性与专属属性，这些特殊物品通常具有较高价值，成为付费玩家或追求独特体验玩家的核心追逐目标。

例如，在《英雄联盟》中，限定皮肤（如"传统皮肤"和"限时活动皮肤"）是一种非常稀有的物品。这些皮肤通常只在特定的节日、周年庆典或特别活动期间推出，一旦活动结束，玩家无法再通过常规途径获取。其稀缺性和独特设计使其在玩家群体中具有极高价值，常成为玩家之间交易的热门对象，甚至成为玩家身份与独特品位的象征。

经济流转的媒介在游戏中具有至关重要的作用，直接影响玩家行为和游戏进程。货币作为最为常见的经济流转的媒介，贯穿游戏交易系统的每个角落；时间作为限制玩家活动的关键资源，不仅能控制游戏节奏，还能激发玩家付费意愿；物品资源为游戏提供丰富多样的互动方式，成为推动玩家成长的重要动力；其他特殊游戏物品则通过稀有性和高价值，进一步丰富游戏内的经济系统。

通过开发者精心设计这些经济流转的媒介，游戏能够精准调节玩家的行为，增加游戏的策略深度与互动性，同时为长期参与游戏的玩家带来挑战和成就感。

3. 经济框架

经济框架作为游戏资源流动的核心架构，由产出端和消耗端组成。产出端与消耗端并非独立存在。它们在游戏设计中与其他核心系统（如玩法系统和成长系统）紧密相关。通过深入剖析这两个端口与相应系统的映射关系，我们可以更清晰地理解游戏经济如何与玩家行为、目标设定和游戏进程深度融合。

1）产出端：与玩法系统的映射

在游戏中，产出端指的是资源生成或获取的途径与方式，通常通过玩家的游戏活动或游戏内的互动完成。在玩法系统中，产出端可以映射到基础玩法、进阶玩法、挑战玩法等模块。每个玩法模块的设计都直接影响资源的获取和生成方式。

- **基础玩法**：玩家获取资源的最基本途径。玩家通过参与常规战斗、完成任务和挑战副本获取资源，这些活动是游戏内资源的主要产出来源。例如，《剑与远征》中的每日任务和主线推图是玩家获取资源的基本方式。玩家通过挑战副本、击败敌人等，获取金币和材料等资源，以便角色培养和装备提升。

- **进阶玩法**：玩家通过面对更高难度的任务和挑战来获取更多稀有资源，从而拓展游戏的深度和复杂度。进阶玩法的设计会引导玩家在中后期如何获取高级资源。例如,《魔兽世界》中的团队副本和世界 BOSS 挑战,玩家通过组队打副本和击杀强力 BOSS 获取稀有装备、珍贵材料和丰厚金币,帮助玩家进一步提升角色和装备品质。

- **挑战玩法**:通常与高风险高回报的资源产出相关,特别是用于测试玩家战斗力或策略的内容。玩家需要通过不断的挑战来积累资源,进而推动游戏的核心进度。例如,《原神》中的深境螺旋副本,玩家通过逐层挑战逐步获取高品质的材料、角色提升资源和稀有武器,从而推动角色成长并解锁更多游戏内容。

通过合理设计资源产出的方式和频率,帮助玩家在游戏的不同阶段获取充足的资源,以便提升角色、解锁新内容并对游戏世界进行探索。

2)消耗端:与成长系统的映射

消耗端指的是资源的实际使用和消耗方式。资源的消耗直接影响玩家的成长进程,并且与成长系统中的角色成长、技能提升、装备强化等模块紧密相关。消耗端的设计应当合理引导玩家如何使用资源,以维持资源流动的动态平衡,避免出现资源过度消耗或大量积累的失衡现象。

- **标杆成长**:通过角色等级的提升来消耗资源,玩家需要消耗经验、金币等资源。这些资源的消耗主要用于提升角色的基础属性和技能水平。例如,在《梦幻西游》中,玩家通过完成任务、打怪和挑战副本等活动积累经验,经验的消耗推动角色等级不断提升,同时解锁新技能与新功能。在升级过程中,玩家还需要消耗金币购买装备或道具,进一步增强角色的战斗力。

- **核心成长**:包括角色的技能树、装备强化和其他核心成长路径的设计。其资源消耗主要用于提升角色能力、解锁新技能或强化装备。以《剑与远征》中的装备强化系统为例,玩家通过消耗大量的金币和材料,逐步提升装备的品质和属性,增强角色的战斗力。资源消耗随着角色成长进程的推进逐步增加,推动角色变得更强。

- **辅助成长**:通常借助坐骑、宠物或其他辅助元素的提升,进一步增强角色的战斗力。在此环节中,资源消耗往往与高级物品、道具和稀有资源的使用挂钩。以《宝可梦:剑·盾》中的宠物(精灵)培养系统为例,玩家通过捕捉、训练和强化精灵,使其在战斗中变得更强。玩家通过消耗资源(如经验糖果、进化石、训练点等)来提升宠物的能力,增强它们的战斗力。每个精灵的成长都是通过消耗这些特定资源来实现的,使得宠物的培养与玩家的成长目标紧密相连。

通过对这些成长系统的设计,消耗端可以有效控制玩家使用资源的方式,同时引导玩家通过合理的资源分配来提升角色的能力,解锁更多游戏内容。

产出端和消耗端的设计必须保持平衡,以确保游戏的长期可玩性,促使玩家积极参与。如果资源产出过多,则会导致游戏节奏加速,玩家快速达到最高等级或完成所有目标，使游戏变得无趣；如果资源产出过少，则会让玩家感到进展缓慢，缺乏继续探索游戏的动力。

通过动态调整产出端与消耗端之间的比例关系，可以有效控制游戏的节奏和难度。例如，在游戏初期，资源产出可以相对丰裕，帮助玩家快速熟悉游戏世界、建立角色基础；而在游戏后期，资源产出需要逐步收紧，使其变得更加稀缺，从而增强游戏的挑战性。

经济框架中的产出端和消耗端是游戏资源流动的核心要素。通过将产出端与玩法系统的各个模块（如基础玩法、进阶玩法、挑战玩法）相对应，游戏能够设计出合理的资源生成方式；通过将消耗端与成长系统中的各个环节（如标杆成长、核心成长、辅助成长）进行映射，游戏能够引导玩家合理使用资源，推动角色的成长。通过平衡这两个端口，游戏能够确保资源的合理流动，为玩家提供充实的游戏体验和持久的动力。

4. 价值体系

确立一个清晰的价值体系对游戏经济系统的稳定性和玩家体验至关重要。价值体系不仅帮助我们定义游戏资源的相对价值，还为性价比分析和游戏深度计算提供依据。下面将详细介绍价值体系构建的步骤和考虑要点。

1）价值定义

价值定义是游戏经济设计的基础，为游戏内所有经济流转的媒介（如货币、物品资源等）设定基础的数值价值标准。明确每种资源的基本价值，不仅能确保资源的合理流通，还能维持经济系统的平衡稳定。

为了比较不同资源的相对价值，可以设定一个标准化的"价值单位"（VU）作为衡量尺度。例如，将 1 金币的价值定义为 0.1 分钟的游戏时间，或者等同于 1 个基础道具的价值。通过这种标准化设定可以确保游戏内资源价值的一致性和合理性。以《魔兽世界》中的金币为例，玩家通过战斗、任务等途径获取金币，并用它购买装备、升级技能等。金币的获取和消耗需要设定标准化的价值，以确保游戏内经济活动的稳定性。

游戏内资源可以根据其稀有度和获取难度进行分类，如低价值、中价值和高价值。每类资源对应不同的价值标准，帮助游戏设计师平衡资源的获取与消耗，优化游戏内经济活动。以《原神》中的矿石资源为例，普通矿石获取容易，属于低价值资源；稀有矿石用于制作高级装备，属于高价值资源。通过对资源的分类，游戏能够合理规划其获取途径与消耗方式。

上述设定使游戏资源的流动和价值变得更加明晰，为后续的资源管理、玩家行为和经济平衡奠定基础。

2）性价比计算

性价比计算依托既定价值体系来评估各模块资源投入与实际收益之间的关系。性价比分析的核心在于衡量资源投入与实际收益的平衡性，确保玩家的投入能够获得合理的回报。

- 成长模块性价比：分析角色成长、卡牌升级等模块的投入产出比，评估其合理性。例如，玩家在角色升级过程中消耗的金币或材料，是否能够带来相应的属性提升或技能解锁。以《梦幻西游》中的角色升级系统为例，玩家通过消耗金币和经验药水来提升角色等级。当消耗一定量金币实现一级提升时，所得到的属性提升和新技能解锁的效果是否符合预期，是性价比计算的核心。若投入资源过多却未达到预期效果，则可能引发玩家不满。

- 经济模块性价比：评估装备强化、坐骑提升等经济活动的性价比，计算每单位资源（如金币、强化石等）带来的装备属性提升或坐骑能力增幅。以《剑与远征》中的装备强化系统为例，玩家通过消耗金币和材料来提升装备的属性。性价比的计算在于判断消耗的资源和提升的装备属性是否成正比。如果装备强化成本过高而效果提升有限，则可能导致玩家对系统丧失兴趣，进而影响玩家对游戏的投入。

根据性价比分析结果，对成长模块和经济模块的数值设定进行调整，以优化玩家体验，维持游戏经济系统平衡。若成长模块的性价比过低，则需要降低资源消耗，增加成长效果；若经济模块的性价比过高，则需要调整消耗或提高获取难度。

3）游戏深度分析

游戏深度集中展现在玩家成长系统方面，具体呈现为玩家在游戏中的成长历程及所需耗费的资源情况。成长深度越深，玩家在实现角色能力提升时，投入的时间、精力及金钱成本就会随之增加。例如，在某些游戏中，角色技能成长的深度较浅，或许10级便达到满级状态，升级所需资源量为1000；反观那些成长深度较深的游戏，角色技能的满级设定可能高达100级，所需资源更是大幅飙升至100000。从这样的对比不难看出，游戏深度的增加，直接导致玩家在提升角色能力时资源消耗的增多。这种差异不仅极大丰富了玩家的成长体验，还为游戏商业化开拓出潜在空间。

众多游戏采用的商业模式，高度依赖于售卖游戏内的资源（诸如代币）来获取盈利。通过对成长深度进行合理规划，游戏得以保障玩家在升级角色或提升技能的过程中，资源消耗呈逐步递增态势。在此期间，玩家若选择付费购买代币或其他资源，则能加快自身成长速度，这无疑为游戏商业化创造出更多契机。

具体来说，成长模块的付费深度指的是玩家通过付费手段提升角色、技能等能力时所能达到的最大资源消耗程度，以及这些付费投入所产生的成长效果。合理把控付费深度有助于游戏设计师精准评估游戏的商业潜力。例如，《梦幻西游》的角色升级和技能提升需要大量金币和珍稀资源。在这个过程中，深入剖析付费深度能够有效保障玩家付费所获得的回报与投入资源之间维持平衡。

除了成长模块，玩法模块的付费深度同样是衡量游戏商业化潜力的关键要点。无论是副本挑战、PVP竞技，还是限时活动，都为玩家提供额外的付费途径。例如，在《英雄联盟》的PVP模式中，玩家可以通过购买皮肤、参与排位赛等形式投入资源。

而限时举办的赛季活动，也给予玩家付费获取独特奖励或增加参与机会的可能性。

综合考量成长模块与玩法模块的付费深度，游戏设计师能够精准算出整体付费空间，进一步评估游戏的商业化潜力，进而制定出合理有效的付费策略。

归根结底，健康的游戏经济系统构建在清晰明确的价值体系之上。通过价值定义、性价比计算和游戏深度分析，确保游戏既能为玩家带来丰富多元的体验，又能顺利达成盈利目标。通过这样的精心设计，游戏能够更好地平衡资源的获取与消耗，增强玩家参与热情，确保游戏的持久吸引力。

2.3 商业化

商业化已经成为现代游戏设计中不可或缺的一部分，尤其是在免费增值（F2P）模式愈发盛行的当下，如何设计合理的商业化策略，平衡游戏的盈利能力与玩家体验，已成为每位游戏开发者面临的重大挑战。游戏的商业化不仅直接关系到游戏的营收状况和市场表现，还对玩家的游戏体验和游戏的长远发展有着深远影响。

在这一背景下，虚拟商品、增值服务、广告等商业化手段都需要精心策划，确保它们在创造盈利空间的同时，不干扰核心玩法的平衡和乐趣。理想的商业化模式应让玩家在付费的同时，依然能够沉浸于公平且富有乐趣的游戏体验之中。

商业化的核心目标是实现可持续盈利，并确保这一过程不会对游戏体验的品质造成损害。优秀的商业化设计既能为游戏带来稳定的收入流，又能吸引玩家长期参与其中，延长游戏的生命周期。具体来说，商业化设计的核心目标通常包括可持续盈利、平衡玩家体验和激励长期参与，具体如下。

- 可持续盈利：通过多种收入来源和商业化手段，确保游戏能够实现长期盈利，并维持健康的运营状态。
- 平衡玩家体验：确保付费内容不会对游戏的核心玩法产生负面影响，杜绝"付费胜利"（Pay to Win）现象的出现，保障游戏的公平性和趣味性。
- 激励长期参与：通过设置合理的付费机制与奖励体系，鼓励玩家长期留存于游戏中，并持续投入时间与精力，提升玩家的活跃度和付费转化率。

随着商业化在游戏设计中的重要性不断增加，游戏开发者需要根据游戏类型、目标受众及核心玩法，选择最为适配的商业化模式。这些模式不仅决定了玩家在游戏中的消费方式，还决定了游戏的盈利途径和用户黏性。下面将深入探讨商业化模式的常见分类及其设计要点。

2.3.1 商业化模式

商业化模式是游戏实现盈利的核心要素之一。不同的商业化方式应根据游戏类型和玩家需求进行选择。合理的商业化模式设计不仅能满足游戏的盈利需求，还能保障玩家体验的平衡与公平。常见的商业化模式包括内购模式、广告模式、订阅制模式和一次性买断模式。

1. 内购模式

内购（IAP）模式是目前最为普遍的商业化形式，在免费的增值游戏（F2P）和移动游戏领域应用尤为广泛。玩家通过购买虚拟商品、道具、增值服务等，使游戏开发者能够获取持续的收入。内购模式包含道具收费和抽卡/扭蛋等模式。

内购模式广泛适用于 RPG 类、卡牌类、策略类、MOBA、射击类等游戏。常见的内购模式包括推出具有较高价值感的虚拟商品，如皮肤、装备、强化道具等，在保证虚拟商品对玩家具备吸引力的同时，不会破坏游戏的平衡性。抽卡/扭蛋作为内购模式的一种，通过合理的概率分布和保底机制，激发玩家的收集欲望，同时保障其付费行为能够获得相应回报。

例如，《阴阳师》采用内购模式，让玩家通过抽卡获取稀有角色或卡牌，并通过合理的概率设定和保底机制确保玩家能够得到相应回报；而《王者荣耀》则通过出售皮肤和英雄，提升玩家的个性化体验，同时避免破坏游戏平衡。

2. 广告模式

广告模式通过在游戏中植入广告来获取收益，通常适用于轻度玩家或休闲类游戏。广告可能以奖励广告、插屏广告等多种形式呈现，为非付费玩家提供获取资源的途径。广告模式适用于休闲类游戏、消除类游戏、益智类游戏等，尤其是面向广大玩家群体的免费游戏。通过奖励广告机制，玩家主动观看广告后可以获取游戏资源或加速特权等福利，同时避免强制性广告，减少对玩家体验的干扰。

例如，《糖果粉碎传奇》采用奖励广告模式让玩家在观看广告后获得额外体力或资源。该模式不仅为非付费玩家提供一种激励手段，还为游戏开发者带来额外收入。

3. 订阅制模式

订阅制模式是指玩家通过支付定期费用（如月卡、季卡、年卡）来获取持续的游戏福利和增益效果。这种模式适用于需要长期投入的游戏，特别是 MMORPG 和其他持久运营类型的游戏。通过月卡、季卡等订阅服务为玩家提供独特且具有吸引力的福利，确保长期订阅的玩家能够持续获得价值。在通常情况下，订阅制模式需要定期更新订阅福利和增值服务，以保持新鲜感，提高玩家的长期参与度。

例如，《魔兽世界》采用月卡或季卡的订阅制模式让玩家在支付月卡费用后，即可畅享游戏的所有内容和增益效果。随着游戏内容的不断更新，订阅奖励也会持续扩充，确保玩家的长期参与度和游戏内的持续收入。

4. 一次性买断模式

一次性买断模式是玩家通过购买游戏本体或扩展包，从而获得完整的游戏体验。这种模式通常适用于单机游戏或独立游戏，玩家只需支付一次费用，即可获得游戏的所有内容，后续不需要额外付费。一次性买断模式注重为玩家提供完整体验，即玩家在购买游戏本体后应能获得完整的游戏内容，避免将核心体验设为付费内容。

例如，《巫师3：狂猎》采用一次性买断模式让玩家在购买游戏本体后，即可体验完整的游戏剧情。后续推出的DLC（如《血与酒》）以扩展包的形式呈现，为玩家提供更多的游戏内容，进一步加深游戏深度。

不同的商业化模式需要根据游戏的类型、目标受众和核心玩法进行选择。内购模式（包括道具收费和抽卡/扭蛋模式）、广告模式、订阅制模式和一次性买断模式各有特点，适用于不同的游戏需求和盈利策略。通过选择恰当的商业化模式，游戏开发者可以在实现长期盈利的同时，维持良好的玩家体验和游戏平衡。合理的商业化设计不仅能为游戏带来稳定收入，还能增强玩家的参与感和成就感，进而增强游戏的长线运营能力。

2.3.2 商业化策略

商业化策略可以决定玩家的付费方式，并直接影响游戏的收入来源和玩家的长期参与度。在设计商业化策略时，必须在盈利需求和玩家体验之间寻找平衡，确保付费行为不会破坏游戏的公平性和趣味性。常见的商业化策略包括常规付费模式、激励付费模式和抽卡/扭蛋模式。

1. 常规付费模式

常规付费模式通常指的是直接购买虚拟商品或一次性付费的方式，包括购买虚拟道具、皮肤、装备、功能性道具等。此类模式简单易懂，玩家在支付一定金额后，即可获得明确的虚拟商品或增益效果。付费内容的设计应确保玩家能够清晰感知其价值，并且定价应根据虚拟商品的稀有度、价值和玩家需求进行合理设定，避免定价过高或过低。

例如，《王者荣耀》的皮肤销售便是一个典型的常规付费模式。玩家可以通过购买皮肤对英雄角色进行个性化装扮，这些皮肤虽不会直接提升角色的战斗力，但能够增强玩家的个性化体验和归属感，同时保障游戏的公平性。

2. 激励付费模式

激励付费模式通过一系列运营手段，如捆绑销售、限时折扣、首次购买奖励等，刺激玩家消费，增强购买欲望。此模式通过提供额外的附加价值或优惠，促使玩家进行付费，增加游戏的收入和玩家的长期投入。

例如，《魔兽世界》通过限量销售、限时折扣等促销活动来刺激消费，在特定节假日推出折扣价限量版坐骑，通过稀缺性设计增加玩家的购买紧迫感。这种促销策略不仅增强了玩家的消费意愿，还提高了游戏的整体收入。《剑与远征》则通过设计首次充值超值礼包来提高付费转化率。玩家在首次充值后可以获得大量金币、钻石和稀有英雄，性价比极高，能有效吸引新玩家进行充值。

3. 抽卡/扭蛋模式

抽卡/扭蛋模式是一种典型的博彩类付费模式。玩家通过支付虚拟货币或真实货币购买抽卡机会，随机获得稀有角色、卡牌或装备。该模式利用随机性和收集欲望吸引玩家反复投入，广泛应用于卡牌类游戏和 RPG 类游戏中。

此类模式的设计关键在于提供公平且透明的概率分布，避免因低概率事件导致玩家产生负面情绪。大多数游戏会设置保底机制，确保玩家在经过一定次数的抽卡后能获得稀有物品，从而增加付费动力。通过设计丰富的角色、卡牌和装备等收集内容可以增强玩家的成就感和探索欲望，同时避免玩家陷入过度消费的困境。

例如，《阴阳师》采用抽卡模式让玩家通过消耗虚拟货币或现实货币进行抽卡，从而获取不同品质的式神和卡牌。游戏通过概率机制和保底策略确保玩家在经过一定次数的抽卡后，能够获得高品质的角色，避免过度消费带来负面情绪。FGO 同样采用抽卡模式让玩家通过消耗圣晶石或购买礼包进行抽卡。游戏设有保底机制，让玩家逐渐获得回报，激励他们持续参与游戏。

不同的商业化策略适用于不同类型的游戏和玩家群体。常规付费模式、激励付费模式和抽卡/扭蛋模式可以根据游戏的核心玩法、目标用户群体和运营策略进行选择。

在合理设计商业化策略时，游戏开发者应维持公平性、激励性和玩家体验的平衡，确保游戏能够在盈利和娱乐之间找到最佳契合点。精心设计的商业化策略能够让游戏吸引更多玩家参与，并在长期运营中实现持续盈利。

商业化是现代游戏设计中至关重要的一环。本章介绍了几种常见的商业化模式（包括内购模式、广告模式、订阅制模式和一次性买断模式），以及商业化策略（包括常规付费模式、激励付费模式和抽卡/扭蛋模式）。每种模式都有其独特的适用场景和设计要点。

在实际设计时，游戏开发者需要平衡盈利与玩家体验，避免出现"付费胜利"的问题。通过合理选择商业化模式与策略，游戏能够实现长期稳定的盈利，同时维持玩家的公平性和游戏的趣味性。最终，成功的商业化设计应实现收入与玩家体验的双赢，推动游戏的持续发展。

总结

本章详细探讨了游戏数值设计中的游戏框架要素：核心目标、玩法系统、成长系统、经济系统，以及与之相应的商业化模式与策略。通过系统地分析这些要素，可以搭建一个稳固的框架，确保游戏不仅具备高度的可玩性和玩家吸引力，还能在长期运营中实现稳定盈利。

核心目标是游戏设计的起始点，为所有系统和玩家行为指明方向，确保游戏能够激发玩家的探索欲与成就感。围绕这一目标，我们将游戏进一步细化为三个核心系统。

● **玩法系统**：玩家与游戏世界互动的核心部分。玩法系统通过精心设计的战斗机

制和富有挑战性的元素，赋予游戏策略性和深度，确保玩家在游戏中的每一步
进展都充满乐趣与挑战。

- 成长系统：通过角色、卡牌和装备等多维度的成长路径，增强玩家的投入感与
长期参与动力。在成长系统中，玩家通过逐步提升自身实力和自我强化，充分
体验到成长与成就带来的乐趣。

- 经济系统：游戏资源流动的关键枢纽。经济系统可以保障资源的合理分配与消
耗，并为游戏的长期运营奠定基础。合理的资源管理不仅能保证游戏的平衡性，
还能增强玩家的沉浸感与投入感。

商业化则是将这些系统与盈利目标有机融合的桥梁。通过精巧设计的内购模式、
广告模式、订阅模式和一次性买断模式，游戏开发者能够为游戏创造持续性收入，同
时保障玩家体验的公平性和娱乐性。

本章的讨论为后续的战斗框架和其他系统设计提供了坚实的理论基础。在后续章
节中，我们将进一步探讨如何根据这些游戏框架要素，构建出一个精细化的战斗系统，
并深入分析数值策划如何推动玩法的平衡与创新。无论对于新手策划，还是资深开发
者，这些内容都能为游戏设计提供新的思路和方法。

03

第 3 章
战斗系统的数值设计

对数值策划来说，制作游戏数值的首要步骤是明确游戏的战斗框架。战斗框架是游戏设计中处理战斗逻辑的核心模式，也是数值策划在游戏开发中的重要工作基础。战斗框架直接决定了游戏的玩法深度、战斗的策略性及整体的流畅体验。

在《游戏数值百宝书：成为优秀的数值策划》中，我们深入探讨了游戏核心战斗部分的构建，着重阐述了战斗方式、战斗表现、战斗节奏及策略层面的复杂设定。基于对这些核心战斗特征的理解，我们可以将战斗系统的数值设计拆解为 4 个关键步骤：属性定义、战斗框架设计、角色数据管理和怪物数据管理。

属性定义是战斗数值体系的基础，涵盖了游戏中所有可量化的元素，如角色的生命值（HP）、攻击力（ATK）、防御力（DEF）、速度（SPD）、暴击率（CRIT）等。合理的属性设计是保障战斗平衡性和策略深度的关键，会直接左右玩家在战斗中的选择，影响其游戏体验。

战斗框架设计明确了战斗的基本流程与规则，是数值得以实现的支柱。战斗流程主要包含基础流程、技能流程、伤害流程等部分。数值策划通过设计这些流程和规则，确保战斗的策略性和公平性，为玩家带来流畅且富有挑战的游戏体验。

角色数据管理负责确保角色属性数据的准确性、平衡性与多样性，同时为数据的扩展和维护提供支持。角色的属性数据包括基础属性、成长属性、装备属性等，数值策划需要确保这些数据在变化过程中始终维持游戏的平衡和一致性。

怪物数据管理与角色数据管理类似，但其侧重点在于敌方单位（如怪物、BOSS等）的数值设计。怪物的属性定义和成长曲线对游戏的挑战性和玩家体验有着重要影响，因此怪物的数据管理同样需要精心规划。

本章将深入探讨如何定义这些核心属性，并逐步构建战斗框架的各个组成部分，从而帮助数值策划者设计出一个既平衡又极具挑战的战斗系统。下面将从属性定义这一基础步骤着手，逐步剖析如何通过数值设计搭建一个稳固的战斗框架。

3.1 属性定义

在游戏设计中，属性是构建角色、怪物、装备等游戏元素的基础能力指标。这些属性不仅决定了上述游戏元素在游戏世界中的表现，还会直接对战斗系统的运行、角色成长策略的制定和玩家的整体游戏体验产生影响。在《游戏数值百宝书：成为优秀的数值策划》中提到，属性根据应用范围可划分为通用属性和非通用属性。本章将深入探讨如何在战斗框架设计中定义和运用这些属性。

首先，我们通过多级分类的方法来定义游戏中的通用属性。图 3.1 所示为不同的属性分类方法。

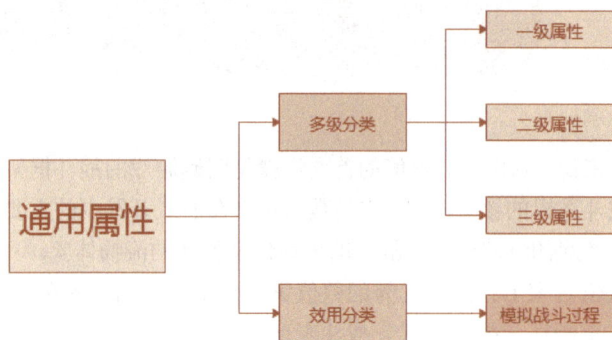

图 3.1　不同的属性分类方法

游戏中的通用属性按多级分类可以划分为一级属性、二级属性和三级属性，因其作用不同，会对战斗中的不同方面产生影响。

一级属性是最基础的属性，直接参与战斗的相关计算，决定角色在战斗中的生存能力和输出能力。典型的一级属性包括生命值（HP）、魔法值（MP）、攻击力（ATK）和防御力（DEF）。这些属性相互间存在关联，如攻击力和防御力会协同作用，进而影响战斗中的伤害数值。表 3.1 所示为一级属性的枚举。

表 3.1　一级属性的枚举

属性 ID	名称	属性分类	类型	属性描述	客户端显示	备注
1	生命值	一级属性	数值	生命基础值，当角色生命值为 0 时，角色死亡	生命+{s}	受到百分比加成影响
2	魔法值	一级属性	数值	魔法基础值，在释放技能时需要消耗能量值	魔法+{s}	受到百分比加成影响
3	攻击力	一级属性	数值	攻击能力，攻击数值越高最终伤害越高，数值受敌方常规防御的影响	攻击+{s}	受到百分比加成影响
4	防御力	一级属性	数值	防御能力，与攻击力对应，防御数值越高，受到的伤害越小	防御+{s}	受到百分比加成影响
101	生命值百分比	一级属性	比率	调整生命值百分比，最小值为1，万分之数值，运算时要除以10000	生命+{s}%	
102	魔法值百分比	一级属性	比率	调整魔法值百分比，最小值为1，万分之数值，运算时要除以10000	魔法+{s}%	
103	攻击力百分比	一级属性	比率	调整攻击力百分比，最小值为1，万分之数值，运算时要除以10000	攻击+{s}%	
104	防御力百分比	一级属性	比率	调整防御力百分比，最小值为1，万分之数值，运算时要除以10000	防御+{s}%	

续表

属性 ID	名称	属性分类	类型	属性描述	客户端显示	备注
201	生命增加	一级属性	数值	调整最终生命值，不受生命值百分比加成影响	生命+{s}	
202	魔法增加	一级属性	数值	调整最终魔法值，不受魔法值百分比加成影响	魔法+{s}	
203	攻击增加	一级属性	数值	调整最终攻击力，不受攻击力百分比加成影响	攻击+{s}	
204	防御增加	一级属性	数值	调整最终防御力，不受防御力百分比加成影响	防御+{s}	

在设计一级属性时，需要充分考量其灵活性。以游戏中的装备系统与宝石系统为例，装备系统可能将"生命值"这一基础属性设定为投放 100 点，而宝石系统则可能采用"生命值百分比"属性，投放比例为 50%。在最终计算时，这两者的数值会依据加成规则进行叠加，即最终生命值为 100×(1+50%)=150 点。

如果我们再添加一个新系统（如神兵系统），则可以通过"生命增加"属性对最终生命值进行调整，使得系统间的数值互不干扰，从而实现灵活扩展。例如，在神兵系统中，如果将"生命增加"属性设定为投放 100 点，那么最终生命数值为 100×(1+50%)+100=250 点，而不是 (100+100)×(1+50%)=300 点。

二级属性是在一级属性的基础上衍生而来的，通常以百分比的形式对战斗输出产生影响。常见的二级属性包括命中率、闪避率、暴击率等，如表 3.2 所示。这些属性多起到"放大器"的作用，通过提升一级属性的数值，进一步增强角色的战斗表现。

表 3.2 二级属性的枚举

属性 ID	名称	属性分类	类型	属性描述	客户端显示	备注
5	命中率	二级属性	比率	命中的概率，提高命中率可以减少 miss 现象	命中+{s}%	可以不用此属性
6	闪避率	二级属性	比率	闪避的概率，提高闪避率可以增加 miss 现象	闪避+{s}%	可以不用此属性
7	暴击率	二级属性	比率	暴击的概率，触发暴击后根据暴击伤害倍率造成更高的伤害	暴击+{s}%	
8	暴击伤害倍数	二级属性	比率	暴击倍率，即暴击后所造成伤害的倍率	暴击伤害+{s}%	
9	抵抗暴击率	二级属性	比率	抵抗暴击的能力，提高抵抗暴击率可以降低受到暴击的概率	暴击抵抗+{s}%	
10	伤害加成	二级属性	比率	在对敌方单位造成伤害时会提高伤害的比例	伤害加成+{s}%	
11	伤害减免	二级属性	比率	在受到伤害时会降低所受伤害的比例	伤害减免+{s}%	

二级属性的设计重点是"随机性"。这些属性并不直接作用于角色的基础数据，而是通过不确定因素来增强战斗的策略性和趣味性。在设计二级属性时，合理融入随机性能有效增强游戏的可玩性，并加深战斗深度。

值得注意的是，二级属性可以采用数值的形式呈现。例如，暴击率可以通过"暴击+5000"来表示，而不是直接以百分比的形式呈现。游戏在进行程序运算时会将此类数值转换为百分比，用于实际计算。

三级属性一般用于修正一级或二级属性的效果，为玩家带来全新的战斗体验。三级属性通常不会直接影响常规战斗，而是在特殊场景或玩法中发挥作用。它们通常在游戏设计的后期阶段引入，目的在于加深战斗深度或补充游戏机制。表3.3 所示为三级属性的枚举。

表3.3   三级属性的枚举

属性ID	名称	属性分类	类型	属性描述	客户端显示
30	攻击吸血	三级属性	比率	攻击后恢复生命的比例，与单次伤害量有关	攻击吸血+{s}%
31	生命恢复	三级属性	数值	在存活状态下，每5秒自动恢复的生命值数量	生命恢复+{s}
32	魔法恢复	三级属性	数值	在存活状态下，每5秒自动恢复的魔法值数量	魔法恢复+{s}
33	技能冷却	三级属性	比率	缩短对应比例释放技能的冷却时间	冷却缩减+{s}%
34	杀怪经验	三级属性	比率	在攻击怪物获得经验时，提高对应的经验获得比例	杀怪经验+{s}%
35	双倍掉落	三级属性	比率	在攻击怪物掉落物品时，再次掉落的概率	双倍掉落+{s}%

三级属性的设计需要特别注意平衡性，其引入的目的是修正现有系统的不平衡，或者是加深特殊玩法的深度。因此，在设计这些属性时，要确保它们对整体游戏体验不会造成负面影响。

在属性定义的初期阶段，维持属性系统的简洁性和灵活性至关重要。随着游戏的演进，游戏设计师可以根据新的设计需求逐步引入更加复杂的属性和机制。例如，在后续的成长系统中，我们可以根据需要为某些特定的属性（如元素系列）增添全新的三级属性。具体来说，能够为"水元素"或"火元素"搭建独立的属性系统，并根据玩家的修炼进度触发不同效果。

通过对一级、二级和三级属性的定义和分类，数值策划者可以设计出一套完整的属性体系，为战斗系统的搭建奠定坚实的基础。合理的属性设计不仅有助于增强战斗的策略性，还能为后续的成长系统、怪物数据管理等提供稳固的支撑。下面将逐步探讨如何根据这些基础属性，设计战斗框架的其他核心部分，最终搭建出一个平衡且富有挑战性的战斗系统。

番外篇：基础属性的设计与应用

在游戏设计中，基础属性是量化角色、怪物或单位核心能力的关键指标。这些属性并不直接参与战斗伤害的计算，而是通过对一级属性（如攻击力、生命值等）和二级属性（如暴击率、闪避率等）施加影响，从而间接决定角色在战斗中的表现。合理设计基础属性是保障游戏平衡性和深度的关键。

1. 基础属性的定义与作用

基础属性是角色成长和能力进阶的根基，可以决定角色的核心特质和战斗风格。常见的基础属性包括力量（Strength）、敏捷（Agility）、智力（Intelligence）、耐力（Stamina）和精力（Energy）。每个属性都会对角色的成长方向和战斗力产生深远影响。下面将详细介绍各个基础属性的定义与作用。

- **力量**：提升角色的物理攻击力，通常与近战职业（如战士等）紧密相关。力量越高，角色的输出能力越强。
- **敏捷**：影响角色的攻击速度、闪避率、暴击率等。高敏捷的角色（如刺客、弓箭手等）具备更快的攻击速度和更高的闪避概率。
- **智力**：提升魔法攻击力和魔法防御力，增强技能效果。智力较高的角色（如法师等）拥有强大的魔法输出能力。
- **耐力**：增加角色的生命值上限，从而提升生存能力。耐力值高的角色（如坦克等）能够承受更多伤害。
- **精力**：影响技能能量的恢复速度，决定技能释放的频率和持续性。精力充沛的角色可以更为频繁地释放技能。

2. 基础属性的设计思路

在着手设计基础属性时，数值策划者需要综合考量游戏类型、角色职业和整体平衡性，确保每个属性都具有明确的作用和合理的成长空间。基础属性的设计思路如下。

1）初始值设定与成长曲线

每个基础属性都需要设定初始值和成长曲线。初始值关乎角色在起始阶段的表现，而成长曲线则决定了角色后期能力的变化趋势。职业特色应在成长曲线中得以体现，如战士的力量成长数值较高，而敏捷成长数值相对较低。

2）属性分配与权重

根据角色职业和定位来合理分配基础属性。战士角色应着重关注力量和耐力属性的提升，而法师角色则应重点关注智力和精力属性的提升。合理的属性分配既能体现角色的职业特色，又能加深游戏的策略深度。

3）平衡性设计

基础属性在不同角色之间要维持平衡状态，防止出现某些角色因某一属性数值过高而破坏游戏平衡的情况。通过模拟和测试，持续对属性效果进行调整，确保每个角色都拥有其独特的优势。

3. 基础属性对战斗的间接影响

虽然基础属性自身并不直接参与伤害计算，但是它们通过影响一级属性和二级属性，从而间接决定战斗的表现。常见的基础属性对战斗的影响如下。

- **力量**：直接影响角色的物理攻击力。攻击力计算公式通常为"物理攻击力=力量×攻击系数"。力量数值高的角色在近战战斗中更具优势。
- **敏捷**：影响暴击率和闪避率，相关计算公式为"暴击率=敏捷÷常数"和"闪避率=敏捷÷常数"。敏捷型角色在战斗中更具随机性和灵活性，能够频繁触发暴击或成功避开攻击。
- **智力**：影响魔法攻击力和技能伤害，其计算公式为"魔法攻击力=智力×魔法系数"。智力成长较高的角色拥有强大的法术输出能力和更高的技能效果。
- **耐力**：提高角色的生命值上限，其计算公式为"生命值=耐力×生命系数"。耐力高的角色能够承受更多的伤害，是防御型职业的核心属性。
- **精力**：影响技能能量的恢复速度。精力值高的角色能够更频繁地释放技能，从而增加战斗中的战术灵活性。

这些基础属性通过影响一级和二级属性的数值，形成一个相互依存的属性体系，从而丰富战斗系统的多样性和策略性。

4. 不同游戏类型中的基础属性应用

基础属性在不同类型的游戏中有不同的应用方式。下面是几种常见游戏类型中的基础属性应用。

1）RPG 类游戏中的基础属性应用

在 RPG 类游戏中，基础属性是角色成长的核心要素。不同职业（如战士、法师、弓箭手等）具有不同的基础属性成长曲线，以此展现各自的优势与劣势。例如，法师的智力成长数值较高，法术输出能力强大，但是生命值和防御力相对较弱；战士则在力量和耐力方面有着较高的成长数值，生存能力较强，然而攻击速度较为缓慢。

2）策略类游戏（SLG）中的基础属性应用

在策略类游戏中，基础属性不仅影响个体单位的战斗力，还能决定战术策略的选择。例如，重型步兵的耐力和力量数值较高，适合承担前线压力；而弓箭手则通过提升敏捷属性来增强闪避能力和远程输出能力，适合打击敌方后排。

3）动作类游戏（ARPG）中的基础属性应用

动作类游戏通常注重即时反馈和操作体验，因此敏捷和精力属性在这类游戏中往往更为关键。这些属性直接影响角色的移动速度、攻击频率和技能冷却速度。例如，忍者类角色通常拥有较高的敏捷和精力属性，能够进行快速的攻击和闪避，而重装战士则依靠耐力和力量属性来承受伤害并提供输出。

基础属性的设计是游戏数值策划的核心环节之一，其合理性决定了角色的核心能力和成长方向。在不同类型的游戏中，基础属性的应用逻辑存在差异，设计时需要结合角色职业、游戏类型及整体平衡性，对属性进行合理分配。通过合理的基础属性设计，可以为游戏注入更多的策略深度和战术选择，同时为玩家带来多样化的游戏体验。合理的基础属性设置不仅为游戏的战斗系统奠定基础，还为后续的成长系统和角色发展提供坚实支撑。

3.2 战斗框架设计

战斗框架是游戏战斗系统的核心，涵盖结构设计、逻辑规则和数值计算方式。一个良好的战斗框架是确保战斗体验流畅且具备策略深度的关键。因此，在设计战斗框架时，战斗策划与数值策划的紧密协作至关重要。

战斗策划负责设计战斗的整体框架，包括战斗规则、步骤，以及与其他游戏系统的协调。数值策划则负责将这些设计转化为具体的数值系统，确保战斗流程中的每个环节都能精确反映角色、技能、装备等因素的数值表现。数值策划的核心工作主要包括两大板块：一是为战斗流程设计匹配的数值模型，二是通过精确的公式定义，量化角色属性、技能效果及战斗结果等因素的互动关系。

本节将基于《游戏数值百宝书：成为优秀的数值策划》中提到的战斗框架，深入探讨战斗流程与公式定义，介绍如何构建一个高效且平衡的战斗系统。具体来说，战斗流程包括基础流程、技能流程和伤害流程，这三者共同构成了战斗的核心逻辑链条。公式定义则将这些逻辑转化为具体的数值计算，以此驱动战斗的进程。

通过对这些流程和公式的详细设计，我们将为玩家提供一个既具备策略深度又充满挑战的战斗系统。同时，我们也为数值策划者提供了一套完备的设计框架，帮助他们在实际游戏开发过程中实现平衡、趣味与深度的有机融合。

3.2.1 战斗流程

在游戏设计中，战斗流程指从战斗开始到结束的完整进程。它是影响玩家战斗体验、节奏把控和策略深度的关键因素。精心设计的战斗流程不仅能保障游戏战斗的流畅性，还能增强游戏的策略性和可玩性。一般来说，战斗流程通常由基础流程、技能流程和伤害流程 3 个部分组成，每个部分都在战斗中起着至关重要的作用。

1. 基础流程

基础流程犹如战斗的骨架，决定了战斗的起始、执行过程及结束方式。其设计保障了战斗的基本逻辑性和连贯性。在如图 3.2 所示的战斗基础流程中，主要包含以下几个关键步骤。

- **进入战斗和初始化数据**：在战斗开始时，对所有角色的属性数据进行初始化操作，为每个角色设置在当前战斗中的初始属性。进一步确保角色在战斗开始时的状态一致，并为后续战斗奠定稳定的基础。

- **执行被动技能和状态效果**：在完成初始化后，战斗流程首先会执行角色的被动技能、光环技能或自动生效的状态效果，如增强防御力、攻击力，或者为队友提供持续生命恢复等效果。

- **进入回合状态**：大多数战斗采用回合制，在每一回合中角色依次展开行动。每个回合的操作包括技能释放、角色移动或其他操作。回合制设计能让玩家更好地策划每一回合的行动，增强游戏的策略性。

- **循环回合**：回合状态会持续推进，直到战斗结束的条件得以满足（例如，敌方角色全部死亡，或者己方角色全部阵亡）。每一回合的执行不仅能增强战斗的沉浸感，还能确保战斗的节奏和多样性。

- **战斗结束和状态清算**：战斗结束后会执行一些清算步骤，如角色死亡后的复活、战斗结束后的奖励，以及治疗效果的处理等。直到所有与战斗相关的状态都被处理完毕，战斗才算完全结束。

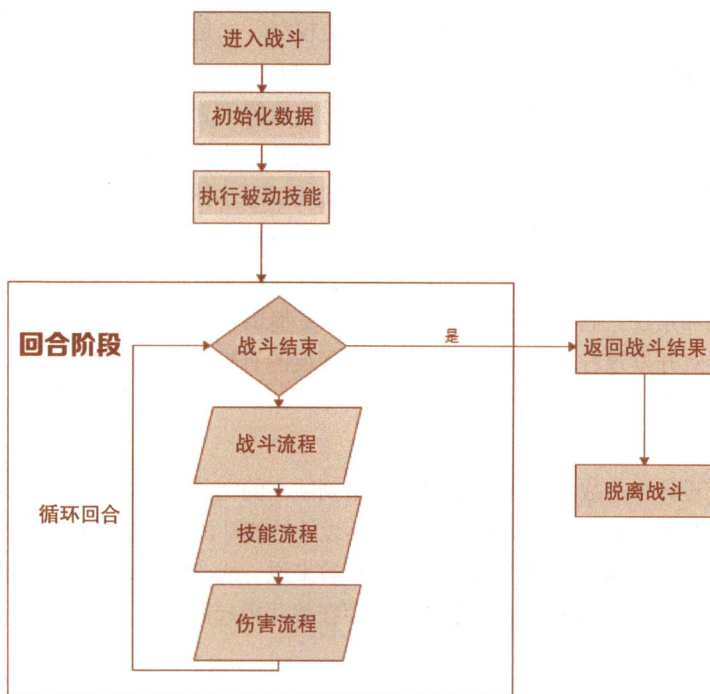

图 3.2　战斗基础流程

注：《游戏数值百宝书：成为优秀的数值策划》中详细描述了战斗流程的整个过程，这里提供的是战斗流程的概述，具体设计可以根据游戏类型的不同进行优化和调整，以更好地契合游戏需求。

2. 技能流程

技能流程负责明确角色在战斗中释放技能的具体步骤与内在逻辑。技能所具备的多样性及其效果会对战斗的深度和玩家的策略选择产生显著影响。图 3.3 所示为技能判定流程。技能流程主要包含以下步骤。

- **选择目标**：技能释放的第一步是选择目标，目标可以是单个敌人、多个敌人，或者是全体队友。根据目标类型和数量，技能的效果（如伤害、治疗等）会相应做出调整，以确保游戏的平衡性。

- **计算伤害**：在确定技能目标后，便进入伤害计算阶段。在这一阶段，数值策划通过预先设定的伤害公式，同时结合敌我双方的属性数据，计算出技能的最终伤害输出。如果目标被成功击败，则从技能流程回归基础流程；如果目标仍存活，则进入下一个步骤。

- **状态处理**：在完成伤害计算后，技能可能会附带额外的状态效果，如致使目标眩晕、中毒，或者为角色施加护盾等。这些状态效果有可能在后续的回合中持续发挥作用，从而增强战斗的多样性和策略性。

- **技能结束**：当所有技能效果执行完成后，技能流程宣告结束，角色返回基础流程，继续进行战斗回合。

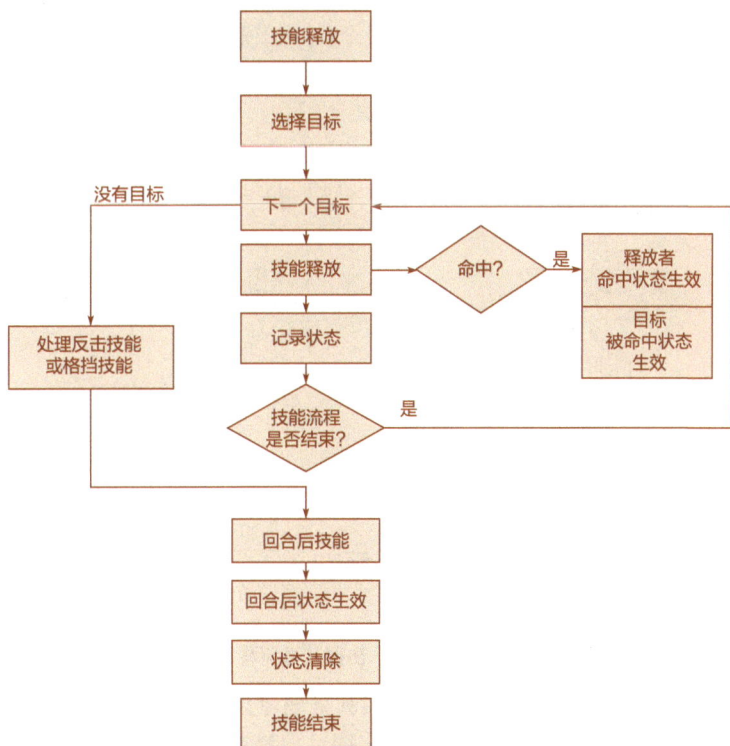

图 3.3 技能判定流程

3. 伤害流程

伤害流程在战斗流程中占据核心地位，负责决定角色攻击所造成的实际伤害值。它依据角色与目标的属性数据，同时考虑随机性因素来计算最终的伤害输出。图 3.4 所示为伤害计算流程。伤害流程通常包含以下步骤。

- **命中判断**：伤害计算的首要环节是判定攻击是否命中目标。这需要将攻击角色的命中属性与目标的闪避、抵抗等属性进行对比，从而确定攻击是否命中。
- **伤害计算**：如果攻击成功命中目标，则进入伤害计算阶段。根据角色和目标的属性，以及可能的二级属性（如暴击率、暴击伤害、伤害减免等），计算出实际伤害值，并决定伤害类型（如普通伤害或暴击伤害）。
- **状态和效果结算**：计算得出的伤害会对目标的生命值产生影响，并触发相应的状态效果（如生命减少、状态触发等）。这些变化在游戏中会直观地体现为角色的健康状态改变、技能冷却情况等，至此完成整个伤害流程。

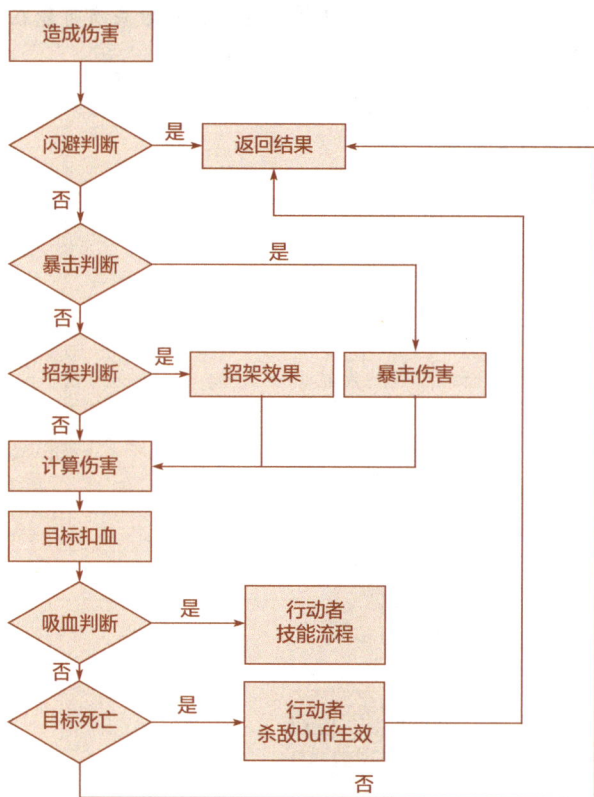

图 3.4 伤害计算流程

备注：伤害计算流程涉及概率论算法和圆桌理论算法。《游戏数值百宝书：成为优秀的数值策划》对不同的算法与方法展开了探讨，尤其研究了如何通过概率论算法使每个属性都参与到伤害计算之中，以此增强游戏的策略性与灵活性。本节选用概率论算法，让每一个属性都融入伤害流程的计算过程。这样不仅能让二级属性的设计更具灵活性，还能为数值设计开拓更多的优化空间。

通过对基础流程、技能流程和伤害流程的精心设计，我们能够构建一个既具有深度又具有策略性的战斗系统。这种结构不仅能保障游戏的平衡性，还能为玩家带来充满挑战的战斗体验。在实际设计过程中，游戏开发者应根据具体的游戏类型和需求，对这些流程进行灵活调整，以实现最佳的战斗系统效果。

3.2.2　公式定义

在战斗框架的设计中，公式定义堪称将游戏中各种属性融入战斗流程的关键。公式是连接战斗和属性的工具，通过将角色、技能、装备等要素的数值表现紧密结合在一起，使整个数值体系更具有序性和连贯性。通过精确的公式计算，游戏能够为玩家带来富有深度的策略体验，让战斗兼具平衡性与挑战性。

战斗框架所依赖的核心公式主要包括属性计算公式、技能计算公式和伤害计算公式。它们分别在基础流程、技能流程和伤害流程中发挥作用，共同构成战斗系统的数值基础。本节将详细探讨这几种公式的设计与应用，展示如何通过公式定义为战斗系统提供强有力的数值支持。

1．属性计算公式

属性计算公式主要用于战斗流程的初始化阶段，确保角色在进入战斗之前其各项属性已经根据初始属性、装备、技能等因素进行计算和汇总。常见的属性计算公式如下。

1）属性汇总公式

该公式用于计算角色的最终战斗属性值，综合考虑角色的初始属性、升级属性、装备属性和技能效果等因素。

属性汇总=（角色初始属性+角色升级属性+∑装备属性汇总+∑技能或效果属性汇总）×（1+∑百分比属性汇总+∑技能或效果百分比属性汇总）

该公式将所有与角色相关的属性进行汇总，确保所有因素对角色的影响都能得到体现。

2）属性转化公式

这类公式用于将一种属性转化为另一种属性，通常适用于计算特殊技能或装备的效果。例如，当某个技能或装备附加一个百分比增益时，属性转化公式能够实现其效果转换和应用。

属性 A 数值=属性 B 数值×常量

$$属性 A 数值=\frac{属性B数值}{属性B数值+常量}$$

$$属性A数值=\frac{属性B数值}{属性B数值+常量+常量×角度等级}$$

这些公式在游戏中用于计算装备、技能或其他效果对角色属性的影响，确保战斗中所有属性的变动都能合理呈现。

2. 技能计算公式

技能计算公式用于计算角色在战斗中释放技能时的具体效果。技能的设计影响着战斗的策略深度，而技能计算公式则确保了技能效果与角色状态、目标状态之间的合理匹配。常见的技能计算公式如下。

1）基础技能效果公式

技能效果数值=基础伤害数值×（1+技能效果百分比率+∑角色状态百分比率+∑目标状态百分比率）

该公式通过结合角色和目标的状态，调整技能的最终效果数值，适用于计算单体技能或群体技能的伤害、治疗等效果。

2）特定技能效果公式

（1）护盾值计算。

技能产生的护盾值=生命值×常量（例如，常量=0.5）

（2）格挡伤害计算。

格挡吸收伤害数值=力量值×常量（例如，常量=0.1）

（3）持续伤害效果（如流血或灼热效果）。

流血效果数值=基础伤害值×常数（例如，常数=0.02）

灼热效果数值=基础生命值×常数（例如，常数=0.02）

这些公式能够准确计算技能效果，确保它们在实际战斗中产生预期的效果，并且可以通过调整常数来平衡技能的强度。

3. 伤害计算公式

伤害计算公式在战斗系统中占据核心地位，可以决定角色攻击所产生的效果和敌方承受的伤害量。合理的伤害计算公式设计不仅能确保战斗的平衡性，还能为战斗增强策略性和多样性。下面介绍常用的伤害计算公式——减法公式（改良版）。

$$伤害数值=攻击数值-\frac{攻击数值×防御数值}{常数+防御数值}$$

该公式主要通过防御属性来降低攻击伤害，确保防御在数值系统中的平衡性。公式中的"常数"用于限定防御属性的最大值范围，以避免因防御力过高而导致伤害计算出现失衡的状况。

在伤害计算中，我们还可以引入概率论算法，使每个属性都参与到伤害计算之中。这不仅能为战斗带来更多的平衡因素和策略空间，还能增强二级属性（如暴击、暴击伤害等）的灵活性，从而进一步完善伤害计算的平衡性。

通过属性计算公式、技能计算公式和伤害计算公式的设计与优化，数值策划可以确保战斗系统中的数值逻辑清晰、平衡稳定且富有深度。这些公式不仅帮助游戏实现精准的数值表现，还为玩家带来更丰富的策略选择和战斗体验。在实际设计中，数值策划应根据游戏类型、玩家需求及目标平衡进行调整，灵活地优化这些公式，以满足游戏的长远发展需求。

番外篇：战斗公式的优化与扩展

在前面的章节中，我们讨论了游戏战斗框架中常用的公式类型及其应用场景。这些公式为战斗系统提供了基础的数值计算和逻辑支撑。但随着游戏开发的深入，游戏设计师通常需要对这些公式进行优化和扩展，以适应不同的游戏需求，并增强游戏的策略深度。本番外篇将探讨常见的战斗公式的优化方法和扩展技巧，帮助数值策划在设计过程中实现更加精细化的战斗效果。

1. 公式优化

公式优化的核心目标是提高计算效率，同时确保数值的平衡性不受影响。优化后的公式不仅能加快游戏性能，还能使战斗系统更加流畅和高效。常见的公式优化的方法如下。

1）简化公式结构

复杂的公式可能影响计算效率，尤其在大型多人在线游戏（MMO）或实时对战类游戏中。设计时应尽量简化公式结构，避免过多的嵌套和复杂计算。

例如，将复杂的伤害计算公式：

$$伤害数值 = 攻击数值 - \frac{攻击数值 \times 防御数值}{常数 + 防御数值}$$

简化为：

$$伤害数值 = \frac{攻击数值 \times 常数}{常数 + 防御数值}$$

这种简化减少了运算次数，同时保障了公式的平衡性和合理性。

2）预计算与缓存

对于不频繁变化的属性或状态，可以在战斗开始前进行预计算，并将结果缓存，避免每次计算时重复计算。

例如，固定的技能冷却时间或装备属性的加成值可以预先计算并存储，以便在战斗中直接使用缓存的结果。

3）线性近似

复杂的公式可以通过线性近似简化。对于计算如二次方或对数关系的部分，可以用线性函数进行近似，从而降低计算成本，尤其在高负载下。

例如，将复杂的二次公式（如暴击概率与伤害公式）简化为线性关系，从而减轻实时计算时的负担。

4）优化条件判断与分支结构

频繁的条件判断和分支结构会影响公式执行效率。通过设计更简洁的公式，并将多种情况合并，可以减少判断次数，从而提高执行效率。

2. 扩展公式类型

在完成基础公式的设计后，游戏设计师还可以根据游戏的需求，扩展并设计更复杂的公式类型，以实现更丰富的战斗机制和策略玩法。常见的扩展公式类型如下。

1）连锁反应公式

连锁反应公式用于处理技能或攻击效果之间的相互影响，增强战斗中的策略性。

例如，当技能 A 命中敌人后，有 20%的概率触发技能 B 的额外伤害效果。公式可以设计为：

技能 B 触发概率=0.2×技能 A 命中效果

这种公式能够加深游戏的策略深度，让玩家在战斗中有更多的决策空间。

2）多阶段伤害公式

多阶段伤害公式设计主要用于复杂的 BOSS 战或特定战斗场景，使得技能或攻击在多个阶段产生不同效果。

技能 C 的多阶段伤害公式可以为：

总伤害=基础伤害+中毒效果伤害×持续时间

这种设计可以让战斗更加丰富，玩家需要根据敌人状态和技能释放顺序调整策略。

3）反应机制公式

反应机制公式通常用于元素反应或状态反应。例如，在某些游戏中，当敌人处于燃烧状态时，使用水属性技能可能触发蒸发效果，造成额外伤害。

蒸发伤害公式：

蒸发伤害=基础伤害×燃烧状态修正系数

这一公式为游戏带来了更多策略性，玩家可以利用元素或状态效应制造更高的伤害输出。

4）动态调整公式

动态调整公式根据战斗进程、玩家行为或外部事件，动态调整伤害、治疗等效果。

例如，随着战斗的进行，BOSS 的防御力逐渐降低。公式为：

防御力=初始防御力×（1-时间修正系数×战斗时间）

这种公式可以根据战斗时间动态调整战斗平衡，增强战斗的挑战性和策略性。

3. 公式性能优化

为了应对大型游戏中的性能需求，数值策划在优化公式时还需要考虑性能方面的挑战。常见的公式性能优化的方法如下。

1）并行计算与多线程处理

在大型多人在线游戏（MMO）或实时对战类游戏中，多个玩家的状态可能需要同时计算，这时可以采用并行计算或多线程处理，减轻单线程计算的压力。这样可以有效避免性能瓶颈，提高游戏运行效率。

2）公式的调整与迭代

在开发过程中，根据玩家反馈和数据分析，对公式进行持续的调整和优化。数据驱动的方式能够帮助游戏开发者根据实际需求实时调整数值，确保游戏在数值平衡的同时不失趣味性。

通过对公式的优化与扩展，游戏设计师能够设计出更丰富、更具深度的战斗系统，并增强游戏的策略性与可玩性。公式性能优化不仅可以提高游戏的计算效率，减少性能瓶颈，还能够通过扩展公式类型为游戏引入创新的战斗机制。随着游戏的开发和玩家需求的变化，数值策划需要不断探索新的优化方法和扩展技巧，以确保游戏体验和数值平衡的双赢。

3.3　角色数据管理

角色数据管理是游戏设计中不可或缺的一环，涵盖了角色属性、成长路径和平衡性的全面规划与维护。它不仅决定角色在游戏中的基础能力，还影响玩家在成长和战斗中的体验。一个完备的角色数据管理系统需要在数值稳定性、职业差异性和成长策略性之间找到平衡点，确保每位玩家都能收获公平且有趣的游戏感受。

在角色数据管理的初始阶段，平衡性设计是最关键的一步。平衡性设计不仅为游戏战斗搭建起底层逻辑架构，还对玩家在游戏中的策略选择和长线体验产生直接影响。我们将从战斗平衡（底层平衡）和职业平衡（价值平衡）两个角度入手，深入探究如何通过数值调控，让角色之间既相对公平，又各具特色。这些工作是角色成长和战斗体验的基础，能够有效避免因数值失衡所引发的玩家流失问题。

在平衡性稳定的基础上，角色数据管理的第二大重点是全局属性成长的设计。全局属性成长决定了角色在游戏中的成长方向、速度和潜力，是驱动玩家长期投入游戏的动力来源。无论是擅长物理输出的战士，还是善于运筹帷幄的法师，不同职业都需要独特的成长路径，以保持职业间的差异化与竞争性。全局属性成长的核心在于，通过对标杆成长、属性成长、战斗平衡和属性分配的全局规划，构建起一个稳定且可拓展的成长模型。

此外，在设计角色数据管理时，还需要关注玩家的长期体验和游戏的策略深度。

通过合理的数值框架和清晰的成长规划，不仅能够引导玩家投入时间与精力，还能增强游戏的可玩性和策略性。

本章将详细分析平衡性设计和全局属性成长，帮助游戏设计师构建起一个既稳固又富有深度的角色数据管理体系，进而为玩家带来持久且有趣的游戏体验。

3.3.1　平衡性设计

平衡性设计是游戏制作中最具挑战性且至关重要的环节之一，直接影响游戏的可玩性、玩家的长期体验及游戏的生命力。作为数值策划的核心任务，平衡性设计贯穿于数值制作的每个阶段，从基础数值的规划到高层系统的整合，始终需要保持对公平性和策略性的严格把控。

平衡性设计主要涵盖战斗平衡和职业平衡两大核心部分。这两者分别从底层数值逻辑和职业定位关系上，为游戏的整体平衡性奠定基础。

战斗平衡（底层平衡）作为平衡性设计的基石，可以确保游戏中的基础数值逻辑既合理又公平，为所有游戏角色的交互行为提供稳定的框架支撑。通过构建可靠的战斗公式和设置合理的属性比例关系，战斗平衡保障游戏在各阶段的体验稳定性，同时为职业差异化设计创造有利条件。

职业平衡（价值平衡）则重点关注不同职业之间的相互关系和价值分配问题。其目标是让每个职业都具备独特的定位特性，同时在游戏中形成一种既彼此制约又互相协作的微妙关系。职业平衡的设计需要通过精确的属性权重分配，让玩家能够基于兴趣偏好和策略考量自由选择职业，而非因某个职业过于强势或弱势而失去选择的乐趣。

虽然战斗平衡也是平衡性设计的重要组成部分，但是它主要涉及角色成长过程中的战斗力对比，需要在角色的全局属性成长完成后进行详细分析。因此，本节将聚焦于战斗平衡和职业平衡两个层面，通过数值设计和调控策略构建一个稳定、公平且富有深度的游戏数值框架。

需要特别强调的是，当前阶段的平衡性设计以数值框架的构建为主，而非实际测试环节。正如《游戏数值百宝书：成为优秀的数值策划》中所述，数值平衡可以进一步细分为战斗平衡（底层平衡与上层平衡）、职业平衡（价值平衡与作用平衡）、战斗平衡及节奏平衡等多个层面。本节将聚焦于战斗平衡和职业平衡，而其他更细化的测试与调整部分，则可以参考本书前文中的具体内容。

通过深入探讨战斗平衡和职业平衡，本节将为构建公平且富有策略性的游戏体验奠定坚实的数值基础。

1. 战斗平衡（底层平衡）

在设计战斗平衡性之前，首先需要明确游戏期望为玩家带来何种类型的战斗体验。这不仅是游戏设计的核心目标，还是数值策划的指引方向。我们希望通过以下几个关键点来实现理想的战斗体验效果。

- **公式稳定性**：通过改良版的减法公式，避免因某一属性膨胀过快从而导致伤害值出现剧烈波动，进而维持数值体系的稳定性。
- **成长扩展性**：属性成长需要预留足够的扩展空间，以适应未来游戏内容的更新和迭代。
- **合理节奏感**：将战斗节奏设定为大致在 20 回合内决出胜负。游戏初期战斗节奏相对较快，随着游戏进程逐步推进，战斗节奏逐渐趋于平稳，最终维持在 20 回合左右。

为了达成这些目标，首先需要明确攻击力、防御力和生命值等核心属性之间的比例关系。这一比例关系将为数值设计提供统一的基础逻辑，也为后续的数值验证和优化提供参考依据。

在设计合理的战斗体验方案时，我们从以下基础公式入手：

目标回合数=生命数值÷伤害数值

该公式表示角色在战斗过程中可以存活的回合数。基于目标回合数（如 20 回合），我们首先进行最小化设定：假设伤害数值为 1，那么与之对应的生命数值为 20。

将"伤害数值=1"带入游戏的伤害公式——减法公式（改良）：

$$伤害数值=攻击数值-\frac{攻击数值×防御数值}{常数+防御数值}$$

通过以下推导过程，确定攻击数值、防御数值和生命数值的比例关系。

步骤 1 代入公式：$攻击数值-\dfrac{攻击数值×防御数值}{常数+防御数值}=1$。

步骤 2 去分母：攻击数值×（常数+防御数值）-攻击数值×防御数值=常数+防御数值。

步骤 3 整理公式：攻击数值×常数=常数+防御数值。

步骤 4：假设"常数=防御数值"，那么"攻击数值=2"（在一般情况下，常数即为所投放设定的防御数值的最大值）。

注意：通过代入运算我们可以发现，防御数值可以是任意不为 0 的数值。在通常情况下，我们会将防御数值与攻击数值设置为相同数值，这样在玩家的游戏体验上就感觉攻击与防御同等重要。

通过推导可以看出，当防御数值与常数相等时，攻击数值为 2。如果"防御数值=攻击数值"，则防御数值也为 2，而生命值在目标回合数为 20 的假设情境下设定为 20。所以，为了在 20 回合内决出胜负，攻击数值∶防御数值∶生命数值=1∶1∶10。依此类推，当数值按此比例投放时，可确保 20 回合的战斗节奏。同理，如果将战斗节奏设定为 16 回合，通过代入上述公式进行计算，则可以得到攻击数值∶防御数值∶生命数值=1∶1∶8。

为了验证公式的可行性，我们将会进行多组数值的模拟测试，观察在不同数值的伤害数值及生命周期变化，如表 3.4 所示。

表 3.4   不同数值的伤害数值及生命周期变化

常数	5000				
攻击数值	防御数值	生命数值	伤害数值	减伤比例	生命周期
10	10	100	10.0	0.20%	10.02
50	50	500	49.5	0.99%	10.10
100	100	1000	98.0	1.96%	10.20
150	150	1500	145.6	2.91%	10.30
200	200	2000	192.3	3.85%	10.40
400	400	4000	370.4	7.41%	10.80
500	500	5000	454.5	9.09%	11.00
600	600	6000	535.7	10.71%	11.20
800	800	8000	689.7	13.79%	11.60
1000	1000	10000	833.3	16.67%	12.00
1200	1200	12000	967.7	19.35%	12.40
1500	1500	15000	1153.8	23.08%	13.00
2000	2000	20000	1428.6	28.57%	14.00
3000	3000	30000	1875.0	37.50%	16.00
4000	4000	40000	2222.2	44.44%	18.00
5000	5000	50000	2500.0	50.00%	20.00
7500	7500	75000	3000	60.00%	25.00
10000	10000	100000	3333	66.67%	30.00
20000	20000	200000	4000	80.00%	50.00
50000	50000	500000	4545	90.91%	110.00
100000	100000	1000000	4762	95.24%	210.00
200000	200000	2000000	4878	97.56%	410.00

注：表格中的"攻击数值"用于模拟不同区间内角色的生命周期表现，范围设定为 10～200000。根据前文所述的属性比例关系（攻击数值∶防御数值∶生命数值=1∶1∶10），防御数值和生命数值可以通过公式计算得出。伤害数值的计算采用改良版的减法公式：伤害数值=攻击数值 $-\dfrac{攻击数值\times防御数值}{常数+防御数值}$，减轻比例=$\dfrac{（攻击数值\times防御数值）\div（常数+防御数值）}{攻击}$；当"常数=防御数值"时，减伤比例恒定为 50%，并且生命周期稳定在 20 回合，从而验证公式在标准比例下的平衡性和可行性。

在实际工作中，数值策划需要根据具体需求对上述模型进行调整，以适配不同的游戏设计目标。

- 动态调整常数值：将公式中的常数设计成与角色等级相关联的形式（例如，常数=等级×常数），以确保不同等级下战斗节奏的一致性。
- 分阶段投放属性：在游戏初期，着重关注攻击数值与防御数值的均衡增长，以确保战斗节奏的稳定性。到了游戏后期，则逐步减缓防御数值的增长速度，同时提高攻击数值与生命数值的占比，从而增强战斗的策略性。

通过上述推导与模拟测试，我们最终确定了"攻击数值：防御数值：生命数值=1：1：10"比例关系。这一比例关系为战斗系统奠定了稳固的数值基础，不仅支持流畅的游戏节奏，还为未来的扩展和优化工作预留了良好的灵活性空间。

建议数值策划在设计阶段投入足够的时间进行模拟验证，以确保最终比例能满足预期的战斗体验目标。

2. 职业平衡（价值平衡）

在搭建起战斗平衡这一底层基础后，我们将工作重点转向职业平衡的设计。职业平衡的目标不仅在于维护游戏的多样性与公平性，还在于提升玩家的选择体验，使不同职业在游戏中各具特色、各司其职。为达成这一目标，我们首先需要明确游戏中各个职业的核心体验与定位。

1）期望的职业体验

游戏中设计了战士、法师、弓手、牧师和盗贼 5 个职业，每个职业都具有鲜明的角色定位、独特的技能体系和风格迥异的游戏玩法。下面是对各职业定位的简要概述。

- **战士**：坦克定位，侧重生命值和防御力，攻击力较低，适合承担伤害。
- **法师**：输出定位，拥有最高的攻击力，但防御力最低，生命值适中。
- **弓手**：远程输出定位，攻击力较高，但防御力和生命值偏低。
- **盗贼**：高爆发输出定位，攻击与闪避兼备，防御力较低。
- **牧师**：辅助定位，属性较为均衡，能为团队提供持续支援。

通过合理设计，我们希望玩家能够基于个人兴趣和策略需求，自由选择最适合自己的职业，而不是因为某个职业过强或过弱而被迫妥协。

职业平衡需要同时满足以下要求。

- 在竞争场景中，不同职业之间保持对等的对抗能力。
- 在合作场景中，不同职业之间能够互相补充、协作应对挑战。
- 通过差异化的数值和技能设计，赋予每个职业独特的功能定位和专属的游戏乐趣。

职业平衡的关键体现在属性差异和技能差异两个方面，分别对应职业平衡中的价值平衡和作用平衡。本节主要探讨价值平衡，即深入研究如何通过数值设计实现职业属性的差异化；而关于作用平衡的内容则在后续章节中另行阐述。

2）属性权重的设计

在明确职业体验目标之后，我们通过数值设计为各个职业分配不同的属性权重，以实现其差异化成长。

一级属性包含生命值、攻击力和防御力，是角色能力的核心表现。根据职业定位，我们为每个职业分配不同的权重，但需要确保各职业一级属性权重总值保持一致，以维持游戏整体在职业属性层面的平衡状态。表 3.5 所示为各职业一级属性权重。

表 3.5　各职业一级属性权重

职业	定位	生命值权重	攻击力权重	防御力权重	总值
战士	坦克，血量高	1.2	0.75	1.05	3
法师	输出，最强攻击	1	1.2	0.8	3
弓手	输出，均衡攻击	0.95	1.15	0.9	3
盗贼	输出，均衡攻击	1.05	1.15	0.8	3
牧师	辅助，数值中庸	1	1	1	3

注：一级属性权重总值始终为 3，以确保数值体系的基础平衡。

为进一步细化职业差异，我们为各职业分配二级属性权重，如表 3.6 所示。二级属性包含命中率、闪避率、暴击率、暴击伤害倍数、抵抗暴击率、伤害加成和伤害减免。

表 3.6　各职业二级属性权重

职业	定位	命中率	闪避率	暴击率	暴击伤害倍数	抵抗暴击率	伤害加成	伤害减免	总值
战士	坦克	1.1	1	0.9	1	1	1	1	7
法师	输出	1.05	0.95	1.2	1	0.8	1	1	7
弓手	输出	1	1	1.1	1	0.9	1	1	7
盗贼	输出	0.9	1.1	1.15	1	0.85	1	1	7
牧师	辅助	1	1	1	1	1	1	1	7

注：部分通用属性（如暴击伤害倍数、伤害加成和伤害减免）在所有职业中均保持一致，以确保战斗机制的平衡性。

通过以上权重设定，我们可以推导出不同职业在标准模型下的属性值。例如，在 20 级时，不同职业的一级属性分布如下。

- **战士**：攻击数值 750（1000×0.75）、防御数值 1050（1000×1.05）、生命数值 12000（10000×1.2）。

- **法师**：攻击数值 1200（1000×1.2）、防御数值 800（1000×0.8）、生命数值 10000（10000×1）。

这种职业差异随着数值成长的逐步放大，将为玩家带来显著的个性化体验。例如，战士的生命值和防御力使其在战斗中拥有更强的生存能力，而法师则通过高攻击力提供爆发伤害输出。

通过职业平衡的数值设计，我们为每个职业赋予明确的定位和显著的属性差异，确保职业之间的多样性和平衡性。一级属性和二级属性权重的定义为职业间的差异化奠定坚实基础，并在成长过程中逐步体现出各职业的独特价值。职业平衡设计不仅能提升玩家的选择自由度，还能确保游戏的公平性和策略深度，成为整个数值策划中不可或缺的环节。

平衡性设计是数值策划的核心工作之一，也是确保游戏公平性与趣味性的基础。本节主要围绕战斗平衡和职业平衡两个关键主题展开。战斗平衡（底层平衡）可以确定游戏中攻击力、防御力和生命值的标准比例（1∶1∶10），通过改良版减法公式的推导和模拟验证，确保战斗节奏能够稳定在预期的 20 回合左右。这一底层平衡设计为整个游戏搭建起统一的数值框架，为后续内容的扩展与调整提供有力支撑。而职业平衡（价值平衡）则通过对一级属性和二级属性的权重分配，细化不同职业的差异化成长路径。每个职业能在其独特的定位中展现出鲜明的优势与特性，同时能在竞争与合作场景中保持平衡性，进而提升玩家的选择自由度并加深游戏的策略深度。

通过战斗平衡和职业平衡的协同性设计，本节为角色数据管理的下一阶段（全局属性成长）奠定坚实的基础。在后续章节中，这些平衡性原则将进一步被扩展和优化，以应对更复杂的游戏场景和玩家需求。

3.3.2　全局属性成长

在完成平衡性设计的基础工作后，我们将工作重点转向全局属性成长体系的构建。全局属性成长作为数值策划的关键环节，对玩家在游戏中的成长路径、节奏把控和长期游戏体验有着直接影响。一个设计合理的成长系统不仅能引导玩家持续投入时间与精力，还能为游戏内容的扩展和长期发展提供稳固的支撑。

在游戏设计中，成长标杆是衡量玩家进步的核心指标，也是驱动游戏节奏的关键因素。在大多数游戏中，"等级"是最为直观的成长标杆，贯穿于角色成长的整个过程。等级不仅体现了玩家的成长进度，还决定了玩家所能接触到的游戏内容、角色具备的能力，以及可选择的装备。通过等级这一标杆，玩家能够清晰地感受到自身的成长轨迹和进步节奏。本节将以"等级"为切入点，探讨其在全局属性成长中的重要性及应用。

在成长标杆的基础上，设计角色的属性成长是实现能力提升的关键步骤。属性成长可以决定角色在各阶段的能力表现及提升方式，并对游戏的平衡性与策略深度有着直接影响。一条合理的属性成长曲线应能突出不同职业的特性，同时让玩家感受到显著的成长变化。本节将通过标准属性成长的设计方法，深入分析如何构建一个既平衡又富有多样性的属性成长体系。

随着角色属性的逐步提升，战斗平衡成为保障游戏公平性的重要组成部分。战斗平衡通过衡量角色在不同成长阶段的相对强弱，确保各职业和角色之间具备良好的竞争性与可玩性。一个优秀的战斗平衡体系需要结合前述的平衡性设计和属性成长模型，为玩家营造公平的竞争环境，避免因角色间数值差异过大而导致游戏体验失衡。

最后，属性分配是角色成长过程中的关键策略之一。它可以决定玩家在角色成长过程中如何分配能力点数或资源，进而影响角色的能力发展方向与个性化特色。一个合理的属性分配系统应为玩家提供丰富多样的选择，让他们能够根据游戏需求和个人策略灵活调整成长方向，从而加深游戏的策略深度。

本节将围绕成长标杆、属性成长、战斗平衡和属性分配 4 个方面展开详细分析。这些环节相辅相成，共同构成全局属性成长的核心体系。通过科学的设计和合理的数值分配，我们力图打造一个既具平衡性又富有策略深度的成长框架，让玩家在游戏过程中获得持续的成就感和富有挑战性的游戏体验。

下面将从标杆成长开始，逐步深入剖析全局属性成长的设计细节。

1. 标杆成长

在设计游戏的等级成长系统时，明确核心目标与关键参数至关重要。等级成长不仅可以决定玩家的游戏节奏和体验深度，还对游戏世界的长期经济模型和内容扩展规划有着直接影响。因此，我们在设计过程中需要考虑以下几个重要方面，以确保系统的科学性与可扩展性。

1）成长周期的设定

成长周期是等级与时间之间关系的关键要素。根据游戏类型的不同，成长周期的长短会有显著差异。

- 对于期望玩家能够快速体验核心内容的游戏（如《魔兽世界》），成长周期可以设定为 20 小时至 1 周。
- 对于更注重长期玩家黏性培养的游戏（如《梦幻西游》），成长周期可以设定为 1 个月至 1 年，使玩家通过长线投入感受到持续成长带来的乐趣。

2）升级节奏的设计

升级节奏直接关系到玩家的留存率与体验满意度。合理的升级节奏应该在游戏初期提供快速反馈，让玩家能够快速体验游戏的核心机制；而在游戏中后期，则逐渐放缓节奏，引导玩家转向更注重策略与挑战的玩法。

3）成长阶段的划分

成长阶段可以划分为引导期（1～20 级）、新手期（21～40 级）、成长期（41～70级）和平台期（71～80 级）。每个阶段应具有不同的目标、游戏体验和挑战难度，确保玩家在成长过程中始终保持新鲜感。

4）资料片扩展的配合

未来游戏内容的扩展（如资料片）需要与等级成长系统紧密结合。例如，每个资料片可增加 10 级等级上限，并配套设计与之匹配的成长曲线。

基于上述考量，我们制定如下成长目标。

- 成长周期：3 个月，设定 80 级上限。
- 成长节奏：游戏初期每天提升 5 级，游戏中期每天提升 1 级，游戏后期 2 天提升 1 级。
- 节奏分阶段：引导期、新手期、成长期和平台期，每个阶段呈现出明显的节奏变化。
- 可扩展性：每 2 个月推出的资料片增加 10 级上限，与现有成长曲线无缝衔接。

接下来，我们开始构建等级成长的数值模型。《游戏数值百宝书：成为优秀的数值策划》中详细介绍了构建数值模型的步骤：定义参数、数据调用和模型运算。同样的设计原则适用于等级成长系统的设计。

我们需要计算的核心数值是每次升级所需要的经验值，公式如下：

经验值（每级消耗）=单级时长×每日投放经验+一次性修正

- **单级时长**：每一级所需的时间（单位为日），通常设计为分段线性函数，以控制不同阶段的成长节奏。
- **每日投放经验**：游戏成长系统中的核心参数，用于表示玩家通过任务、副本和活动每日能够获取的经验总量。这一参数直接决定玩家的成长节奏与游戏体验。常见的做法是将每日投放经验按等级区间进行分段调整。例如：
  - 在 1~10 级时，每日投放经验为 10000。
  - 在 11~20 级时，每日投放经验增加至 20000。

在经济系统中，每日投放经验通常会分配到不同的内容模块。例如，假设经验副本占每日投放经验的 30%，那么：

  - 在 1~10 级时，玩家通过经验副本可获得的经验为 30%×10000=3000。
  - 在 11~20 级时，玩家通过经验副本可获得的经验为 30%×20000=6000。

这种动态设计能够随着等级提升增加经验获取量，同时保持整体升级节奏的平衡和连贯，确保玩家体验到稳定且充实的成长过程。

- **一次性修正**：通过特定任务或事件为玩家提供额外的经验奖励。例如，在完成主线任务后给予大额经验值。

为确保玩家的升级节奏符合预期规划，我们可以在关键时间节点外设置成长控制点。例如，首日、二日、三日、五日、七日、十四日、三十日和六十日等节点的经验增量。其中，首日实现快速等级提升，让玩家感受到游戏内容的多样性；七日引导玩家进入策略性体验阶段；三十日与六十日为玩家提供相对稳定的成长节奏。表 3.7 所示为节点时长设定。

表 3.7　节点时长设定

时间周期	时间（天）	递增幅度（天）	每日均级
首日	30	-	-
二日	35	5	5
三日	38	3	3
五日	42	4	2
七日	45	3	1.5
十四日	52	7	1
三十日	65	13	0.81
六十日	75	10	0.33
九十日	80	5	0.16

基于上述节点时长设定，我们可以得到每一级的详细时长数据，以控制每一级的经验增长。表 3.8 所示为单级时长设定。

表 3.8 单级时长设定

等级	单级时长（天）	总时长（天）	可提升等级
1	0	0	2
2	0	0	3
……	……	……	……
22	0.04	0.07	23
……	……	……	……
29	0.18	0.91	30
……	……	……	……
51	1.2	13.9	52
……	……	……	……
64	1.2	29.5	65
65	3	32.5	66
……	……	……	……
74	3	59.5	75
……	……	……	……
79	8	89.5	80

结合动态化的每日投放经验设定与阶段节奏，我们得出每一级的详细经验需求。表 3.9 所示为等级成长最终数据。

表 3.9 等级成长最终数据

等级	经验值	单级时长（天）	一次性修正值	每日投放经验	总时长（天）	可提升等级
1	10	0	10	10000	0	2
……	……	……	……	……	……	……
11	110	0	110	20000	0	12
12	120	0	120	20000	0	13
……	……	……	……	……	……	……
30	5700	0.19	0	30000	1.1	31
31	8000	0.2	0	40000	1.3	32
……	……	……	……	……	……	……
50	60000	1.2	0	50000	12.7	51
51	72000	1.2	0	60000	13.9	52
……	……	……	……	……	……	……
60	72000	1.2	0	60000	24.7	61
……	……	……	……	……	……	……
79	640000	8	0	80000	89.5	80

在本次优化中，动态化的每日投放经验机制是一个关键创新点。此机制通过与等级区间紧密绑定，成功达成"投放逐步增长、节奏始终连贯"的设计目标。玩家不仅

能感受到明显的阶段成长差异，还能通过特定任务与活动获取高额经验奖励，进一步增强成就感。

凭借这一系统，我们搭建起一个稳定、灵活且具备良好扩展性的等级成长框架，为玩家在游戏中的长期投入指明清晰的成长路径，也为未来资料片的扩展奠定坚实的数值基础。

2. 属性成长

在角色成长体系中，属性成长是驱动角色能力提升的核心机制。它不仅可以决定角色在战斗中的表现，还对玩家的成长体验与策略选择有着直接影响。一条科学合理的属性成长曲线能够让不同角色在成长过程中逐步展现自身的特性与优势，同时确保游戏的趣味性与平衡性，为玩家提供持续的动力与探索空间。

本节旨在通过逐步构建与优化属性成长体系，为游戏角色的成长设计提供清晰明确的指导框架。我们将从以下 3 个步骤展开讨论。

- 标准属性成长（等级）：确定各等级之间的属性增长曲线，明确角色在不同等级时的核心数值变化情况。这一步将通过数值设计，为属性成长奠定基础。
- 标准属性成长（全局）：基于等级属性增长情况推导出全局属性成长的数值模型，涵盖一级属性、二级属性及特殊属性的分配方式。此过程旨在构建角色整体成长的数值框架。
- 区分职业后的属性成长：在完成全局成长设计的基础上，结合表 3.5 各职业一级属性权重和表 3.6 各职业二级属性权重，完成对不同职业的属性成长的细化工作。这将确保各职业在成长过程中展现独特优势，增强游戏的策略性和多样性。

通过这 3 个步骤的逐步构建与优化，我们将为游戏角色的成长体系提供统一且全面的规划。最终设计成果将确保不同职业在各个成长阶段维持合理的平衡性和策略深度，为玩家带来丰富且充满挑战的成长体验。

1）标准属性成长（等级）

构建游戏的标准属性成长（等级）是设定角色成长路径的基础步骤。等级成长的设计可以决定角色在不同阶段的属性变化，对玩家的成长体验和游戏节奏有着直接影响。在开始设计等级成长数值之前，我们首先需要明确各个成长阶段预期达成的体验目标。

（1）分段递增的属性成长。

属性成长采用分段递增的方式，在某些关键等级节点处，属性的提升幅度会出现显著变化。这种设计能够营造出阶段性的成长体验，激励玩家追求下一个成长区间。例如：

- 在 1～20 级时，每次升级增加 1 点攻击力、1 点防御力和 20 点生命值。
- 在 20～30 级时，每次升级则增加 1.5 点攻击力、1.5 点防御力和 30 点生命值。

通过这样的数值设定，玩家能够在等级提升过程中明显感受到成长带来的变化，并收获成就感。

（2）等级成长与全局属性的比例。

等级成长属性在整个游戏成长系统中的占比约为 2.5%。这意味着等级属性虽在游戏成长体系中占据重要地位，但并非主导，更多的角色成长来源于装备、技能等其他系统。这样的比例设定，既能确保等级成长具有可观的实际意义，又不会削弱其他成长系统的价值。

（3）一级属性成长的重点。

升级过程主要侧重提升角色的一级属性，包括生命值（HP）、魔法值（MP）、攻击力（ATK）和防御力（DEF）。这些一级属性是角色在战斗中的核心指标，直接关乎角色的基础能力，并影响玩家的战斗策略制定。

在明确体验目标后，我们开始构建等级成长数值模型。该模型以分段递增为基础，通过设计递增系数，实现属性的逐级提升。表 3.10 所示为等级成长数值设定。

表 3.10　等级成长数值设定

等级	递增系数	生命值	魔法值	攻击力	防御力
1	1	10	10	1	1
2	1	20	20	2	2
……	……	……	……	……	……
10	1.5	105	105	10.5	10.5
11	1.5	120	120	12	12
……	……	……	……	……	……
20	2	260	260	26	26
21	2	280	280	28	28
……	……	……	……	……	……
30	3	470	470	47	47
31	3	500	500	50	50
……	……	……	……	……	……
40	4	780	780	78	78
41	4	820	820	82	82
……	……	……	……	……	……
50	6	1200	1200	120	120
51	6	1260	1260	126	126
……	……	……	……	……	……
60	8	1820	1820	182	182
61	8	1900	1900	190	190
……	……	……	……	……	……
70	10	2640	2640	264	264
71	10	2740	2740	274	274
……	……	……	……	……	……
80	10	3640	3640	364	364

注：递增系数是控制属性增长速度的核心参数。其变化方式直接影响成长体验。例如，在某些关键等级节点（如 40 级和 80 级）处，递增系数显著增加，能够为玩家带来更强烈的成长感受。例如，50 级至 59 级的递增系数为 6，70 级后递增系数增加至 10，那么玩家在关键节点能够感受到显著的属性增长，增强游戏乐趣和成就感。

等级属性数值由以下公式计算获得。

当前等级属性=递增系数×1 级时该属性数值+上一级该属性数值

例如：

10 级的生命值为 1.5×10+90=105。

20 级的生命值为 2×10+240=260。

注意： 魔法值可以与生命值采用相同的增长方式，或者设置为生命值的特定比例（如 50%）。具体设定可以根据游戏需要灵活调整。

需要注意的是，1 级时的属性数值由游戏设计师设定，需要遵循战斗平衡中的"攻击力：防御力：生命值=1：1：10"比例关系，以确保基础平衡性。另外，在设计递增系数时，可结合游戏节奏和体验目标，在某些关键节点（如每 10 级）处设定显著提升，增加成长的仪式感。而分段递增的设计为玩家提供阶段性奖励感。每到达一个新区间，玩家都会明显感受到属性提升所带来的战斗力变化，从而进一步激励他们向更高等级进发。

通过以上数值模型和递增系数的设计，我们可以完成标准属性成长（等级）的构建。这一部分不仅为角色属性的成长奠定基础，还为后续的全局属性成长提供参考数据和设计方向。下面将从等级属性的比例出发，推导标准属性成长（全局）的数值模型，并进一步完善全局成长框架。

2）标准属性成长（全局）

标准属性成长（全局）是游戏数值系统的核心部分，全方位覆盖角色在游戏进程中所有关键属性的成长情况。它不仅包含基础的一级属性（如生命值、攻击力等），还涵盖高级的二级属性（如暴击率、闪避率等）和具有策略性的特殊属性（如技能冷却、攻击吸血等）。这一体系的构建，不仅为玩家规划出清晰的成长路径，还能保障游戏中各阶段的平衡性和可玩性。

在标准属性成长（等级）中，我们已经设定了等级成长在总属性成长中的占比为 2.5%。基于这一比例，标准属性成长（全局）将通过一级、二级和特殊属性的数值设计，搭建起角色的整体成长框架。本节先重点介绍一级属性的全局成长设定。

（1）一级属性成长设定（全局）。

一级属性作为角色成长的核心衡量指标，涵盖生命值（HP）、魔法值（MP）、攻击力（ATK）和防御力（DEF），能直接决定角色在战斗中的生存能力与输出能力。

为保障全局属性成长的平衡性，一级属性的全局成长按以下方式计算：

对应等级的全局属性成长数值=等级成长属性数值÷等级占比（2.5%）

假设某等级的等级成长生命值为 260，根据上述公式可以计算出该等级的全局成长生命值为 260÷0.025=10400。

一级属性的全局成长遵循分段递增策略，随着角色等级的提升，递增速度逐步加快。这种设计能确保玩家在关键等级节点（如30级、50级、80级）处感受到显著的成长效果，具体如下。

- **30级到50级**：属性增长幅度较大，给予玩家在游戏中期的成长满足感。
- **50级到80级**：属性成长进一步提速，助力玩家应对游戏后期更高难度的挑战。

标准一级属性成长的具体数值设定，如表3.11所示。

表3.11　一级属性成长设定（全局）

等级	生命值	魔法值	攻击力	防御力
1	400	400	40	40
2	800	800	80	80
……	……	……	……	……
10	4200	4200	420	420
11	4800	4800	480	480
……	……	……	……	……
20	10400	10400	1040	1040
21	11200	11200	1120	1120
……	……	……	……	……
30	18800	18800	1880	1880
31	20000	20000	2000	2000
……	……	……	……	……
40	31200	31200	3120	3120
41	32800	32800	3280	3280
……	……	……	……	……
50	48000	48000	4800	4800
51	50400	50400	5040	5040
……	……	……	……	……
60	72800	72800	7280	7280
61	76000	76000	7600	7600
……	……	……	……	……
70	105600	105600	10560	10560
71	109600	109600	10960	10960
……	……	……	……	……
80	145600	145600	14560	14560

注：一级属性的全局成长需要严格按照等级占比反推得出，确保成长节奏的合理性。

至此，我们完成了一级属性成长（全局）的完整设计与数值模型构建。下面将重点探讨二级属性的全局成长设定，进一步完善角色的成长体系。

（2）二级属性成长设定（全局）。

二级属性是战斗系统中不可或缺的组成部分。它决定了战斗结果的波动性和稳定性，为玩家预留丰富的策略选择空间。这些属性不仅能左右角色的攻击和防御能力，还能直接影响战斗的随机性与玩家决策的深度。

常见的二级属性如下。

- **命中率**：提高角色攻击命中敌人的概率。
- **闪避率**：降低角色被敌人攻击命中的概率。
- **暴击率**：提高攻击产生暴击效果的概率。
- **抵抗暴击率**：降低角色遭受敌人暴击的概率。
- **暴击伤害倍数**：提高暴击攻击的伤害输出倍数。
- **伤害加成与伤害减免**：分别起到增加输出伤害或减少所受伤害的作用，以此平衡角色的攻击与生存能力。

为切实保障游戏的平衡性，我们需要为每种属性设定相应的值域，具体如下。

- **命中率与闪避率**：最大值设定为 70%。玩家可以通过装备、技能加成等途径，提升命中或闪避能力，但上限不得超过 70%。此设定旨在防止属性数值走向极端化，同时为玩家预留策略选择的空间。
- **暴击率与抵抗暴击率**：最大值设定为 40%。暴击率的提升可让输出更具爆发力，但也可能引发战斗中的极端波动；抵抗暴击率则为防御层面提供平衡，降低暴击带来的不确定性。
- **暴击伤害倍数**：最大值设定为 300%，基础设定为 150%，即暴击后初始伤害为 1.5 倍，玩家通过成长和装备最多可以将暴击伤害提升至 300%，从而增强输出能力。但该属性需要搭配暴击率等属性使用，以确保输出的持续性与平衡性。
- **伤害加成与伤害减免**：最大值设定为 100%，这意味着玩家最多可以获得额外 100% 的输出加成或减少 100% 的所受伤害。此设定促使玩家在进攻和防御之间进行权衡，进而加深游戏的策略深度。

注意：以上数据均为拟定，方便写作之用，不建议作为游戏实际数据使用，读者可以根据自身的游戏需求进行设定。关于概率论算法，可以查阅《游戏数值百宝书：成为优秀的数值策划》3.2.1 小节战斗流程。

二级属性的成长同样采用分段递增策略，通过递增系数控制每一级的成长速度，确保玩家在游戏各个阶段都感受到属性的逐步提升。二级属性成长的具体数值设定，如表 3.12 所示。

表 3.12　二级属性成长设定（全局）

等级	递增系数	命中率	闪避率	暴击率	暴击伤害倍数	抵抗暴击率	伤害加成	伤害减免
1	1	20	20	11	40	11	30	30
2	1	40	40	22	80	22	60	60
……	……	……	……	……	……	……	……	……
10	1.5	210	210	115.5	420	115.5	315	315
11	1.5	240	240	132	480	132	360	360
……	……	……	……	……	……	……	……	……
20	2	520	520	286	1040	286	780	780
21	2	560	560	308	1120	308	840	840
……	……	……	……	……	……	……	……	……
30	3	940	940	517	1880	517	1410	1410
31	3	1000	1000	550	2000	550	1500	1500
……	……	……	……	……	……	……	……	……
40	4	1560	1560	858	3120	858	2340	2340
41	4	1640	1640	902	3280	902	2460	2460
……	……	……	……	……	……	……	……	……
50	6	2400	2400	1320	4800	1320	3600	3600
51	6	2520	2520	1386	5040	1386	3780	3780
……	……	……	……	……	……	……	……	……
60	8	3640	3640	2002	7280	2002	5460	5460
61	8	3800	3800	2090	7600	2090	5700	5700
……	……	……	……	……	……	……	……	……
70	10	5280	5280	2904	10560	2904	7920	7920
71	10	5480	5480	3014	10960	3014	8220	8220
……	……	……	……	……	……	……	……	……
80	10	7280	7280	4004	14560	4004	10920	10920

　　注：为便于数据存储和计算，本书中所有二级属性数值均采用万分制，即将属性百分比乘以10000。例如，暴击率40%显示为4000。各属性算法与表3.10等级属性数值的计算公式相同，均为当前等级属性=递增系数×1级时该属性数值+上一级该属性数值，这里不再举例说明。

　　通过二级属性的成长设计，我们为玩家在战斗中提供多样化的策略选择，并在随机性与稳定性之间找到平衡点。下面将构建特殊属性的成长体系，进一步完善角色的成长框架。

（3）特殊属性成长设定（全局）。

特殊属性在游戏中赋予玩家超出常规普通属性的独特效能，不仅能丰富角色的能力搭配组合，还能为游戏策略深度的拓展提供有力支撑。特殊属性包含攻击吸血、生命恢复、魔法恢复、技能冷却、杀怪经验和双倍掉落等。合理的特殊属性成长设定既要平衡其实际效果，又要确保玩家能够凭借策略性选择收获更优质的游戏体验。

特殊属性的值域设定如下。

- **攻击吸血**：吸血效果通常设定为恢复总生命值的 1/20，这意味着理论上玩家需要发动 20 次攻击才能实现生命值的完全恢复。此设定高度适配长期战斗中的生存策略考量，可以有效规避短时间内因生命值过快恢复而对游戏平衡造成的不良冲击。

- **生命恢复与魔法恢复**：在战斗外，每 5 秒自动触发一次恢复机制，每次恢复量为生命值或魔法值总量的 1/20。如此一来，玩家可以在 100 秒内完全恢复资源，既能保证恢复效率，又不会打破游戏的节奏感。

- **技能冷却**：技能冷却时间缩减的最大值被限定为 40%，即玩家通过角色成长与装备加成等途径最多可以将技能冷却时间缩短 40%。这一限制使技能释放的频率具有策略性，不会导致技能滥用或游戏失衡。

- **杀怪经验与双倍掉落**：两种激励型属性的上限设定为 100%。这表明玩家最多可以获得双倍的经验和战利品掉落概率。此设定可以激励玩家更深入地探索游戏世界，增强玩家的参与感与趣味性。

与一级属性和二级属性类似，特殊属性的成长也遵循分段递增策略。通过对递增系数的调整，不同等级阶段的特殊属性成长得以保持线性或分段增长，从而为玩家提供连贯流畅的成长体验。特殊属性成长的具体数值设定，如表 3.13 所示。

表 3.13　特殊属性成长设定（全局）

等级	递增系数	攻击吸血	生命恢复	魔法恢复	技能冷却	杀怪经验	双倍掉落
1	1	20	20	20	11	28	28
2	1	40	40	40	22	56	56
……	……	……	……	……	……	……	……
10	1.5	210	210	210	115.5	294	294
11	1.5	240	240	240	132	336	336
……	……	……	……	……	……	……	……
20	2	520	520	520	286	728	728
21	2	560	560	560	308	784	784
……	……	……	……	……	……	……	……
30	3	940	940	940	517	1316	1316

等级	递增系数	攻击吸血	生命恢复	魔法恢复	技能冷却	杀怪经验	双倍掉落
31	3	1000	1000	1000	550	1400	1400
……	……	……	……	……	……	……	……
40	4	1560	1560	1560	858	2184	2184
41	4	1640	1640	1640	902	2296	2296
……	……	……	……	……	……	……	……
50	6	2400	2400	2400	1320	3360	3360
51	6	2520	2520	2520	1386	3528	3528
……	……	……	……	……	……	……	……
60	8	3640	3640	3640	2002	5096	5096
61	8	3800	3800	3800	2090	5320	5320
……	……	……	……	……	……	……	……
70	10	5280	5280	5280	2904	7392	7392
71	10	5480	5480	5480	3014	7672	7672
……	……	……	……	……	……	……	……
80	10	7280	7280	7280	4004	10192	10192

注：特殊属性的成长与一级属性、二级属性的成长保持一致，都通过递增系数公式实现。

通过上述特殊属性成长设定，我们可以为玩家提供多样化的能力选择和成长路径。这些特殊属性不仅是角色能力的补充，还是战斗策略与生存能力的重要支柱。玩家如果能合理利用特殊属性，则可以在战斗中实现多种策略组合，如通过攻击吸血和生命恢复属性增强生存能力，或者通过冷却缩减与高暴击属性实现高频爆发。

同时，这些特殊属性的成长曲线与一级属性、二级属性的成长曲线相辅相成，共同构建起一个完整的成长系统。无论是新手玩家还是高阶玩家，都能从此成长系统中探寻到契合自身游戏风格的优化方向，进而充分体验游戏的深度与乐趣。

在属性成长的设计过程中，我们系统地搭建起角色能力提升的框架体系。从一级属性的基础能力，到二级属性的战斗策略优化，再到特殊属性的多样化提升，每一个部分都以玩家体验为核心，从而保障成长体系的平衡性、灵活性和策略性。

一级属性为角色提供最直观的战斗力支持，并通过生命值、攻击力等基础数值的稳定提升，牢固角色的核心能力。二级属性则在一级属性的基础上增加战斗的波动性与策略选择，如暴击与闪避之间的相互作用为战斗带来更多变化和挑战。特殊属性能进一步丰富玩家的游戏方式，提供额外的能力和奖励机制，进而激励玩家深度探索游戏内容。

通过这一多层次的成长体系，我们不仅能保障游戏的平衡性，还能增强玩家的沉浸感和成就感。下面将进入战斗平衡的设计阶段，对角色成长体系进行验证和优化，确保其在实际游戏中具备合理且公平的表现。

3. 战斗平衡

在游戏设计中，战斗平衡是确保职业公平性和玩家体验的重要基础。其核心目标是让不同职业的角色在相同条件下呈现出相近的战斗表现，为玩家带来公平且具有策略深度的游戏体验。这种平衡机制不仅能提高玩家之间的竞争意识和对游戏的黏性，还能避免因职业过强或过弱而导致的游戏体验失衡。

战斗力作为衡量角色综合能力的重要指标，为玩家提供清晰的成长反馈和比较依据。无论玩家选择战士、法师、弓手、盗贼还是牧师职业，只要其角色等级、装备水平和成长投入保持一致，那么他们的战斗力理应维持在合理且相近的区间范围之内。这种平衡状态既可以使战斗力成为一种客观公正的强度评估标准，又可以为玩家明确角色成长的方向和策略选择的依据。

要实现这样的战斗平衡体系，我们可以从以下 4 个环节展开设计。

一级属性战斗力权重：明确生命值、攻击力、防御力等基础属性在战斗中的实际贡献，并根据其比例设定合理的权重数值，从而构建起战斗力计算的基础框架。

二级属性战斗力权重：分析命中率、闪避率、暴击率等策略性属性的实际战斗影响力，结合其稀缺性和重要性，赋予合理的属性战斗力权重。

特殊属性战斗力权重：评估攻击吸血、技能冷却等特殊属性的长线策略价值，并通过稀缺性调整属性战斗力权重，确保这些属性能够对战斗力计算做出合理贡献。

平衡性验证：运用战斗力计算公式，针对不同职业在各个等级阶段、不同装备条件下的战斗力展开详细对比分析，以此验证战斗体系的有效性，并根据对比结果优化数值设定。

通过这 4 个环节的设计和验证，我们便能构建起一个完整的战斗平衡框架，不仅能为玩家提供公平的成长体验环境，还能为游戏中职业的多样性和策略深度提供强有力的数值支撑。下面将从一级属性战斗力权重开始进行详细介绍。

1）一级属性战斗力权重

一级属性是战斗力计算的基础，其数值分配对角色的战斗力具有直接影响。根据前文所设定的规则，游戏中的攻击力、生命值、防御力在功能上同等重要，因此需要通过合理的权重分配，使一级属性对战斗力的贡献保持平衡。

其设定原理：首先，确定一个基准权重数值，随后依据该基准值反向推导其他属性的权重。在此，我们率先设定攻击力的属性战斗力权重为 1，将其作为一级属性战斗力权重的基准参照值。这意味着每提升 1 点攻击力，等同于增加 1 点战斗力。

其次，完成防御力和生命值权重的设定。根据前文设定的"攻击力：防御力：生命值=1：1：10"比例关系，由于防御力与攻击力的数值相等，因此防御力权重与攻击力权重相同，同样设定为 1。而生命值的数值是攻击力的 10 倍，为保持同等重要性，其权重应为攻击力权重的 1/10，即 0.1。

这种权重分配确保了攻击力、防御力和生命值在战斗力评估中的贡献程度一致，从而反映出它们在游戏中的实际战斗价值。

在明确了不同属性的战斗力权重后，我们便能根据权重值来计算不同职业的战斗力数值，假设某角色的属性为攻击力10，防御力10，生命值100，我们可以运用"属性数值×属性战斗力权重"公式来获取对应的战斗力，如表3.14所示。

表 3.14　一级属性的战斗力计算示例

名称	攻击力	防御力	生命值
属性数值	10	10	100
属性战斗力权重	1	1	0.1
战斗力	10	10	10

注：同理，如果前文拟定的"攻击力：防御力：生命值=2：1：10"比例关系，1点攻击力的权重为1，则防御力的权重为2，生命值的权重为0.2。此权重设定确保三大属性对战斗力的贡献能够合理地体现其实际战斗价值，从而避免因某一属性过高或过低造成战斗力失衡的情况。

一级属性战斗力权重设定是战斗力计算的核心环节，能够公平量化角色基础属性在战斗中的影响力。通过明确的权重分配规则，为后续的二级属性、特殊属性的战斗力权重设定奠定坚实的基础。

说明：

在战斗体系中，诸如攻击力、生命值和防御力这类一级属性，从功能角度来说，它们的重要性处于同一层级。然而，这些属性的数值范围存在显著差异，为保障它们对战斗力的贡献能够达成均衡状态，我们必须实施合理的权重分配策略。例如，假设攻击的总量为1000，防御力的总量同样为1000，而生命值的总量高达10000。在这样的情形下，我们为不同属性赋予不同的权重以实现战斗平衡。

- 如果将攻击力的属性战斗力权重设定为1，则意味着攻击力对战斗力的贡献值为 $1000 \times 1 = 1000$。
- 如果将防御力的属性战斗力权重设定为1，则意味着防御力对战斗力的贡献值为 $1000 \times 1 = 1000$。
- 如果将生命值的属性战斗力权重设定为 0.1，则意味着生命值对战斗力的贡献值为 $10000 \times 0.1 = 1000$。

运用这种方式，即便三个属性的数值大相径庭，但最终它们对战斗力的贡献结果趋于一致。如此设计能够有力确保游戏中的战斗力计算更具合理性，促使不同属性在角色整体战斗力的构成中，均能发挥出均衡且恰当的作用。

2）二级属性战斗力权重

二级属性是一级属性的延伸，主要体现在战斗的策略性与波动性上，直接影响战斗结果的随机性与稳定性。在设计二级属性战斗力权重时，我们遵循统一的设计原则，力求合理量化这些属性对战斗力的贡献，并精准反映其在实际战斗中的价值。

在二级属性战斗力权重的设定中，所有属性的战斗力权重均基于其实际战斗效果计算。例如，100%命中率等同于 100%攻击力的战斗力贡献。但在实际游戏设定中，属性投放总量存在限制（如命中率上限设定为 70%），这种稀缺性使得属性每提升一点，其价值愈发凸显。因此，我们引入稀缺价值概念，对属性战斗力权重进行调整，确保这些属性在战斗力计算过程中，充分展现其策略意义与重要性。具体设定如下。

- **命中率与闪避率**：命中率决定攻击能否成功命中目标，闪避率则降低被攻击命中的概率，两者相互制约。当角色的命中率或闪避率达到 70%时，对应的战斗力贡献等同于 14560 点攻击力。

注意：由于命中率的上限为 70%，其稀缺性能提升属性战斗力权重，因此设定 70%命中率等同于 100%攻击力的战斗力贡献。

- **暴击率与抵抗暴击率**：暴击率能够增加输出的随机性与爆发力，抵抗暴击率则可以降低受到暴击的概率，增强角色的生存能力。当暴击率或抵抗暴击率达到 40%时，对应的战斗力贡献等同于 14560 点攻击力。

注意：由于暴击率和抵抗暴击率的上限均为 40%，稀缺性逻辑同样适用。

- **暴击伤害倍数**：通过放大暴击时的输出，为玩家提供额外的爆发潜力。当暴击伤害倍数达到 150%时，对应的战斗力贡献等同于 14560 点攻击力。
- **伤害加成与减免**：伤害加成用于提高角色的最终输出效率，而伤害减免则可以减少角色所受伤害，增强角色的生存能力。当伤害加成或减免达到 100%时，对应的战斗力为攻击力的 1.5 倍。

基于上述权重设定，二级属性的战斗力计算示例，如表 3.15 所示。

表 3.15　二级属性的战斗力计算示例

名称	命中率	闪避率	暴击率	暴击伤害倍数	抵抗暴击率	伤害加成	伤害减免
属性数值	7280	7280	4004	15288	4004	10920	10920
属性战斗力权重	2	2	3.64	1	3.64	2	2
战斗力	14560	14560	14560	15288	14560	21840	21840

注：命中率和闪避率的属性战斗力权重均为 2，即每提升 1 点属性数值，战斗力增加 2 点。暴击率和抵抗暴击率的属性战斗力权重均为 3.64，体现暴击属性在输出中的重要性。暴击伤害倍数的属性战斗力权重为 1，伤害加成与减免的属性战斗力权重均为 2。

通过对二级属性战斗力权重的合理设定，我们成功在战斗的随机性与稳定性之间寻得平衡。这一设定允许玩家依照不同策略，自由抉择属性成长路径，极大地丰富游戏玩法与策略深度。同时，该部分的设定为特殊属性战斗力权重的设计提供参照，也为最终战斗力计算模型的构建奠定坚实的理论基础。

3）特殊属性战斗力权重

特殊属性是一级属性和二级属性的进一步扩展，具有更加独特的功能与策略价值。在设定其属性战斗力权重时，我们需要参考二级属性的设计逻辑，并通过稀缺性和实际战斗效果，合理计算特殊属性对战斗力的贡献程度。这些属性不仅能丰富玩家的策略选择，还在游戏系统中扮演不可或缺的角色。

特殊属性战斗力权重以攻击力为基准进行量化，稀缺性同样是设计过程中的重要考量因素。下面为主要特殊属性及其属性战斗力权重设定。

- **攻击吸血**：根据攻击输出按一定比例恢复生命值，提升角色的续航能力。1点攻击吸血的权重为2，即7280点攻击吸血对应14560点战斗力。
- **生命恢复与魔法恢复**：每隔一定时间自动恢复一定比例的生命值或魔法值，增强角色在战斗中的持久作战能力。生命恢复和魔法恢复的权重均为2，即7280点生命恢复对应14560点战斗力。
- **技能冷却**：缩短技能冷却时间，提高技能使用频率，增强角色在战斗中的灵活性。技能冷却的稀缺性较高，其权重被设定为4，即4004点技能冷却对应16016点战斗力。
- **杀怪经验与双倍掉落**：提高打怪获取的经验和物品掉落概率，强化角色的成长效率。由于其成长加速效果较为明显，因此将这两项属性的权重均设定为3，即10192点杀怪经验或双倍掉落对应30576点战斗力。

表3.16所示为特殊属性的战斗力计算示例。

表3.16　特殊属性的战斗力计算示例

名称	攻击吸血	生命恢复	魔法恢复	技能冷却	杀怪经验	双倍掉落
属性数值	7280	7280	7280	4004	10192	10192
属性战斗力权重	2	2	2	4	3	3
战斗力	14560	14560	14560	16016	30576	30576

注：特殊属性主要通过装备、技能等特定成长机制获取，获取途径相对受限，这使其稀缺性更高。因此，在设定特殊属性战斗力权重时，我们需要着重考量稀缺性因素，并以此提升特殊属性的相对战斗力。例如，技能冷却因稀缺性高，权重被设定为4；而生命恢复和魔法恢复的权重则被设定为2。

通过对特殊属性战斗力权重的设定，我们可以完成游戏中所有属性战斗力贡献的量化过程。这些权重设定不仅能体现特殊属性的独特价值，还能为战斗力计算模型增添更丰富的策略选择。接下来，我们将这些权重带入职业验证阶段，以确保各职业在不同等级下的战斗平衡。

4）平衡性验证

通过前文设定的属性战斗力权重，我们可以对不同职业在相同条件下的战斗表现进行计算，并通过对比各职业的战斗力数值，验证其战斗力数据是否达到平衡状态。下面以1级战士为例，展示其战斗力计算过程。

- 生命值：480×0.1=48。
- 攻击力：30×1=30。
- 防御力：42×1=42。

- 其他属性（如命中率、闪避率等）：根据各自的数值与对应的属性战斗力权重
  相乘得出相应战斗力贡献。

在综合一级属性、二级属性和特殊属性的战斗力后，1 级战士的总战斗力为 775。

为验证战斗平衡，我们可以对 5 个职业在相同等级且配备相同装备条件下的战斗力进行详细对比。我们的目标是确保各职业在相同环境下的战斗力数据趋于接近，以此体现属性战斗力权重设定的合理性。对比结果显示，各职业的战斗力差异均处于合理范围内，说明当前的战斗体系能够实现公平且平衡的角色表现。不同职业（包括战士、法师、弓手、盗贼和牧师）在不同等级下的战斗力对比，如表 3.17 所示。

表 3.17　不同职业的战斗力对比

等级	战士战斗力	法师战斗力	弓手战斗力	盗贼战斗力	牧师战斗力
1	775	775	775	775	774
2	1549	1549	1549	1549	1548
……	……	……	……	……	……
10	8130	8130	8128	8128	8131
11	9289	9289	9289	9289	9288
……	……	……	……	……	……
20	20123	20125	20125	20125	20124
21	21672	21673	21673	21673	21672
……	……	……	……	……	……
30	36377	36379	36379	36379	36378
31	38700	38700	38700	38704	38700
……	……	……	……	……	……
40	60372	60373	60373	60373	60372
41	63469	63469	63469	63469	63468
……	……	……	……	……	……
50	92880	92880	92880	92880	92880
51	97523	97525	97525	97525	97524
……	……	……	……	……	……
60	140869	140869	140869	140869	140868
61	147060	147060	147060	147064	147060
……	……	……	……	……	……
70	204338	204337	204337	204337	204336
71	212078	212077	212077	212077	212076

续表

等级	战士战斗力	法师战斗力	弓手战斗力	盗贼战斗力	牧师战斗力
……	……	……	……	……	……
80	281738	281737	281737	281737	281736

注：数据表显示，各职业在相同条件下的战斗力水平非常接近。例如，在 1 级时，战士、法师、弓手、盗贼和牧师的战斗力差异均在 1 点以内，如战士战斗力为 775，牧师战斗力为 774。而在 20 级时，各职业的战斗力差距进一步缩小，进而彰显职业平衡的有效性。

　　通过战斗力计算与对比，我们对 5 个职业在不同成长阶段的战斗平衡性进行验证。表 3.17 中的数据证明，经过权重设定的战斗体系能够确保各职业在相同条件下呈现出相近的战斗力水准。如果未来发现战斗力出现偏差，则可以根据具体数值及时回查并调整，进一步完善战斗平衡体系。这一验证过程为最终的职业平衡和游戏体验奠定可靠的数值基础。

　　战斗平衡是游戏设计中连接数值体系与玩家体验的关键环节。通过对一级属性、二级属性和特殊属性的权重设定，我们能成功量化不同属性对角色战斗力的贡献程度，构建起一个清晰且可验证的战斗力计算模型。该模型不仅为职业平衡提供基础支持，还为玩家的成长路径和策略选择搭建稳固的数值框架。

　　接下来，我们将进入角色数据管理的最后一个部分——属性分配，深入探讨如何通过合理的属性分配机制，进一步增强角色成长的多样性与可玩性。

4. 属性分配

　　在游戏设计中，属性分配是塑造角色成长曲线的关键要素之一。它不仅能决定角色在成长过程中的能力提升方式，还对玩家的游戏体验和策略选择有着直接影响。合理的属性分配能够维系各类成长系统之间的平衡关系，同时引导玩家在不同阶段逐步体验层层递进的挑战乐趣。

　　无论是 RPG 类游戏中的角色成长，还是卡牌类游戏中的伙伴成长，属性分配的合理性对游戏的数值设计都具有深远影响。通过科学合理的分配机制，我们不仅能保障成长系统的多样性与平衡性，还能为玩家开辟更为广阔的策略选择空间，提供丰富的角色定制体验。

　　本节将基于 2.2.2 成长系统的分类方法，从核心成长与辅助成长这两个模块入手，深入探讨属性分配的设计逻辑及其实现方式，并展示如何通过平衡与优化，进一步增强角色成长的多样性与可玩性。

　　1）核心成长模块的属性分配

　　核心成长模块作为角色和伙伴成长的主要驱动力，无论是在 RPG 类游戏中还是在卡牌类游戏中，这些成长路径都能直接影响玩家整体战斗力的提升幅度。通过合理将属性分配到角色的初始属性、等级成长、技能培养，以及伙伴的基础属性、突破与升星等关键环节，可以有效引导玩家感受逐步递进的成长节奏。

表 3.18 所示为核心成长模块的属性分配。

表 3.18　核心成长模块的属性分配

一级分类	二级分类	付费线	颗粒度	数值占比	相对占比		
					一级属性	二级属性	特殊属性
角色	初始属性	活跃线	1	8.00%	0.10%	0.10%	-
	角色等级	活跃线	80		2.50%	-	-
	角色技能	活跃线	20		-	-	-
	角色培养	活跃线	∞		11.60%	11.60%	-
伙伴	伙伴基础	半付费线	1	24.00%	1.00%	10.00%	5.00%
	伙伴等级	活跃线	80		4.00%	-	-
	伙伴突破	活跃线	5		6.00%	8.00%	-
	伙伴升星	半付费线	8		11.00%	-	-

- **颗粒度**：用于衡量每个模块的细化程度。颗粒度较大的模块（如角色等级和伙伴等级）在成长过程中需要的步骤较多，而颗粒度较小的模块（如伙伴突破）则属性变化较少。

例如，初始属性在游戏初期基本固定，为角色奠定稳定的能力基础；而伙伴升星则需要玩家多次操作，逐步投入资源完成成长。

- **数值占比**：用于反映各成长模块在整体数值体系中的权重地位。

例如，在卡牌类游戏中，伙伴系统往往是主要的数值来源之一，所以伙伴属性的数值占比为 24.00%；而角色属性的数值占比仅为 2.50%，更多是辅助角色形成合理的成长节奏。

- **付费线**：各模块的属性成长路径可以通过不同方式达成。
  - **活跃线**：玩家通过日常活跃或完成任务便能实现的成长路径，如角色等级成长。
  - **半付费线**：玩家通过适度付费可以加快成长速度。例如，伙伴升星通过付费解锁更多成长空间，但不会破坏游戏的公平性。

注意：对不同模块是否设置付费，主要是为后续相关设计提供便利，同时为游戏商业化进行初步规划。一般来说，付费设定与颗粒度有关，颗粒度高的模块更适合作为付费选项。在确定付费设定时，还需要综合考量该模块的数值占比。

核心成长模块的属性分配需要经过多次优化调整，最终保障各成长模块数值占比合理。活跃线模块促使玩家通过日常投入时间自然成长，半付费线模块则为付费玩家创造加速成长的契机，以便实现公平性与商业化的平衡。颗粒度较大的模块（如伙伴升星）通过分阶段成长设计，给予玩家长期目标与成就感；而颗粒度较小的模块则为角色成长筑牢稳定基础。

通过这一分配体系，我们为角色和伙伴的成长路径搭建起清晰框架，同时为不同类型的玩家提供灵活的游戏体验和多样化的成长选择。下面将深入探讨辅助成长模块的属性分配设计。

2）辅助成长模块的属性分配

辅助成长模块是核心成长的有力补充，一般通过装备、坐骑等系统为角色或伙伴赋予额外的属性加成。在 RPG 类和卡牌类游戏中，辅助成长模块在游戏后期尤为关键，其成长路径对角色或伙伴的最终战斗力有着深远影响。

表 3.19 所示为辅助成长模块的属性分配。

表 3.19　辅助成长模块的属性分配

一级分类	二级分类	付费线	颗粒度	一级属性数值占比	相对占比		
					一级属性	二级属性	特殊属性
装备	装备基础	活跃线	8	44.00%	8.00%	8.00%	-
	装备品质	活跃线	∞		0.00%	10.00%	30.00%
	装备强化	活跃线	80		8.00%	-	-
	装备升星	半付费线	10		16.00%	16.00%	-
	装备宝石	半付费线	9		12.00%	12.00%	-
坐骑	坐骑基础	半付费线	10	24.00%	4.00%	-	10.00%
	坐骑等级	活跃线	50		4.00%	-	10.00%
	坐骑升星	半付费线	5		12.80%	24.30%	

- **装备系统**：在 RPG 类和卡牌类游戏中，装备系统是重要的数值来源之一，尤其在游戏的中后期，其成长路径对角色或伙伴的整体战斗力有着直接影响。
  - **装备基础**：为角色属性提供初始加成，这部分加成在整体数值体系中的占比为 8%，是玩家角色成长初期的重要数值来源之一。
  - **装备品质**：不同品质的装备，所具备的初始属性加成各有不同。随着装备品质逐步提升，角色获得的整体属性加成也会随之显著增强。装备品质对角色的二级属性和特殊属性影响尤为突出。例如，绿色品质的武器可能赋予角色 2% 的暴击率属性加成，而紫色品质的武器则可能赋予角色 5% 的暴击率属性加成。由此可见，装备品质的差异，在角色战斗力构成中得以直观体现。
  - **装备强化**：对装备进行强化能够进一步提升角色的一级属性，如生命值、攻击力等。这部分加成在整体数值体系中的占比为 8%，适合在游戏中期玩家通过持续投入资源来完成实力提升。

- ■ **装备升星**：属于半付费线模块，在整体数值体现中占比为 16%。玩家通过装备升星可以解锁更高的属性加成，从而显著提升装备的性能。在游戏中后期，装备升星成为角色成长的一条重要路径。
- ■ **装备宝石**：宝石镶嵌是装备系统中一个具有长期策略意义的模块。在属性占比方面，一级属性和二级属性的数值占比均为 12%。宝石镶嵌不仅能为玩家提供稳定的成长增益，还能给予玩家较高自由度的属性组合选择。
- ● **坐骑系统**：能够为角色提供额外的属性加成，特别是在游戏后期。坐骑所具备的独特的特殊属性（如技能冷却、攻击吸血等）对战斗策略具有重要影响。
- ■ **坐骑基础**：为角色提供稳定的属性提升，在整体数值体现中占比为 4%，是玩家成长初期数值积累的来源之一。
- ■ **坐骑等级**：通过活跃线来实现，在整体数值体现中占比为 4%，适合所有玩家通过日常玩法逐步提升。
- ■ **坐骑升星**：属于半付费线模块，在整体数值体现中占比为 12.8%。通过多次资源投入，玩家可以显著提升坐骑的特殊属性，是游戏后期发展的重要策略模块。

辅助成长模块借助装备和坐骑这两大系统，为玩家提供多层次的成长路径。在设计上，辅助成长模块能巧妙地平衡多样化成长与策略选择。装备基础和强化部分为玩家提供一条稳定且可预期的成长路径，帮助玩家在游戏进程中逐步提升实力；而装备宝石和装备升星部分，则在游戏中后期为玩家开辟额外的数值提升空间，并赋予玩家高度的策略自由。坐骑系统则通过基础属性加成与特殊属性加成相结合的方式，全方位增强角色的整体能力。同时，通过坐骑升星与等级成长设计，为玩家设立持续的成长目标，使其获得强烈的成就感。辅助成长模块不仅能完善角色与伙伴的成长框架体系，还能为玩家在游戏后期的发展方向上提供清晰明确的引导，成为推动玩家持续投入游戏的重要动力源泉。

至此，我们完成了角色数据管理中属性分配的核心内容阐述。通过详细设计核心成长模块和辅助成长模块，可以明确属性在不同成长路径中的分配方式与所占比例。这些内容不仅为角色成长搭建起稳固的数值框架，还为玩家的成长体验提供清晰的引导。

属性分配机制通过点数分配、资源投放和模块数值调整为玩家提供多样化的成长路径和策略选择。在点数分配方面，自由分配能力点数使玩家能够定制角色成长方向，如优先提升攻击力、生命值或特殊属性；而资源投放机制允许玩家根据策略需求调整成长节奏，如通过强化装备、升星坐骑或提升伙伴等级实现定向成长。颗粒度的差异能进一步影响成长体验：颗粒度较高的模块（如伙伴升星等）可以提供长线目标和成就感，而颗粒度较低的模块（如初始属性等）则可以提供稳定的成长基础。

游戏开发者通过优化属性分配机制，实现平衡性与灵活性的结合。活跃线模块鼓励玩家通过日常投入时间自然成长，付费线模块则为愿意付费的玩家提供加速成长或解锁高级能力的机会，从而平衡免费玩家与付费玩家的成长体验。这种设计不仅公平地对待不同类型的玩家群体，还通过商业化模块的嵌入为游戏的长期运营提供有力支持。

　　总的来说，属性分配机制的设计用于连接角色成长与数值平衡，为玩家提供丰富的策略选择，并设立长远的奋斗目标。通过核心成长模块与辅助成长模块的结合，为角色成长奠定稳定的数值基础，并为玩家的个性化体验创造更多可能性。这一框架不仅能保障游戏的公平性，还为后续的功能拓展与创新发展预留空间，为游戏的长线运营奠定坚实的基础。

番外篇：Excel 应用（1）

　　在游戏数值设计中，Excel 是数值策划人员常用的工具之一。通过精确的数据处理和公式运算，Excel 能够帮助我们更快速地构建数值模型，平衡角色与怪物的属性，并对复杂的数据进行高效管理。熟练掌握 Excel 中的各类函数，不仅能提高工作效率，还能让数值策划更加严谨、精确。

　　本番外篇主要介绍一些常用的 Excel 功能和技巧，特别是在属性计算、数值查找和数据取整等方面的应用。首先，我们从锁定符"$"的使用讲起。

1. 锁定符"$"

　　在 Excel 中，锁定符"$"用于固定公式中单元格的引用位置，能够有效防止在复制或填充公式时所引用的单元格地址发生变化，从而确保公式中的某些值或范围始终保持不变。通过锁定单元格或单元格区域，我们可以更加灵活、高效地应用公式，而不需要逐一手动调整引用位置。

　　1）锁定单个单元格

　　锁定符"$"可以单独固定行号或列号，或者同时固定行号与列号。

　　例如，在公式"=A1+B$1"中，"B$1"表示锁定第 1 行，无论该公式被复制到哪一行，引用的都是 B 列的第 1 行。这在处理跨多行或多列的数据时尤为重要。类似地，"$A1"表示锁定 A 列，而行号可以根据复制的位置进行相应变化，适用于处理跨列的数据。图 3.5 所示为锁定符"$"的应用。

等级	递增系数	生命值	魔法值	攻击力	防御力
1	1	10	10	1	1
2	1	20	20	2	2
3	1	30	30	3	3
4	1	40	40	4	4
5	1		=BA10+$AY11*BA$7		5
6	1	60	60	6	6

图 3.5　锁定符"$"的应用

在数值策划中，尤其是在计算角色属性成长时，我们可以通过锁定 1 级属性所在的单元格，快速计算出其他等级的属性数值。

例如，在公式"当前等级属性=递增系数×1 级该属性+上一级该属性数值"中对 1 级属性所在单元格进行锁定操作。如此一来，当我们复制该公式时，被锁定的 1 级属性单元格的引用位置就不会发生改变，从而确保递增系数的正确性。

2）锁定单元格区域

锁定符"$"不仅可以应用于单个单元格，还可以用于锁定单元格区域。例如，"$A$1:$B$2"表示锁定从 A1 单元格到 B2 单元格的整个区域。这意味着，无论将"$A$1:$B$2"复制到何处，该区域的引用都不会发生变化。

在实际应用中，锁定单元格区域通常与查询函数（如 VLOOKUP 函数）配合使用。例如，在批量查询某一范围的数据时，锁定查找区域可以避免随公式复制而导致的查找错误，确保引用范围稳定、准确。图 3.6 所示为在 VLOOKUP 函数中锁定单元格区域。

等级	生命值	魔法值	攻击力	防御力	命中率
1	400	400	40	40	20
2	800	800	80	80	40
......	......	......	......	......	......
10	4200	4200	420	420	210
11	4800	4800	480	480	240
......					
20	=VLOOKUP($BG99,$BG$7:$BK$86,4,FALSE)				

图 3.6　在 VLOOKUP 函数中锁定单元格区域

快捷应用：为提高工作效率，当在 Excel 中输入公式时，我们可以使用"F4"键快速切换单元格的引用方式（包括相对引用、绝对引用和混合引用）。每按一次"F4"键，单元格的引用方式会在相对引用和绝对引用之间循环切换。这一快捷操作特别适用于复杂表格的公式设置，能显著加快处理速度。

通过灵活运用锁定符"$"，可以显著增强 Excel 在数值策划中的实用性和操作效率。无论是处理复杂的属性计算，还是跨区域的批量数据操作，锁定符"$"都能帮助我们确保数据引用的准确性，避免引用错误。接下来，我们将继续介绍在数值策划中非常重要的函数——查询函数。

2. 查询函数

在 Excel 中，VLOOKUP 函数和 HLOOKUP 函数是两种非常强大的数据查询函数，常用于在表格中查找并返回指定值对应的数据。在游戏数值策划中，这些函数尤为重要，能够帮助我们快速检索属性、权重等数值信息。

VLOOKUP 函数主要适用于纵向数据查找（从上到下查找），而 HLOOKUP 函数则适用于横向数据查找（从左到右查找）。

VLOOKUP 函数的基本语法如下：

```
VLOOKUP(lookup_value,table_array,col_index_num,[range_lookup])
```

- lookup_value：要查找的值（必须位于查找范围的第一列）。
- table_array：包含数据的单元格区域，查找值位于该区域的第一列。
- col_index_num：要返回的数据在查找范围中所处的列号（从 1 开始计数）。
- [range_lookup]：可选参数，决定数据的查找方式是精确匹配还是近似匹配。FALSE 表示精确匹配，TRUE 表示近似匹配。

HLOOKUP 函数的基本语法如下：

```
HLOOKUP(lookup_value,table_array,row_index_num,[range_lookup])
```

- lookup_value：要查找的值（必须位于查找范围的第一行）。
- table_array：包含数据的单元格区域，查找值位于该区域的第一行。
- row_index_num：要返回的数据在查找范围中所处的行号（从 1 开始计数）。
- [range_lookup]：可选参数，决定数据的查找方式是精确匹配还是近似匹配。FALSE 表示精确匹配，TRUE 表示近似匹配。

表 3.20 所示为一个职业属性表格示例，用于展示 VLOOKUP 函数和 HLOOKUP 函数的用法。

表 3.20　一个职业属性表格示例

职业	定位	生命值权重	攻击力权重	防御力权重
战士	坦克，血量高	1.2	0.75	1.05
法师	输出，最强攻击	1	1.2	0.8
弓手	输出，最强暴击	0.95	1.15	0.9
盗贼	输出，最强闪避	1.05	1.15	0.8
牧师	辅助，数值中庸	1	1	1

1）VLOOKUP 函数示例

如果我们想查询战士的生命值权重，则可以使用 VLOOKUP 函数。例如：

```
VLOOKUP("战士",A1:E5,3,FALSE)
```

- lookup_value="战士"：需要查找的职业名称。
- table_array=A1:E5：职业属性数据表格的范围。
- col_index_num=3：生命值权重在表格的第 3 列。
- [range_lookup]=FALSE：表示精确查找。

公式返回值为战士的生命值权重：1.2。

2）HLOOKUP 函数示例

如果我们想通过生命值权重来查找战士的生命值权重，则可以使用 HLOOKUP 函数。例如：

```
HLOOKUP（生命值权重",A1:E5,2,FALSE)
```

- lookup_value="生命值权重"：需要查找的字段名称。
- table_array=A1:E5：职业属性数据表格的范围。
- row_index_num=2：职业类型位于表格的第 2 行。
- [range_lookup]=FALSE：表示精确查找。

通过该公式，返回战士的生命值权重：1.2。

3. 高级用法

在游戏数值策划中，我们通常会组合使用多个函数进行复杂运算。常见的高级用法如下。

1）屏蔽错误值

通过结合 IFERROR 函数，当查找不到对应值时，返回自定义错误提示或默认值。例如：

```
IFERROR(VLOOKUP("战士",A1:E5,3,FALSE),"数据未找到")
```

如果查找不到"战士"，则该函数会返回"数据未找到"。

2）嵌套 VLOOKUP 函数组合

我们可以将一个 VLOOKUP 函数的结果作为另一个 VLOOKUP 函数的查找值，进行层级查找。例如：

```
VLOOKUP(VLOOKUP("战士",A1:E5,3,FALSE),B1:F10,2,FALSE)
```

该组合首先查找战士的生命值权重，然后在另一个表中根据生命值权重查找对应的数据。

3）模糊查找

当将[range_lookup]设置为 TRUE 时，VLOOKUP 函数会进行近似匹配查找。这在某些情况下非常有用，比如当查询一个玩家在某个范围内的等级增长时，我们可以通过模糊查找找到最接近的数值。

4）其他查询函数

INDEX+MATCH 的组合是非常强大的查询组合。相较于 VLOOKUP 函数，INDEX+MATCH 的组合允许查找更加灵活的数据。尤其当查找列并不是第一列时，它能解决 VLOOKUP 函数的限制。

```
INDEX(B1:B5,MATCH("战士",A1:A5,0))
```

MATCH 函数返回"战士"在 A1 单元格到 A5 单元格范围中的位置。

INDEX 函数根据该位置，在 B1 单元格到 B5 单元格范围中返回对应的数值。

查询函数作为游戏数值策划中非常重要的工具，不仅能大大提高在处理庞大数据集时的效率，还能快速进行数值查找和自动化计算。通过灵活运用 VLOOKUP、HLOOKUP 等函数，我们可以快速完成数值查找与自动化计算，而结合 IFERROR 函数，以及 INDEX+MATCH 的组合更能适应复杂数据场景的需求。在实际应用中，熟练掌握这些函数不仅能优化数值模型，还能有效提高策划人员的数据管理效率，为游戏设计中的数值平衡提供有力支持。

4. 取整函数

在 Excel 中，取整函数在数值策划中被广泛应用，特别是在处理小数点时。常见的取整函数包括 ROUND（四舍五入）、ROUNDUP（向上取整）和 ROUNDDOWN（向下取整）。这些函数能够确保计算结果符合预期，尤其是在数值精度对游戏逻辑或表现至关重要时。

ROUND 函数的基本语法如下：

```
ROUND(number,num_digits)
```

ROUNDUP 函数的基本语法如下：

```
ROUNDUP(number,num_digits)
```

ROUNDDOWN 函数的基本语法如下：

```
ROUNDDOWN(number,num_digits)
```

number：需要向上舍入的数字。

num_digits：用于指定小数点后的位数。如果 num_digits 大于 0，则将数字向上舍入到指定的小数位数；如果 num_digits 等于 0，则将数字向上舍入到最接近的整数；如果 num_digits 小于 0，则在小数点左侧进行向上舍入。

取整函数的典型应用如下。

1）ROUND 函数：四舍五入

- 公式"=ROUND(3.14159,2)"的结果为 3.14，将数值四舍五入到小数点后两位。
- 公式"=ROUND(3.14159,0)"的结果为 3，将数值四舍五入为整数。
- 公式"=ROUND(314.159,-1)"的结果为 310，将数值四舍五入到最近的十位。

2）ROUNDUP 函数：向上取整

- 公式"=ROUNDUP(3.14159,2)"的结果为 3.15，将数值向上舍入到小数点后两位。
- 公式"=ROUNDUP(3.14159,0)"的结果为 4，将数值向上舍入到整数。
- 公式"=ROUNDUP(314.159,-1)"的结果为 320，将数值向上舍入到最近的十位。

3）ROUNDDOWN 函数：向下取整

- 公式"=ROUNDDOWN(3.14159,2)"的结果为 3.14，将数值向下舍入到小数点后两位。
- 公式"=ROUNDDOWN(3.14159,0)"的结果为 3，将数值向下舍入到整数。
- 公式"=ROUNDDOWN(314.159,-1)"的结果为 310，将数值向下舍入到最近的十位。

取整函数在游戏数值策划中应用广泛，主要涉及玩家属性、伤害值、等级经验等数据处理。例如，玩家升级后获得的属性增量往往需要取整，而不是使用小数。我们通常使用 ROUND 函数或 ROUNDUP 函数确保属性增量为整数值，以便游戏引擎可以更有效地处理这些数据。

在游戏数值设计中，Excel 是数值策划人员的得力助手。通过灵活运用锁定符"$"、查询函数和取整函数，我们可以快速处理复杂的数值模型，有效保障数据的准确性和一致性。

- **锁定符"$"**：在复制和拖动公式的过程中，它能确保某些关键数值不发生改变，从而大大提高工作效率。
- **查询函数**：通过 VLOOKUP 函数、HLOOKUP 函数，以及 INDEX+MATCH 的组合能够帮助我们快速查找和获取关键数据。
- **取整函数**：在数值计算过程中，它可以精确处理小数，并将其转化为游戏中便于展示和使用的整数形式。

它们是数值策划的基础组成部分，其应用潜力远不止于此。通过探索更多高级函数和动态表格技术，如数组公式和条件格式等，策划人员可以进一步提高数值设计的效率和精确度。在后续的番外篇内容中，我们将继续介绍 Excel 中其他高级函数的使用方法，帮助数值策划人员在游戏设计中表现出更加专业和高效的一面。

3.4 怪物数据管理

在游戏设计中，怪物数据管理是数值策划的重要组成部分，其核心目标是设计和维护怪物的数值体系，使其在游戏中既能为玩家带来恰到好处的挑战，又能有效引导玩家在策略运用方面实现成长。一套完备的怪物数据管理框架不仅能增强游戏的节奏感与趣味性，还能显著增强玩家的沉浸感与成就感。

与玩家数据管理不同，怪物数据管理更注重平衡性和多样性。玩家的数值成长通常围绕增强战斗力展开，而怪物数据则聚焦于设计对抗玩家的挑战性。通过合理规划怪物属性、分类权重和动态计算机制，能够确保怪物在游戏的不同阶段展现出适宜的强度和表现形式。

本节将从以下几个方面深入探讨怪物数据管理的设计思路与实现方式。

怪物属性设计：明确怪物的基础属性，并与玩家角色的属性形成合理的对比关系。

怪物分类与权重设定：根据怪物的功能划分类型，并针对不同类型设定相应的属性权重比例。

怪物属性计算：通过玩家属性与怪物属性权重的结合，计算怪物的具体数值数据，确保游戏挑战具备递进性与合理性。

通过系统化的怪物数据管理，我们不仅能完善怪物的数值模型，还可能为游戏节奏的控制和玩家体验的优化夯实基础。

3.4.1 怪物属性设计

在怪物数据管理中，属性设计是数值框架的基础组成部分，其核心是明确怪物需要哪些基础属性，并确保这些属性在数值上与玩家角色的属性形成合理的对比关系。怪物属性设计的目的是为后续分类和数值计算搭建清晰的框架，同时确保怪物能够在战斗中充满挑战性和多样性。

怪物的基础属性可以根据游戏的实际需求进行简化和定制，通常涵盖以下几类。

- **生命值（HP）**：决定怪物的生存能力，通常与防御力协同作用，共同影响怪物的生存回合。例如，坦克型怪物往往具备较高的生命值，能够承受大量伤害，进而有效拖延战斗时长。

- **攻击力（ATK）**：决定怪物每次攻击对玩家造成的伤害。不同类型的怪物可能会展现出多样化的攻击方式。例如，近战攻击可能带来高伤害爆发，而远程攻击则更倾向于持续输出。

- **防御力（DEF）**：降低怪物所受到的伤害，直接影响其生存能力。防御型怪物的高防御力能够削减玩家的伤害输出，从而延长战斗持续时间。

- **技能强度（Skill Power）**：影响怪物技能的威力和效果，如范围伤害、控制技能或治疗技能。技能强度通常会结合怪物的类型与功能进行设定，以增强战斗中的策略性。

- **特殊属性**：包括暴击率、闪避率、攻击吸血等，赋予怪物独特的战斗风格。例如，高暴击率怪物能够造成不稳定但极具威胁性的伤害，而高闪避率怪物则通过降低被命中的概率来增加玩家的战斗难度。

相较于玩家角色，怪物的属性设计更为精简。这种精简设计不仅能降低数值计算的复杂性，还因怪物在游戏中的定位更注重功能性。例如，玩家角色可能包含诸如智力、敏捷等多种成长性属性，而怪物仅需较少的核心属性便可支撑其战斗逻辑。这种精简设计有利于快速生成并灵活调整数值，同时减少对平衡性的干扰。此外，怪物属性的数值在战斗中往往需要展现出较高的强度。因此，在设计基础属性时，怪物的生命值、攻击力等属性通常高于玩家的对应属性。

怪物的属性设计还需要考量与玩家属性的对比关系。尽管属性占比的具体设定将在后续章节中展开，但在设计初期必须明确怪物属性始终要与玩家核心属性相互匹配。例如，怪物的生命值一般会高于玩家角色，以弥补其策略性不足的劣势，同时确保战斗具备足够的挑战性。这种对比关系不仅能让怪物在游戏的各个阶段维持合理的强度，还能为玩家提供循序渐进的成长体验。

怪物属性设计还应关注技能的数值化处理。例如，范围伤害技能会促使玩家调整站位，控制技能会限制玩家行动，而治疗技能则会延长怪物的存活时间。技能的数值参数（如伤害量、冷却时间、作用范围等）应与基础属性形成一致的平衡关系。例如，高攻击力的怪物可以搭配冷却时间较短的单体爆发技能，而高生命值的怪物则更适合搭配持续范围技能，从而增强整体战斗设计的逻辑一致性并加深策略深度。

怪物属性设计通过明确基础属性类型、简化属性数量，并结合玩家属性框架，为怪物数据管理打下基础。后续章节将进一步探讨如何根据怪物分类设定属性权重，以及如何通过玩家属性计算怪物的具体数值。

3.4.2　怪物分类与权重设定

在游戏设计中，怪物分类与权重设定是构建怪物数值体系的关键环节。合理的怪物分类不仅能丰富游戏的内容，还能让玩家在不同战斗场景中感受到更为多样的挑战体验。分类的核心目的是明确怪物在战斗中的角色和功能定位，使游戏的战斗过程更加层次分明，同时引导玩家根据怪物的特性制定相应的策略。

怪物的分类不仅局限于难度等级（如普通怪物、精英怪物、首领怪物等），还可以结合战斗功能（如坦克类、输出类、辅助类等）进行细致划分。这种多维度的分类方式不仅能增强设计的灵活性，还能通过属性和行为的差异化设计，为玩家营造多样化的战斗情景。例如，普通怪物尽管整体难度较低，但通过对其功能定位的细化设计（如远程输出、近战输出、辅助等），依然能够为玩家带来不同的挑战体验。

权重设定通过属性分布展现怪物的功能特性。例如，坦克类怪物注重生命值属性，输出类怪物注重攻击力属性。合理分配属性权重不仅能确保怪物在游戏中具有挑战性与趣味性，还能为后续的怪物数值生成奠定坚实的基础。

本节将通过深入剖析怪物分类方式和属性权重设定，为不同类型的怪物塑造独特的数值特性，确保怪物在游戏各阶段的战斗表现都能满足玩家的期待与需求。

1. 怪物分类方式

怪物的分类是增强游戏多样性和战斗深度的重要基础。从难度等级和战斗功能两个维度进行划分，能够赋予怪物更清晰的角色定位和数值特性。难度等级用于区分怪物的整体强度，而战斗功能则用于定义怪物在战斗中的具体作用，这种多维度的怪物分类方式不仅能有效增强设计的灵活性，还能为玩家带来丰富的策略体验。

1）按难度等级分类

根据难度等级，怪物可以划分为普通怪物、精英怪物和首领怪物（BOSS）。不同类型的怪物在属性强度、技能复杂度和战斗机制上存在显著差异。

- 普通怪物：数量多但个体能力较弱，是游戏中常见的对抗目标。普通怪物强调快节奏的战斗体验，凭借数量优势对玩家施加压力。尽管单个普通怪物不具备显著威胁，但在数量累加和多种功能特性结合下，依然能够为玩家带来适度的挑战。

- 精英怪物：属性显著高于普通怪物，技能组合也更为复杂。精英怪物通常作为游戏中重要节点的组成部分，为玩家提供中等强度的挑战。它们可能具备控制技能或更高的爆发伤害能力，这就要求玩家采用更具针对性的策略来应对。

- **首领怪物（BOSS）**：游戏中的终极挑战，具备极高的属性数值和独特的机制设计。首领怪物通常以阶段性战斗的形式呈现，通过高伤害技能和多阶段战斗机制迫使玩家调整战术。首领怪物强调战术深度和团队协作，是游戏中最具标志性的敌人类型。

2）按战斗功能分类

在基于难度等级分类的基础上，怪物还可以根据战斗功能进一步细分为坦克类、远程输出类、近战输出类和辅助类。这种怪物分类方式能增强战斗的策略性。玩家需要根据不同功能怪物的特性制定与之对应的应对方案。

- **坦克类**：生命值和防御力高，但攻击力较低。坦克类怪物通过吸收大量伤害，有效延长战斗时间，通常会站在前排保护输出或辅助类怪物。这类怪物需要玩家集中火力优先解决，以免战斗被过度拖延。

- **远程输出类**：攻击力和暴击率较高，但生命值和防御力偏低。远程输出类怪物在远距离持续对玩家造成威胁，凭借站位优势规避直接冲突。玩家在面对这类怪物时，通常需要灵活调整站位，或者运用位移技能迅速接近并予以打击。

- **近战输出类**：攻击力高，爆发能力强，生命值和防御力处于中等水平。近战输出类怪物通常会快速接近玩家并造成高额伤害，但其耐久性欠佳。如果未能在短时间内击杀玩家，则这类怪物的威胁程度会随着战斗时间的推移逐渐降低。

- **辅助类**：主要负责提供增益效果或控制技能，生命值和防御力较低。辅助类怪物通常位于队伍后排，为其他怪物提供显著的战斗增益（如治疗、攻击加成等）。玩家需要优先击杀这些怪物，以削弱敌方整体的战斗力。

通过将难度等级和战斗功能相结合的分类方式，可以为怪物赋予清晰明确的数值特性与独特的战斗风格。例如，在普通怪物群体中，坦克类怪物的高生命值与辅助类怪物的增益能力相互配合，能够构建起策略性较强的小规模战斗场景；在精英怪物或首领怪物的设计中，复杂多样的技能与不同功能的协同配合可以进一步增加玩家所面临的挑战难度，增强其成就感。这种怪物分类方式不仅能为玩家带来丰富的战斗体验，还能为后续的属性权重设定指明清晰的设计方向。

2. 属性权重设定

在明确了怪物的分类方式后，属性权重设定成了为每类怪物赋予数值特性的重要步骤。通过合理的权重分配可以突出不同类型怪物的核心属性，使其在战斗中的功能定位更加清晰。例如，坦克类怪物通过高生命值权重体现其耐久性，而输出类怪物则通过高攻击力权重彰显其威胁性。

属性权重通常涵盖以下几个方面。

- **生命值权重**：突出怪物的耐久力，用于延长其存活时间或吸收玩家的输出伤害。
- **攻击力权重**：决定怪物对玩家所构成的直接威胁程度。

- 防御力权重：减少怪物所受到的伤害，提高其生存能力。
- 暴击率权重：增强怪物输出的不确定性。
- 闪避率权重：增强怪物生存的波动性，增加战斗难度。

表 3.21 所示为怪物属性权重。

表 3.21　怪物属性权重

怪物类型	定位	生命值权重	攻击力权重	防御力权重	暴击率权重	闪避率权重	汇总
普通怪物	近战坦克	1.4	0.6	1	0	2%	3
	远程输出	0.8	1.4	0.8	2%	0	3
	近战输出	0.9	1.3	0.8	2%	0	3
	远程辅助	1	1	1	0	2%	3
精英怪物	近战坦克	2	1	1.5	0	5%	4.5
	远程输出	1.6	2.1	0.8	5%	0	4.5
	近战输出	1.8	1.9	0.8	5%	0	4.5
	远程辅助	1.8	1.7	1	0	5%	4.5
首领怪物	全能	30	2	1	5%	5%	33

- **普通怪物**：普通怪物的总权重设定为 3，其数值分布相对均衡，以保证其作为低难度目标的可操作性。通过对不同定位（如坦克类、输出类等）的普通怪物设置差异化的属性权重，以便在战斗中形成丰富多样的组合形式。例如，近战坦克型普通怪物赋予其较高的生命值权重（1.4）与防御力权重（1），借此凸显它吸收伤害的能力；远程输出型普通怪物则给予较高的攻击力权重（1.4）与暴击率权重（2%），以远程持续威胁玩家。
- **精英怪物**：精英怪物的总权重提升至 4.5，数值明显高于普通怪物，为玩家提供更强的挑战性。例如，近战输出型精英怪物赋予其较高的攻击力权重（1.9）与适中的生命值权重（1.8），着重突出其强大的爆发能力；而远程辅助型精英怪物的属性分布相对更为均衡，主要通过增益技能提升整个怪物队伍的威胁程度。
- **首领怪物**：首领怪物的总权重高达 33，远高于普通怪物和精英怪物。作为游戏中的终极挑战，首领怪物通常具备全能型的属性配置。其中，较高的生命值权重（30）能够确保战斗的持久性，而较高的攻击力权重（2）和暴击率权重（5%）则会增加战斗的复杂性。

通过合理的属性权重设定，我们成功为不同类型的怪物搭建起清晰明了的数值框架，促使怪物的属性特点与它们在战斗中的功能定位紧密相连。这种合理的权重分配方式不仅能增强怪物的多样性与挑战性，还能为后续的数值生成和属性计算奠定坚实的基础。接下来，我们将运用这些已设定好的权重数据，并结合玩家标准属性的成长情况，进一步计算出怪物的具体数值。

3.4.3　怪物属性计算

在怪物属性计算环节，我们的核心目标是通过公式设计，使怪物的属性与玩家的成长曲线紧密契合。这种计算方式能够确保在游戏的各个阶段怪物都为玩家提供适宜的挑战，同时避免因数值设计不当导致的难度失衡。

怪物属性计算以玩家的标准属性成长情况为基准，结合怪物属性权重生成具体的生命值、攻击力、防御力等数值。这种设计逻辑使得怪物的强度能够动态适配玩家的成长进度，从而营造出连贯且富有层次感的游戏环境。例如，在玩家处于10级时，其标准生命值设定为5000点，而怪物的生命值可以通过其生命值权重乘以玩家的标准生命值来计算。

然而，在实际游戏运行过程中，玩家的属性增长并非完全线性且恒定。由于成长线的开启阶段和玩家资源获取速度存在差异，这使得玩家在不同等级阶段可能无法达到理论上的标准属性。因此，我们引入玩家属性目标，设定玩家在各阶段应获得的实际属性比例关系，并基于此调整怪物属性的计算公式。

通过这种计算方式，怪物的数值设计不仅能更好地贴合玩家的成长节奏，还能在一定程度上弥补因玩家成长差异造成的战斗体验偏差。接下来，我们将详细介绍怪物属性计算的逻辑和公式设计，并展示其实际应用和优化策略。

1. 基本计算公式

怪物属性的基本计算公式是将玩家的标准属性成长与怪物属性权重相结合，用以生成具体的怪物数值。该公式确保怪物的强度与玩家的成长曲线相匹配，能够在游戏的各个阶段提供适宜的挑战。怪物属性的基本计算公式如下：

怪物属性值=属性权重×玩家标准属性值（相应等级）

- **属性权重**：定义每种怪物类型在生命值、攻击力、防御力等属性上的数值侧重程度（如普通怪物的生命值权重设定为1.4）。
- **玩家标准属性值**：玩家在特定等级下的全局成长属性数值（如10级玩家的生命值为5000）。

例如，10级玩家的标准属性为生命值5000、攻击力300、防御力100。若某怪物的生命值权重为1.4、攻击力权重为1.3、防御力权重为1.0，则怪物的属性值如下。

- 生命值：5000×1.4=7000。
- 攻击力：300×1.3=390。
- 防御力：100×1.0=100。

通过这一公式，怪物的属性能够动态适应玩家的成长曲线，确保玩家在游戏各个阶段都能遇到适当的挑战。该公式为怪物数值设计提供清晰且直观的逻辑基础。下面将进一步探讨玩家属性目标的设定与调整，以及如何通过动态计算进一步优化怪物属性的合理性。

2. 玩家属性目标

尽管前文所述的基本计算公式能够很好地实现怪物属性与玩家成长曲线的匹配，但在实际游戏中，玩家的实际属性增长通常难以达到标准属性的 100%，主要原因如下。

1）成长线的开启阶段

某些成长系统（如装备进阶、技能解锁等）需要玩家达到特定等级后才会开启。在此之前，玩家无法获取全部属性。例如，10 级玩家可能尚未解锁装备进阶功能，而这部分进阶所带来的属性增益约占总属性的 10%。

2）成长节奏与付费设计

即使玩家开启了成长线，由于成长节奏和资源获取速度的差异（如付费和非付费玩家的差距），玩家的实际属性与理论值可能有显著偏差。例如，付费玩家能够通过付费加速获取属性，而非付费玩家则只能慢慢积累。这种差异在同一等级的玩家中尤为明显。

为了解决上述问题，我们引入"玩家属性目标"的概念，作为玩家在各等级阶段实际应达到的属性比例关系。此目标值是基于玩家的实际成长曲线设定的，能够反映玩家在特定阶段的平均属性水平。

玩家属性目标根据等级阶段设定具体比例，反映玩家的实际成长状态。

- 0～20 级：属性目标为标准属性的 30%。
- 21～40 级：属性目标为标准属性的 40%。
- 41～50 级：属性目标为标准属性的 50%。
- 51 级之后：属性目标为标准属性的 60%。

这种设定既能反映玩家实际成长状态，又能通过调整怪物属性来匹配玩家的强度水平，避免因成长差距过大造成游戏难度失衡。

基于玩家属性目标，怪物属性计算公式调整如下：

怪物属性值=属性权重×玩家实际属性获取（玩家属性目标）

假设 10 级玩家的标准属性为生命值 5000 和攻击力 300，玩家属性目标为标准属性的 30%，从而计算出玩家的实际属性如下。

- 玩家实际生命值：5000×30%=1500。
- 玩家实际攻击力：300×30%=90。

基于这些数值，怪物的属性计算如下。

- 怪物生命值：1500×1.4=2100。
- 怪物攻击力：90×1.3=117。

通过基于玩家属性目标调整后的公式，我们能够计算出怪物在不同等级阶段的关键属性（如生命值、攻击力、暴击率等）。表 3.22 所示为部分怪物属性数值。

表 3.22 部分怪物属性数值

等级	属性目标	普通怪物（近战坦克）					普通怪物（远程输出）					普通怪物（近战输出）				
		生命值	攻击力	防御力	暴击率	闪避率	生命值	攻击力	防御力	暴击率	闪避率	生命值	攻击力	防御力	暴击率	闪避率
1	30%	168	7	12	0	200	96	16	9	200	0	108	15	9	200	0
2	30%	336	14	24	0	200	192	33	19	200	0	216	31	19	200	0
……	……	……	……	……	……	……	……	……	……	……	……	……	……	……	……	……
20	30%	4368	187	312	0	200	2496	436	249	200	0	2808	405	249	200	0
21	40%	6272	268	448	0	200	3584	627	358	200	0	4032	582	358	200	0
……	……	……	……	……	……	……	……	……	……	……	……	……	……	……	……	……
40	40%	17472	748	1248	0	200	9984	1747	998	200	0	11232	1622	998	200	0
41	50%	22960	984	1640	0	200	13120	2296	1312	200	0	14760	2132	1312	200	0
……	……	……	……	……	……	……	……	……	……	……	……	……	……	……	……	……
50	50%	33600	1440	2400	0	200	19200	3360	1920	200	0	21600	3120	1920	200	0
51	60%	42336	1814	3024	0	200	24192	4233	2419	200	0	27216	3931	2419	200	0
……	……	……	……	……	……	……	……	……	……	……	……	……	……	……	……	……
79	60%	118944	5097	8496	0	200	67968	11894	6796	200	0	76464	11044	6796	200	0
80	60%	122304	5241	8736	0	200	69888	12230	6988	200	0	78624	11356	6988	200	0

注：表中的怪物属性数值基于玩家的属性目标和怪物的属性权重进行计算，并进行取整处理。其中，暴击率和闪避率为固定值。此处展示的只是部分等级的数据，在实际开发中需要针对所有等级逐一计算怪物属性，并通过后续的平衡性测试来验证和优化这些数值，以确保游戏难度处于合理范畴。

通过属性权重和玩家属性目标的结合，我们能够合理计算出怪物在不同阶段的属性数值。这种计算方式使怪物的数值能够映射玩家的成长曲线，并为玩家提供适当的挑战。尽管这种计算方式已能满足大部分场景的需求，但在实际游戏中，怪物属性的表现还可能受到技能设计、战斗节奏等因素的影响。因此，后续需要通过平衡性测试进一步验证和优化这些数值，以确保游戏难度符合玩家的预期。

本章全面探讨了怪物数据管理的设计思路与实现方式，涵盖了怪物属性设计、怪物分类与权重设定，以及怪物属性计算。通过合理的怪物属性设计，我们可以精心构建怪物与玩家属性相对比的数值框架；通过怪物分类与权重设定，我们可以明确怪物在游戏中的功能定位，并借助不同的权重配置展现出丰富多样的数值特性；通过怪物属性计算，并结合玩家的标准属性成长情况与属性目标，我们可以确保怪物在游戏的不同阶段始终能与玩家实力保持匹配。

这些方法不仅能增强怪物在游戏中的挑战性和趣味性，还为后续的数值验证和动态调整奠定坚实的基础。尽管当前的计算逻辑已能够满足大部分需求，但在实际应用中，怪物数值还需结合具体的技能设计、战斗机制进行优化。在后续章节中，我们将进一步探讨怪物属性的动态调整与平衡性测试，确保游戏的难度曲线符合玩家的预期，为玩家带来更为优质的游戏体验。

番外篇：动态怪物数据

在现代游戏设计中，动态数值调整系统已成为增强游戏平衡性与可玩性的重要手段。通过动态调整怪物数据，游戏能够实时适配玩家的成长状态，确保战斗过程始终保持适度的挑战性。以经典游戏《魔兽世界》为例，随着玩家等级的提升，怪物的属性（如生命值、攻击力、防御力等）会同步进行动态调整，避免因玩家与怪物等级差距过大而导致游戏体验单调乏味。

本番外篇将深入探讨动态怪物数据的概念与作用，详细阐述动态怪物数据的设计方法，并简要展望未来的发展潜力。

1. 动态怪物数据的概念与作用

动态怪物数据是指怪物的属性（如生命值、攻击力等）能够根据玩家等级实时调整，确保游戏难度与玩家能力匹配。无论玩家探索哪个区域或选择哪条任务线，都能遇到与自身等级适配的怪物。动态怪物数据的主要作用如下。

- **强化自由探索体验**：玩家能够自由探索，不用担心因怪物等级过高或过低而导致挑战性失衡。无论何时进入特定区域，怪物属性都会自动根据玩家等级进行适配。
- **持续的战斗挑战**：即使玩家升级或装备提升，怪物依然具备威胁性和挑战性，促使玩家不断调整策略，避免因自身成长过快而丧失战斗乐趣。
- **维持游戏平衡性**：通过动态调整机制，不同区域的怪物会根据玩家等级同步进行属性调整，避免数值失衡，确保游戏整体的平衡性。

动态怪物数据为玩家带来了更加流畅且平衡的游戏体验，让玩家始终面临合理的挑战情境。

2. 动态怪物数据的设计方法

在设计动态怪物数据时，等级适配和属性映射是两个关键环节。这两种方法能确保怪物的强度随着玩家成长而动态变化，维持战斗难度的合理性。

1）等级适配

等级适配会根据玩家当前等级自动调整怪物等级，以此保持战斗的适宜强度。例如，怪物等级可设定在玩家等级的±2级区间内。这样一来，无论玩家选择哪条任务路线，怪物等级都能与玩家实力实现同步变化。

例如，在10级任务区域中，怪物的基础等级为10级。如果玩家在该区域中升级至15级，那么怪物等级将调整至13～17级，确保怪物的威胁程度与玩家实力相匹配。

2）属性映射

属性映射基于玩家的属性成长目标，通过设定特定系数，将玩家属性映射到怪物属性上，使怪物在属性数值层面与玩家保持动态平衡。其计算公式为：

怪物属性=期望等级属性目标×标准属性成长（全局）

假设玩家在10级时的属性目标设定为标准属性的40%，而怪物在该期望等级下的目标生命值设定为2500，那么怪物生命值的计算过程如下：

怪物生命值=0.40×2500=1000

这种属性映射方式能确保怪物属性随玩家成长而动态变化，使战斗始终具有挑战性。

为防止数值异常，在动态数据设计中可加入以下控制机制。

- **上限与下限控制**：确保怪物属性的取值在合理范围内。例如，生命值不得低于基础值的50%，也不得高于基础值的200%。
- **异常回滚机制**：当系统检测到怪物属性出现异常时，能够自动将属性值回滚至默认数值，避免因一处异常而导致全局数据错误的情况发生。

3. 动态怪物数据的发展潜力

目前，动态怪物数据主要依赖等级适配和属性映射两种设计方法，但未来有望与更智能化的系统深度融合。特别是在模块化数值设计和自主生成数值系统的支持下，动态调整将变得更加灵活高效。智能化系统能够基于玩家行为、游戏进程和战斗策略，实时生成更贴合游戏节奏的怪物数据，进一步增强游戏体验的多样性。

动态怪物数据通过实时调整怪物属性，为玩家带来更加自由、平衡且具挑战性的战斗体验。无论是通过等级适配保障探索自由，还是通过属性映射维持游戏难度平衡，动态怪物数据都已成为现代游戏设计中不可或缺的部分。随着技术和数值设计的进一步发展，动态怪物数据的应用前景将愈发广阔，有望为游戏行业带来更多创新性的发展机遇与可能性。

04

第 4 章
成长系统的设计

在游戏设计中，成长系统是贯穿玩家体验的核心要素之一。从玩家初入游戏时的弱小起步到逐步变强后所收获的成就感，成长系统时刻在塑造玩家的游戏动力与乐趣来源。优秀的成长系统不仅能激发玩家探索与投入的欲望，还能通过持续的目标感和反馈机制，维系玩家的长期参与。在 RPG 类游戏中，成长系统往往与角色的故事推进和能力进阶紧密相连。玩家通过专注于单个角色的培养，体验到自身角色一步步变强的满足感。这种成长过程既增强了游戏的代入感，又丰富了游戏整体的叙事体验。而在卡牌类游戏中，成长系统则更着重于多角色的策略规划和资源分配的考量。玩家需要在个体培养与团队协同之间找到平衡。通过升级、突破和升星等多样化的机制，组建一支实力强大的队伍，以应对游戏中更为艰巨的挑战。

本章将从两大核心模式入手，深入剖析成长系统的设计逻辑与实现方法。其中，角色成长主要聚焦于单角色能力的精细打磨，包括基础属性的设定、等级与技能提升的节奏设计，以及培养系统的多样化与个性化；而卡牌成长则围绕多角色体系展开，通过升级、突破、升星等机制实现队伍整体的协同提升，同时强调策略规划与资源管理的重要性，以此为玩家创造更具深层次的挑战。此外，本章还将深入探讨成长系统如何通过数值设计来平衡游戏的难度与玩家的成长速度，进而提升玩家体验的流畅性和满意度。无论是注重单角色深度的成长曲线，还是追求多角色协同作战的广度设计，这些成长模式都对玩家的长期留存和游戏整体体验具有深远的影响。

通过实际案例与设计思路的解析，本章旨在提供一套系统性的参考框架，助力优化成长系统的策略性与平衡性。无论是开发多样化的角色成长机制，还是设计极具策略性的卡牌成长系统，都有助于提供创作灵感与启发。

4.1 角色成长（单角色成长）

在 RPG 类游戏中，角色成长是驱动玩家体验的核心动力之一。玩家通过发展和强化自身角色，逐步解锁新的挑战与可能性，同时在游戏世界中感受到不断强大所带来的满足感。角色成长系统并非单纯的数值堆砌，而是驱动玩家探索与策略决策的关键机制。从基础属性的定义，到技能系统与培养系统的精细设计，每一个关乎角色成长的维度都直接影响角色的战斗力和游戏进程。

角色的成长始于基础属性的设定。当玩家创建角色时，不同职业会各自拥有独特的初始属性，这些初始属性不仅鲜明地展现出对应职业的特性，还为角色后续的成长筑牢根基。例如，战士职业通常以高生命值和防御力见长，而法师职业则以高魔法攻击力和法力值为专长。在 4.1.1 小节中，我们将深入探讨角色基础属性的设计原则及其计算方法。

随着游戏的推进，角色通过升级获得持续的属性提升。每次升级不仅为玩家提供属性点，还促使角色在战斗中的表现愈发出色。不同职业在成长曲线上呈现出显著的差异，如在升级过程中，战士的生命值大幅增长与法师的魔法攻击力加成，使得角色成长充满多样性与策略性。在 4.1.2 小节中，我们将深入剖析角色升级过程中的属性成长机制，并详细阐述如何通过数值设计平衡不同职业的成长节奏。

然而，角色成长的核心远不止于属性提升与等级进阶。技能系统为玩家提供更深层次的战斗策略和玩法选择。通过不断解锁新技能并对已有技能进行强化升级，玩家得以挖掘更多样化的战斗可能性，体验到角色成长的多元魅力。在 4.1.3 小节中，我们将深入探讨角色技能的设计思路，以及如何通过技能系统加深游戏的策略深度。

此外，角色培养系统为玩家的角色成长增添了个性化和自由度。玩家能够通过使用特定道具或积极参与各类游戏活动，有针对性地提升角色属性或解锁其特殊能力，从而在成长过程中感受到策略性与随机性相结合所带来的独特体验。这种创新机制不仅能为玩家带来丰富的游戏体验，还能让角色成长过程充满未知的惊喜与乐趣。在 4.1.4 小节中，我们将深入探讨角色培养系统如何在随机性与玩家可控性之间寻求最佳平衡点。

通过角色基础、角色升级、角色技能与角色培养四个成长模块的协同作用，玩家能够塑造并发展出独一无二的角色，并在角色逐步成长的过程中体验到成就感与目标感。接下来，我们将对这些成长模块进行逐一解析，揭示其设计逻辑与实践方法。

4.1.1　角色基础

在游戏设计中，角色的基础属性是玩家进入游戏时的起始状态。这些属性不仅直观地展现出各职业的核心特点，还为角色后续成长筑牢根基。为了确保角色基础属性设计的科学性与平衡性，我们通过以下 3 个主要步骤来完成属性计算。

步骤 1：明确初始属性占比

首先，根据 3.3.2 小节中的"4.属性分配"部分，我们可以预设各属性的初始占比情况，包括一级属性、二级属性和特殊属性的分布。表 4.1 所示为初始属性占比。这一步旨在为所有职业搭建起统一的属性分配框架，保证数值模型的合理性。

表 4.1　初始属性占比

二级分类	付费线	颗粒度	数值占比	相对占比
初始属性	活跃线	1	0.1%	0.1%

在该部分设计中，"活跃线"的颗粒度设定为 1，这意味着所有职业的基础属性均按照固定占比进行计算，不需要进一步拆分。此规则使得初始属性的设计更加直观。

步骤 2：设定职业属性权重

参照 3.3.1 小节中的"2.职业平衡（价值平衡）"部分，我们可以针对不同职业分别设定其属性权重。表 4.2 所示为各职业属性权重。这些权重是实现角色差异化的关键，展现各职业在生命值、攻击力、防御力等方面的偏好，具体如下。

- **战士**：强化生命值和防御力，突出其耐久性的职业特点。
- **法师**：优先提升攻击力，适合远程输出。
- **弓手**：平衡力量与敏捷等基础属性，强调灵活性。
- **盗贼**：具备高闪避率与暴击率，展现爆发潜力。
- **牧师**：属性分配较为均衡，偏向强化辅助与生存能力。

表 4.2　各职业属性权重

职业	生命值	攻击力	防御力	命中率	闪避率	暴击率	暴击伤害倍数	抵抗暴击率
战士	1.2	0.75	1.05	1.1	1	0.9	1	1
法师	1	1.2	0.8	1.05	0.95	1.2	1	0.8
弓手	0.95	1.15	0.9	1	1	1.1	1	0.9
盗贼	1.05	1.15	0.8	0.9	1.1	1.15	1	0.85
牧师	1	1	1	1	1	1	1	1

步骤 3：确定标准属性成长（全局）

参照 3.3.2 小节中的"2.属性成长"部分，我们提取出标准属性成长（全局）的数值。这些数据以最高等级（如 80 级）的数值模型为基准，构成全职业属性计算的核心基础。

通过结合初始属性占比、职业属性权重和标准属性成长（全局）的数值，我们最终运用以下公式完成角色初始属性的计算：

角色初始属性=初始属性占比×职业属性权重×标准属性成长（全局）

基于上述公式计算出的各职业初始属性值。表 4.3 所示为区分职业后的角色初始属性。

表 4.3　区分职业后的角色初始属性

职业	生命值	攻击力	防御力	命中率	闪避率	暴击率	暴击伤害倍数	抵抗暴击率	战斗力
战士	175	11	16	9	8	4	16	5	129
法师	146	18	12	8	7	5	16	4	125
弓手	139	17	14	8	8	5	16	4	127
盗贼	153	17	12	7	9	5	16	4	127
牧师	146	15	15	8	8	5	16	5	131

从最终的角色初始属性结果中可以清晰地看到，各职业的属性分布已成功展现出职业差异化特征。例如，战士拥有高生命值与防御力，法师具备高攻击力，盗贼具备高闪避率与暴击率等。这种数值分布可以从属性层面突出每个职业的独特特性，进一步强化角色各自的战斗风格和定位。尽管各职业的属性分配不同，但其战斗力相差不大，这验证了前文平衡性设计的准确性，确保了各职业在初始阶段的战斗力处于同一水平。

这一标准化流程从全局设定逐步细化到职业平衡，确保每个职业在初始阶段既遵循统一的合理性原则，又能展现出鲜明的特点。该设计不仅为玩家在游戏初期带来丰富多样的差异化战斗体验，还为后续的角色成长、技能发展和培养方向提供清晰明确的思路。

通过以上步骤，我们可以完成角色初始属性的设计与计算。这一部分不仅能为各职业赋予鲜明的特点，还能保障数值上的平衡性，为玩家在游戏初期提供良好的体验基础。同时，这些初始属性将作为角色成长的起点，直接影响后续的角色成长、技能发展和培养方向。

在 4.1.2 小节中，我们将进一步探讨角色在成长过程中如何通过属性的逐步提升，持续强化其职业特性，并为玩家带来更具深度的成长体验。

4.1.2　角色升级

在 RPG 类游戏中，角色升级是玩家体验角色成长的核心环节之一。每次升级，玩家操控的角色都会获得属性提升，这不仅能增强角色应对更高难度挑战的能力，还能为玩家带来持续的趣味性与成就感。为确保角色升级过程既能维持职业特色，又能维持游戏的平衡性，我们可以通过以下步骤设计和计算各职业的升级属性增长情况。

角色升级属性的计算公式为：

各职业等级成长数值=职业权重系数×标准属性成长（等级）

该公式中的两项关键数据的来源如下。

- 职业权重系数（详见表 3.5 各职业一级属性权重）：不同职业的权重系数定义了各属性的成长优先级。例如，战士侧重于生命值成长，法师则偏重攻击力成长。
- 标准属性成长（等级）（详见表 3.10 等级成长数值设定）：提供了每一级别的基础属性增量，为所有职业设定了统一的成长基准。

通过结合这些数据，角色在每次升级时都会获得其职业特性所决定的属性提升。例如：

战士的生命值=战士生命值权重（1.2）×标准等级生命成长数值（260）

法师的攻击力=法师攻击力权重（1.2）×对应等级的攻击成长数值（105）

表 4.4 所示为战士和法师的等级成长属性数值。

表4.4　战士和法师的等级成长属性数值

等级	战士成长属性数值				法师成长属性数值			
	生命值	魔法值	攻击力	防御力	生命值	魔法值	攻击力	防御力
1	12	12	1	1	10	10	1	1
2	24	24	2	2	20	20	2	2
……	……	……	……	……	……	……	……	……
10	126	126	8	11	105	105	13	8
11	144	144	9	13	120	120	14	10
……	……	……	……	……	……	……	……	……
20	312	312	20	27	260	260	31	21
21	336	336	21	29	280	280	34	22
……	……	……	……	……	……	……	……	……
30	564	564	35	49	470	470	56	38
31	600	600	38	53	500	500	60	40
……	……	……	……	……	……	……	……	……
40	936	936	59	82	780	780	94	62
41	984	984	62	86	820	820	98	66
……	……	……	……	……	……	……	……	……
50	1440	1440	90	126	1200	1200	144	96
51	1512	1512	95	132	1260	1260	151	101
……	……	……	……	……	……	……	……	……
60	2184	2184	137	191	1820	1820	218	146
61	2280	2280	143	200	1900	1900	228	152
……	……	……	……	……	……	……	……	……
70	3168	3168	198	277	2640	2640	317	211
71	3288	3288	206	288	2740	2740	329	219
……	……	……	……	……	……	……	……	……
80	4368	4368	273	382	3640	3640	437	291

从表4.4中可以看出，不同职业在升级过程中的属性增长情况，能够显著反映各自的职业定位。例如，战士在生命值和防御力上增长较快，而法师则在攻击力方面具备突出优势。这种差异化设计为玩家规划出清晰明了的角色成长路径，进一步强化各职业的特色。

升级不仅仅是数值的提升，更是角色能力全面发展的基础。属性增长将与技能提升形成良性循环，为玩家带来更丰富的战斗策略和职业深度体验。在 4.1.3 小节中，我们将进一步探讨如何通过技能设计，提升角色的综合实力，进而增强游戏的策略性和趣味性。

4.1.3　角色技能

在 RPG 类游戏中，技能系统是角色战斗力的核心体现，也是玩家制定战斗策略、增强游戏体验的重要工具。通过技能设计，不同职业展现出独特的战斗风格，而技能的数值设定则直接影响战斗的节奏、输出的平衡，以及游戏整体的公平性。

技能设计首先需要符合角色的职业定位，不同职业根据其在团队中所承担的角色，通常配备特定的技能组合。例如，输出职业擅长高爆发或持续伤害类技能，以实现对敌人快速击杀；坦克职业偏重防御与生存类技能，旨在吸引敌方仇恨并保护队友；而辅助职业则专注于治疗、增益或保护类技能，为团队提供支持。

在此基础上，技能设计还必须满足职业间的平衡性需求。基于《游戏数值百宝书：成为优秀的数值策划》中关于作用平衡和节奏平衡的理论，本小节将详细剖析如何通过技能数值设计，确保各职业在固定时间内的输出能力既能体现差异化，又能维持游戏的公平性。

1. 技能设计

为更好地展示技能设计的思路，我们以法师和弓手这两个远程输出职业为例，分析如何通过技能设计来体现各自特点。

法师的技能设计如下。

- **普攻**：造成 100% 伤害，冷却 1 秒。
- **技能 A**：造成 150% 伤害，冷却 3 秒。
- **技能 B**：造成 300% 伤害，冷却 10 秒。
- **技能 C**：造成 200% 伤害，冷却 6 秒，为群体伤害技能。
- **技能 D**：造成 400% 伤害，冷却 15 秒，为单体爆发技能。
- **技能 E**：造成 120% 伤害，冷却 5 秒，附加控制效果。

弓手的技能设计如下。

- **普攻**：造成 100% 伤害，冷却 1 秒。
- **技能 A**：造成 125% 伤害，冷却 2 秒。
- **技能 B**：造成 200% 伤害，冷却 5 秒。
- **技能 C**：造成 150% 伤害，冷却 4 秒，为群体伤害技能。
- **技能 D**：造成 250% 伤害，冷却 8 秒，为单体爆发技能。
- **技能 E**：造成 100% 伤害，冷却 3 秒，附加减速效果。

技能设计充分体现了职业的定位和团队需求。例如，法师强调高爆发输出，主要依靠高伤害倍率但冷却时间较长的技能；而弓手则更注重灵活性与持续输出能力，依靠短冷却时间的技能维持伤害节奏。这种设计不仅为职业赋予了差异化的战斗风格，也为后续的平衡性调整奠定了坚实的基础。

2. 作用平衡

作用平衡是指在团队中，不同职业通过明确的定位和功能分工，相互配合，相辅相成，从而在各类战斗场景中实现高效协作与策略运用。在 RPG 类游戏中，职业的技能组合和战斗风格决定了他们在团队中的角色分工，具体表现如下。

坦克职业：负责吸引敌方仇恨并承受伤害，保护队友免受直接攻击。

输出职业：以高爆发或持续伤害输出为主要手段，专注于快速击杀敌人。

辅助职业：通过施展恢复生命值、提供增益或减伤技能，提升团队的整体生存能力。

这种设计确保每个职业在团队中扮演着不可替代的角色。下面以法师、弓手和牧师为例，详细阐述作用平衡是如何具体体现的。

- **法师**（远程输出职业）：擅长使用高爆发技能迅速击杀敌人。
  - 在 PVE 中，法师通过强力的 AOE 技能快速清场，对大量敌人造成巨额伤害。
  - 在 PVP 中，法师的高爆发技能可以快速击杀敌方关键角色，如敌方的辅助职业或输出职业。
- **弓手**（持续输出职业）：技能冷却时间较短，具备高频攻击和灵活移动能力。
  - 在战斗中，弓手通过频繁释放技能对敌人持续施加伤害。
  - 凭借灵活的机动性和稳定的输出能力，弓手能适应多种战斗场景，尤其在长时间的消耗战中表现尤为出色。
- **牧师**（辅助职业）：专注于治疗与保护队友，确保团队的生存能力。
  - 在战斗中，牧师通过释放恢复生命值和减伤技能，帮助队伍应对持续的战斗压力。
  - 牧师的技能设计偏向稳定支持，能够维持团队的作战节奏，保证团队整体战斗力的持续输出。

作用平衡是团队合作的基础，通过明确职业定位确保角色间的分工合作，使每个职业在战斗中都能发挥关键作用。坦克职业提供坚实的防御屏障，输出职业制造强大的火力压制，而辅助职业则保障团队的生存与续航能力。这种设计既能强化职业间的差异化定位，避免角色同质化现象，又能使团队协作更加多样化、富有策略性，进而增强游戏的挑战性。

通过合理的作用平衡设计，不同职业在战斗中能够实现有效配合，创造既有挑战性又富有趣味的战斗体验，为玩家带来丰富的策略选择与团队合作乐趣。

3. 节奏平衡

节奏平衡的核心目标在于确保同一定位下的不同职业在相同时间段内的总输出量保持相对一致。尽管不同职业的技能设计和战斗风格存在差异，如法师依赖高冷却时间的大爆发技能，而弓手则更多依赖频繁释放的小技能与持续输出，但在固定时间（如 80 秒）内，它们的总伤害应尽量相近，以维持游戏的公平性和玩家体验。

下面是法师和弓手在 80 秒内的技能输出循环示例。

法师技能输出循环如下。

- **技能 D**（400%伤害，冷却 15 秒）：80 秒内可释放 5 次，总伤害=400%×5=2000%。
- **技能 B**（300%伤害，冷却 10 秒）：80 秒内可释放 8 次，总伤害=300%×8=2400%。
- **技能 C**（200%伤害，冷却 6 秒）：80 秒内可释放 13 次，总伤害=200%×13=2600%。
- **技能 E**（120%伤害，冷却 5 秒）：80 秒内可释放 16 次，总伤害=120%×16=1920%。

- **技能 A**(150%伤害,冷却 3 秒):80 秒内可释放 26 次,总伤害=150%×26=3900%。
- **普攻**(100%伤害,冷却 1 秒):剩余时间内普攻 12 次,总伤害=100%×12=1200%。

注意：按照最优解原则,法师的循环为技能 D 释放 5 次,技能 B 释放 8 次,技能 C 释放 13 次,技能 E 释放 16 次,技能 A 释放 26 次,普攻释放 12 次。

法师 80 秒内的总伤害为 14020%。

弓手技能输出循环如下。

- **技能 D**(250%伤害,冷却 8 秒):80 秒内可释放 10 次,总伤害=250%×10=2500%。
- **技能 B**(200%伤害,冷却 5 秒):80 秒内可释放 16 次,总伤害=200%×16=3200%。
- **技能 C**(150%伤害,冷却 4 秒):80 秒内可释放 20 次,总伤害=150%×20=3000%。
- **技能 E**(100%伤害,冷却 3 秒):80 秒内可释放 26 次,总伤害=100%×26=2600%。
- **技能 A**(125%伤害,冷却 2 秒):80 秒内可释放 8 次,总伤害=125%×8=1000%。

注意：按照最优解原则,弓手的循环为技能 D 释放 10 次,技能 B 释放 16 次,技能 C 释放 20 次,技能 E 释放 26 次,技能 A 释放 8 次,普攻释放 0 次。

弓手 80 秒内的总伤害为 12300%。

从当前数据可以看出,法师的高爆发技能频率和总伤害量较高,而弓手总伤害量略低,这在一定程度上影响了职业间的平衡性。为实现节奏平衡,需要对技能冷却时间与伤害倍率进行以下调整。

延长法师技能的冷却时间,具体如下。

- **技能 D**：冷却时间从 15 秒延长至 18 秒,释放次数减少至 4 次,总伤害降低。
- **技能 A**：冷却时间从 3 秒延长至 4 秒,释放次数减少至 20 次,降低高频技能的输出量。

注意：由此法师 80 秒的循环为技能 D 释放 4 次,技能 B 释放 8 次,技能 C 释放 13 次,技能 E 释放 16 次,技能 A 释放 20 次,普攻释放 19 次。(剩余时间释放普攻)

伤害数据调整为：4×400%+8×300%+13×200%+16×120%+20×150%+19×100%=13420%。

提高弓手技能的伤害倍率,具体如下。

- **技能 D**：伤害倍率从 250%提升至 300%,增加单次输出贡献值。
- **技能 C**：伤害倍率从 150%提升至 180%,增加单次输出贡献值。

注意：由此弓手 80 秒的技能释放循环保持不变。

伤害数据调整为：10×300%+16×200%+20×180%+26×100%+8×125%=13400%。

调整后法师的总伤害由 14020%降低至 13420%,通过降低技能释放频率实现输出平衡。弓手的总伤害由 12300%提升至 13400%,通过提高技能伤害倍率优化持续输出能力。

通过延长法师技能的冷却时间，降低其高频技能的伤害输出，同时提升弓手技能的伤害倍率并优化冷却时间，使两者在 80 秒内的总输出量更加相近。这样的调整既保留了职业的独特性，又在数值上实现了职业间的节奏平衡，增强了游戏的公平性与策略性，为玩家带来了更丰富的职业选择体验。

在角色技能的设计过程中，通过明确职业定位、平衡技能作用和输出节奏，法师与弓手等职业不仅展现出各自独特的战斗风格，还在公平性与策略性上达到了更高层次的平衡。这种数值上的精细调控，使玩家能够在游戏中感受到不同职业的优势与魅力，进而优化了整体游戏体验。

然而，技能系统只是角色能力的一个重要组成部分。角色的成长与培养不仅依赖于技能的提升，还涵盖通过装备、属性点分配、特性解锁等方式进一步塑造角色的战斗力与个性。在 4.1.4 小节中，我们将探讨如何通过角色培养系统为玩家提供更多的成长选择，进一步加深游戏的策略深度。

4.1.4　角色培养

角色培养系统是 RPG 类游戏中一项核心机制，赋予玩家自主强化角色属性，实现角色的个性化成长。与基础成长不同，角色培养为玩家创造更多自由选择的空间，使他们能够根据自身需求有针对性地提升特定属性，在战斗中展现出独特优势。通过这一系统，玩家可以定制角色成长路径，不仅能弥补角色的属性短板，还能进一步强化其优势属性，塑造出符合自身游戏风格的专属角色。

📢 **注意：** 本书以角色培养系统为例，探讨随机成长数值设计的思路，但这并不意味着每款 RPG 类游戏都必须具备此系统。

1. 角色培养的规则

角色培养的规则是为玩家构建起清晰的操作框架，确保培养过程既具备自由度又能维持数值平衡。角色培养的规则主要包括以下四个方面。

- **可培养的属性：** 玩家可以选择角色的一级属性（如生命值、攻击力、防御力等）和二级属性（如命中率、闪避率、暴击率、暴击伤害倍数等）进行培养。每次培养时，玩家最多可同时选择 5 种属性，以达到弥补属性不足或强化优势属性的目的。

📢 **注意：** 培养属性的数值提升不受职业限制，所有职业在培养时均采用相同规则。

- **等级关联的培养上限：** 为了维持数值平衡，培养属性的提升具有明确的上限，这一上限与角色的等级密切相关。游戏以每 20 级为一个成长阶段，随着角色等级的提升，可培养属性的最大值也会逐步递增。例如：
  - 当角色处于 20 级时，玩家最多可通过培养提升 1000 点生命值。
  - 当角色等级攀升至 40 级时，这一上限便提升至 2000 点。

通过设定等级关联的上限，确保玩家在游戏不同成长阶段所获得的培养效果始终处于合理范围内。

- 培养效果：角色培养最终会呈现出 3 种不同层级的效果，分别为普通培养、优秀培养以及完美培养。玩家每次进行培养时，系统会随机生成一种效果，并提升对应的属性数值。
  - 普通培养：提升 2～6 点战斗力。
  - 优秀培养：提升 6～12 点战斗力。
  - 完美培养：提升 12～18 点战斗力。

例如，普通培养可能提升 10 点生命值或 1 点攻击力，而优秀培养可能提升 30 点生命值或 3 点攻击力。这种设计确保了不同属性的培养在战斗力增幅上保持一致，不会因属性选择而导致战斗力失衡。

- 平衡设定：在数值设计中，无论玩家选择培养哪种属性，最终的战斗力增幅都是相同的。

例如，在普通培养下，提升 10 点生命值与提升 1 点攻击力的战斗力增益是等效的。这一规则有效规避了因部分属性被过度培养而破坏游戏平衡的风险，同时积极引导玩家依据角色在游戏中的定位和实际战斗需求，理性规划并合理选择培养路线，从而全方位维持游戏玩法的丰富性与多样性。

2. 角色培养的属性计算

从数值设计的角度来看，角色培养需要基于等级相关的属性上限和属性间的平衡性进行设定。合理的培养机制要求明确每个等级阶段的培养上限，并根据这些上限数据，确定玩家可提升的具体数值范围。下面是具体的计算步骤。

首先，角色培养在全局属性中占有一定比例，该比例基于 3.3.2 小节中的"4.属性分配"部分。表 4.5 所示为角色培养的属性占比。

表 4.5　角色培养的属性占比

二级分类	付费线	颗粒度	一级属性占比	二级属性占比
角色培养	活跃线	∞	11.60%	11.60%

接下来，利用全局属性比例，通过等级索引计算各阶段的属性数值（公式：属性占比×对应等级的全局属性数值）。这里我们将每 20 级作为一个游戏阶段来划分培养属性值的变化。在此基础上，各等级阶段的可培养属性上限如表 4.6 所示。

表 4.6　各等级阶段的可培养属性上限

等级	取值等级	生命值	攻击力	防御力	命中率	闪避率	暴击率	暴击伤害倍数	抵抗暴击率
1～20 级	20	1207	121	121	61	61	34	121	34
21～40 级	40	3620	362	362	181	181	100	362	100
41～60 级	60	8445	845	845	423	423	233	845	233
61～80 级	80	16890	1689	1689	845	845	465	1689	465

注：表中数值经过取整处理，计算公式为"标准属性成长（全局）×角色培养属性占比"。

表中的数据代表玩家在不同等级阶段通过培养可获得的最大属性提升。例如，在 1~20 级，玩家最多可培养提升 1207 点生命值，而在 61~80 级，该上限增至 16890 点。这种随等级逐步递增的属性上限设计，可以确保各个成长阶段的培养效果既合理又有序。

这一机制通过分阶段提升的属性上限，为玩家提供持续的成长动力，同时能有效避免游戏初期阶段因过度强化属性而导致的游戏失衡。此外，这种阶段性设定在保障数值平衡性的基础上，增强游戏中后期的挑战性，使玩家在不同阶段都能收获多样化且符合预期的培养收益。

3. 角色培养的细节与合理性验证

在计算完每个等级阶段的培养属性上限后，需要进一步完善角色培养的细节，尤其是每次培养所能够获取的数值区间。根据设定，角色培养效果分为普通培养、优秀培养和完美培养。系统会根据一定概率，随机选择其中一种效果，并为玩家提供与之对应的属性增幅。表 4.7 所示为各培养效果的属性提升范围。

表 4.7　各培养效果的属性提升范围

培养效果	战斗力提升	生命值增幅	攻击力增幅	防御力增幅	命中率	闪避率	暴击率	暴击伤害倍数	抵抗暴击率
普通培养	2~6 点	20~60 点	2~6 点	2~6 点	1~3 点	1~3 点	1~2 点	2~6 点	1~2 点
优秀培养	6~12 点	60~120 点	6~12 点	6~12 点	3~6 点	3~6 点	2~3 点	6~12 点	2~3 点
完美培养	12~18 点	120~180 点	12~18 点	12~18 点	6~9 点	6~9 点	3~5 点	12~18 点	3~5 点

每次培养效果对应不同的战斗力提升范围。例如，普通培养提升 2~6 点战斗力，优秀培养提升 6~12 点战斗力，完美培养提升 12~18 点战斗力。这种概率设计（普通培养平均概率为 60%、优秀培养平均概率为 30%、完美培养平均概率为 10%）会增加培养过程中的随机性，同时赋予玩家更多期望与挑战，进而增强游戏的趣味性和不确定性。

为了验证角色培养设计的合理性，我们可以通过模拟玩家体验，并反向推导培养次数，以评估相关数值是否合理。例如，在第一个等级阶段（1~20 级），玩家在极端情况下的培养次数计算如下。

- 如果玩家运气不佳，则全部触发普通培养。
  - 在极端情况下，培养的最大次数（每次获得 20 点生命值）如下。
    - 单次培养的次数：1207÷20≈61 次。（当培养至 60 次时，培养的数值为 1200，还差 7 点才能达到满值，所以还需要额外的一次培养，即在计算时需要统一向上取整。）
    - 同时选择 5 种属性的培养次数：61×5=305 次。
  - 在极端情况下，培养的最小次数（每次获得 60 点生命值）如下。

- ■ 单次培养的次数：1207÷60≈21 次。
- ■ 同时选择 5 种属性的培养次数：21×5=105 次。
- 如果玩家运气一般，则全部触发优秀培养。
  - ■ 在极端情况下，培养的最大次数（每次获得 60 点生命值）如下。
    - ■ 单次培养的次数：1207÷60≈21 次。
    - ■ 同时选择 5 种属性的培养次数：21×5=105 次。
  - ■ 在极端情况下，培养的最小次数（每次获得 120 点生命值）如下。
    - ■ 单次培养的次数：1207÷120≈11 次。
    - ■ 同时选择 5 种属性的培养次数：11×5=55 次。
- 如果玩家运气爆棚，则全部触发完美培养。
  - ■ 在极端情况下，培养的最大次数（每次获得 120 点生命值）如下。
    - ■ 单次培养的次数：1207÷120≈11 次。
    - ■ 同时选择 5 种属性的培养次数：11×5=55 次。
  - ■ 在极端情况下，培养的最小次数（每次获得 180 点生命值）如下。
    - ■ 单次培养的次数：1207÷180≈7 次。
    - ■ 同时选择 5 种属性的培养次数：7×5=35 次。

各培养效果的次数如表 4.8 所示。

表 4.8　各培养效果的次数

培养方式	最大次数	最小次数	平均次数	平均概率
普通培养	305	105	205	60%
优秀培养	105	55	80	30%
完美培养	55	35	45	10%

基于这些数据，我们能够进一步计算出各培养效果的期望次数。以第一阶段为例，公式为：

期望次数=普通培养平均次数×普通培养平均概率+优秀培养平均次数×优秀培养平均概率+完美培养平均次数×完美培养平均概率

经计算可得：期望次数=205×0.6+80×0.3+45×0.1=151.5 次。

在此基础上，我们可以计算出整个培养过程的总期望次数：总期望次数=各阶段期望次数总和=2066.5 次。

这些计算结果能够用于验证角色培养系统的合理性。如果培养次数的计算结果呈现出过多或过少的情况，则可以调整单次培养的数值范围或优化不同培养效果的概率，使设计更符合玩家的体验预期。至此，我们完成了角色培养的数值设计验证。

通过角色培养系统，玩家在成长过程中拥有更高的自由度和个性化选择权。无论是随机的培养效果，还是阶段性递增的属性上限，该系统都既能加深角色成长的深度，又能增强玩家对角色发展的掌控感。至此，角色成长的多维度机制已经完整展现——从基础属性的设计、角色升级的数值增长、角色技能的节奏平衡到角色培养的定向强化，各个环节都相辅相成，共同搭建起一个完整的角色成长体验框架。

角色成长系统是 RPG 类游戏的核心机制之一，承载着玩家在游戏中逐步提升战斗力的游戏体验，并通过角色升级、技能提升、属性培养等多维度的数值设计，确保游戏的持续吸引力和挑战性。本节详细介绍了角色成长的各个环节，包括角色基础属性的设计、角色升级的数值增长、角色技能的节奏把控与平衡设计，以及角色培养的定向强化。在这一过程中，我们不仅着重强调数值的精准性和平衡性，还极为注重通过多样化的成长路径为玩家提供更多自由选择的空间。

角色升级通过标准属性成长和职业权重系数的计算，保证不同职业在成长过程中各具特色，同时在输出和防御等关键属性上维持职业间的平衡。技能设计以节奏平衡为核心，通过对不同冷却时间和技能伤害的设计，保障相同职业定位下的角色在战斗中的公平性。而角色培养系统则为玩家提供进一步定向强化属性的机会，通过引入具有随机性的培养效果，增强游戏的策略性和可玩性。

通过以上四个部分的设计，我们为玩家带来了多层次的角色成长体验，使得每一次角色升级、技能释放和属性提升都充满了选择性与策略性。在番外篇中，我们将深入探究卡牌成长的核心设计，探寻卡牌类游戏中别具特色的多角色成长机制。

番外篇：Excel 应用（2）

在数值策划的实际工作中，Excel 是非常常用且功能强大的工具之一。无论是处理庞大的数据集，还是执行复杂的数值分析与设计，Excel 都能为数值策划者提供高效且灵活的解决方案。特别是在战斗数值计算、角色成长设计和各类属性分配等工作中，Excel 凭借其强大的函数功能，帮助数值策划者快速完成复杂的计算任务，并优化数据管理流程。

在之前的番外篇中，我们已经初步探讨了一些基本的 Excel 函数应用。而在本番外篇中，我们将进一步深入介绍几个常用的高级函数，包括 IF 函数、AND 函数、OR 函数、SUM 函数、SUMIFS 函数、COUNTIFS 函数、TEXT 函数和 VALUE 函数，并结合它们在实际数值设计工作中的应用场景展开详细介绍。

- **逻辑判断**：通过 IF 函数、AND 函数和 OR 函数，实现条件判断和动态数值调整。
- **数据统计**：通过 SUMIFS 函数和 COUNTIFS 函数，快速进行多条件统计与汇总。
- **格式转换**：通过 TEXT 函数和 VALUE 函数，高效处理数据格式，确保展示与计算的精确性。

通过灵活运用这些高级函数，数值策划者不仅能精确完成复杂的动态判定，还能高效统计和管理庞大的数据集。本番外篇内容旨在帮助数值策划者掌握这些函数的实际应用技巧，进一步提高数值设计的效率与精准度，同时实现精细化的数值管理。

1. 多条件逻辑判断

在数值策划的日常工作中，逻辑判断是不可或缺的一部分。Excel 所提供的 IF 函数、AND 函数和 OR 函数，为处理复杂的判断场景提供灵活且强大的工具。下面将详细介绍这些函数的基础用法和高级应用，并结合具体的数值设计示例，展现其在游戏策划中的实际作用。

1）IF 函数

IF 函数是最为基础的条件判断函数，用于根据设定条件返回不同的结果。其基本语法为：

```
IF(条件,条件为真时返回的值,条件为假时返回的值)
```

例如，若某角色等级超过 50，则游戏可给予额外的属性加成，对应的公式为：

```
IF("等级">50,"属性加成 100","无加成")
```

2）AND 函数

AND 函数用于判断多个条件是否同时成立，只有当所有条件为真时，才返回 TRUE。其基本语法为：

```
AND(条件 1,条件 2,...)
```

例如，判断某角色是否同时满足"等级大于 50"和"职业为战士"的条件，公式为：

```
AND(等级>50,职业="战士")
```

3）OR 函数

OR 函数用于判断多个条件中的任意一个是否为真，只要其中一个条件为真，就返回 TRUE。其基本语法为：

```
=OR(条件 1,条件 2,...)
```

例如，判断某角色是否是"战士"或"法师"，公式为：

```
OR(职业="战士",职业="法师")
```

下面我们通过具体的数值设计示例来展现这些函数的应用。

示例 1：假设我们希望在满足特定条件时，为角色提供生命值加成，具体规则如下。

● 如果角色等级大于或等于 50 且职业为"战士"，则生命值加成 1000。

● 如果角色等级大于或等于 50 且职业为"法师"，则生命值加成 500。

● 如果等级小于 50，则不提供加成。

我们可以使用 IF 函数和 AND 函数实现，对应的公式为：

```
IF(等级>=50,IF(AND(职业="战士"),1000,IF(AND(职业="法师"),500,0)),0)
```

在实际的数值设计中，单一条件的判断往往难以满足需求。我们需要通过嵌套 IF 函数、AND 函数和 OR 函数来处理更为复杂的判断逻辑。上述公式能实现复杂的多条件判断，并根据结果提供相应的生命值加成。

示例 2：装备属性加成在装备强化系统中，可以使玩家获得不同的属性加成，具体规则如下。

- 如果玩家等级大于或等于 60 且装备类型为"武器"，则攻击力提升 150 点。
- 如果玩家等级大于或等于 60 且装备类型为"防具"，则防御力提升 200 点。
- 如果等级小于 60，则不提供加成。

我们可以通过以下公式实现：

```
IF(等级>=60,IF(OR(装备类型="武器",装备类型="防具"),IF(装备类型="武器
",150,200),0),0)
```

这个嵌套逻辑能够根据玩家的角色等级和装备类型动态调整属性加成。

示例 3：在一个角色技能系统中，不同的职业和等级可以获得不同的技能加成，具体规则如下。

- 如果玩家选择的是"攻击成长"成长路线，等级大于或等于 30 且职业是"法师"，则攻击力提升 10%。
- 如果玩家选择的是"防御成长"成长路线，等级大于或等于 30 且职业是"战士"，则防御力提升 12%。
- 如果等级小于 30，则不提供加成。

我们可以通过以下公式实现：

```
IF(等级>=30,IF(AND(成长路线="攻击成长",职业="法师"),攻击力*0.1,IF(AND(成长
路线="防御成长",职业="战士"),防御力*0.12,0)),0)
```

通过嵌套 IF 函数和 AND 函数，可以动态实现不同职业和成长路线下的技能加成逻辑。

通过以上示例可以看出，IF 函数、AND 函数和 OR 函数在数值策划中具备多样化的应用。这些函数的组合和嵌套不仅能处理简单的条件判断，还能实现复杂逻辑的动态调整。合理运用这些函数，不仅能显著提高工作效率，还能保障游戏数值系统的稳定性与平衡性。

2. 多条件求和和计数

在数值策划中，统计和分析是至关重要的一环。无论是计算玩家在特定条件下获取的资源量、战斗力还是经验值，Excel 所提供的 SUM 函数、SUMIFS 函数和 COUNTIFS 函数都能帮助我们高效地实现复杂的多条件统计。灵活运用这些函数不仅能精准控制数值设定，还能保障游戏的整体平衡性。

1）SUM 函数

SUM 函数是最为基础的求和函数，主要用于计算一组数值的总和。其基本语法为：

```
SUM(数值1,数值2,...)
```

例如，如果要计算玩家在某一时间段内获得的总经验，则可以直接运用 SUM 函数对经验值进行求和，公式为：

```
SUM(B2:B10)
```

该公式将返回从 B2 单元格到 B10 单元格中所有数值的总和。

2）SUMIFS 函数

SUMIFS 函数是 SUM 函数的增强版，用于根据一个或多个条件对数值进行求和。其基本语法为：

```
SUMIFS(求和范围,条件范围1,条件1,[条件范围2,条件2],...)
```

例如，如果要计算玩家在达到特定等级后获得的经验总和，则可以运用 SUMIFS 函数，公式为：

```
SUMIFS(经验值范围,等级范围,">=50")
```

该公式将计算等级大于或等于 50 的所有玩家的经验总和。

3）COUNTIFS 函数

COUNTIFS 函数用于根据一个或多个条件来统计满足条件的单元格数量。其基本语法为：

```
COUNTIFS(条件范围1,条件1,[条件范围2,条件2],...)
```

例如，如果要统计达到特定等级的玩家数量，则可以运用 COUNTIFS 函数，公式为：

```
COUNTIFS(等级范围,">=50")
```

该公式将统计所有等级大于或等于 50 的玩家数量。

示例 1：根据不同条件组合 IF 函数和 SUMIFS 函数来统计玩家战斗力。

假设我们希望根据玩家是否达到 50 级，并且是否使用特定装备来计算总战斗力。我们可以先运用 IF 函数来判断条件，再结合 SUMIFS 函数来统计玩家战斗力。公式为：

```
IF(A2>=50,SUMIFS(战斗力加成范围,等级范围,">=50",装备范围,"特定装备"),0)
```

在这个例子中，仅当玩家等级大于或等于 50 时，系统才会对符合条件的玩家进行统计，否则返回 0。通过综合运用 IF 函数和 SUMIFS 函数，我们能够更加灵活地统计玩家数值，满足不同场景下的需求。

示例 2：组合 COUNTIFS 函数与 OR 函数进行多条件计数。

如果我们希望统计那些等级大于或等于 50，且职业是"法师"或"弓手"的玩家数量，则可以运用 COUNTIFS 函数结合 OR 函数来实现，公式为：

```
COUNTIFS(等级范围,">=50",职业范围,"法师")+COUNTIFS(等级范围,">=50",职业范围,"弓手")
```

通过这种方式，系统会同时统计符合两个职业中任意一个的玩家数量。OR 函数在此简化了多个条件的处理过程。

示例 3：装备强化的多阶段奖励加成（IF+SUM+VLOOKUP 多层嵌套）。

假设我们需要根据玩家的装备强化等级来给予不同的战斗力加成，并且强化等级达到特定阶段时，装备将获得额外奖励。此时，我们可以通过 IF 函数、SUM 函数和 VLOOKUP 函数的结合来处理不同阶段的数值加成问题。公式为：

```
IF(强化等级>=20,SUM(VLOOKUP(强化等级,强化奖励表,2,FALSE),IF(强化等级>=30,"额外加成",0) ),VLOOKUP(强化等级,强化奖励表,2,FALSE) )
```

这个公式的详细说明如下。

- VLOOKUP 函数用于从"强化奖励表"中提取对应等级的战斗力加成数值,以便根据不同的强化等级直接获取相应数值。
- 使用 IF 函数的嵌套,判断强化等级是否达到 20 级或 30 级,并在达到某一阶段时增加额外加成。
- SUM 函数用于将基本加成与额外奖励加成进行叠加,从而计算出最终的战斗力提升。

通过这些示例,我们展示了如何综合运用 IF、SUMIFS 和 COUNTIFS 等函数来处理复杂的数值计算和条件统计。合理运用这些函数,不仅能有效管理大规模数值表格中的数据,还能保障数据的准确性和灵活性。通过组合和嵌套使用函数,Excel 为处理复杂的游戏数值设计问题提供一种高效的解决方案。掌握这些函数的应用,将大幅提高数值策划工作的效率,并帮助数值策划者更好地掌控游戏中的数值平衡。

3. 格式转换与数据处理

在数值策划和游戏数据处理工作中,处理不同格式的数据是不可避免的。无论是从外部导入数据,还是在游戏界面中动态显示玩家的数值数据,精确的格式转换和处理都是至关重要的。Excel 提供的 TEXT 函数和 VALUE 函数能够帮助数值策划者高效地应对这些场景,确保数据的准确性和可读性。其中,TEXT 函数用于将数值转化为指定的文本格式,以方便展示;而 VALUE 函数则可以将文本转化为可计算的数值,方便后续的数值运算。通过综合运用这两个函数,数值策划者能够轻松实现数值展示与数据处理的无缝衔接,提高游戏中数据处理的效率和展示效果。

1)TEXT 函数

TEXT 函数主要用于将数值转换为指定格式的文本,其语法为:

`TEXT(数值,"格式")`

例如,如果我们希望将某一列的数值格式化为货币形式,则可以运用 TEXT 函数,公式为:

`TEXT(A2,"$#,##0.00")`

这样一来,数值 1234.5 将被格式化为$1,234.50。TEXT 函数常用的格式代码涵盖以下内容。

- "#"表示数值字符,0 表示数值补位字符。
- "$""%"等符号可以直接用于货币和百分比格式。
- d/m/yyyy 表示将日期转化为指定的日/月/年格式。

2)VALUE 函数

VALUE 函数的作用是将文本格式的数值转化为真正的数值,其语法为:

`VALUE(文本)`

例如，当从外部数据源导入了包含数字的文本形式数据（如"123"）无法直接进行数值运算时，我们可以使用 VALUE 函数将其转化为数值，公式为：

```
VALUE("123")
```

结果为 123，并且可以参与各种数值运算。

在游戏数值策划中，经常需要将复杂的数值以特定的格式展示给玩家，或者从游戏日志、数据库导入的数据中提取并处理文本形式的数值。综合运用 TEXT 函数和 VALUE 函数能够帮助我们更高效地完成这些任务。

示例 1：玩家战斗力动态显示。

假设我们需要根据玩家的战斗力动态显示其状态，并将其战斗力数值以千位分隔符格式化，同时附加不同的描述。通过 IF 函数判断战斗力是否超过 1000，结合 VALUE 函数将文本形式的战斗力转化为数值，最后通过 TEXT 函数来确保数值的展示效果。战斗力超过 1000 的玩家被标记为"强大"，否则标记为"弱小"。这一公式也可广泛应用于其他角色数值，如生命值、攻击力等。公式为：

```
IF(VALUE(战斗力)>=1000,TEXT(VALUE(战斗力),"#,##0")&"-强大",TEXT(VALUE(战斗力),"0")&"-弱小")
```

- VALUE(战斗力)：确保从单元格中提取的战斗力数值为数字格式。
- IF 函数根据战斗力是否大于或等于 1000 来判断玩家的状态。
- TEXT(VALUE(战斗力),"#,##0")：格式化战斗力数值，带有千位分隔符，显示为如"1,200"这样的格式。
- 如果战斗力超过 1000，则结果显示为"强大"；否则，结果显示为"弱小"。角色战斗力展示如表 4.9 所示。

表 4.9   角色战斗力展示

玩家名	战斗力	结果展示
玩家 A	850	850-弱小
玩家 B	1200	1,200-强大

这个公式能够帮助数值策划在游戏界面中直观地展示玩家战斗力的变化情况，增强玩家的成就感和参与感。

示例 2：玩家每日任务奖励模拟。

假设基础奖励设定为 100 金币，当玩家完成的任务数量超过 10 个，并且 VIP 等级高于 5 级时，他们将获得 1.5 倍的奖励。如果他们使用了奖励加成道具，则可以额外获得 0.2 倍的奖励。这一公式不仅可以用于每日任务的奖励计算，还可以进一步扩展到更为复杂的场景。例如，加入多个奖励加成道具，或者处理更为复杂的 VIP 机制。通过综合运用 IF 函数、VALUE 函数和 TEXT 函数，数值策划者能够灵活管理多种奖励系统，确保游戏中奖励机制具有透明性和灵活性。其公式为：

```
IF(VALUE( 任 务 数 量 )>10,IF(VALUE(VIP 等 级 )>5,TEXT(VALUE( 基 础 奖
励)*1.5,"#,##0")&"+奖励 1.5 倍",IF(VALUE(是否使用加成道具)="是",TEXT(VALUE(基础
奖 励 )*1.2,"#,##0")&"+ 加 成 道 具 奖 励 ",TEXT(VALUE( 基 础 奖 励
),"#,##0"))),TEXT(VALUE(基础奖励),"#,##0"))
```

- 任务数量判断：IF(VALUE(任务数量)>10)通过判断玩家是否完成了超过 10 个任务。如果满足该条件，则继续判断 VIP 等级；否则，直接返回基础奖励。
- VIP 等级判断：IF(VALUE(VIP 等级)>5)用于判断玩家是否是 VIP5 及以上等级。如果满足该条件，则返回 1.5 倍的奖励值。
- 是否使用加成道具：IF(VALUE(是否使用加成道具)="是")用于判断玩家是否使用了加成道具，如果满足该条件，则返回额外 0.2 倍奖励。
- 文本格式化：TEXT 函数用于格式化显示奖励金币数，同时加入额外提示文字，如"奖励 1.5 倍"或"加成道具奖励"。

表 4.10 所示为每日任务奖励模拟结果。

表 4.10　每日任务奖励模拟结果

任务数量	VIP 等级	是否使用加成道具	基础奖励	结果展示
12	6	是	100	150+奖励 1.5 倍
8	7	是	100	100
11	4	是	100	120+加成道具奖励
9	3	否	100	100

通过此公式，玩家的每日任务奖励能够根据任务数量、VIP 等级和是否使用加成道具进行动态计算。该公式嵌套了多个条件判断，并结合了 TEXT 函数和 VALUE 函数，帮助我们实现动态奖励展示，并为玩家提供清晰的奖励提示。

在数值策划的工作中，TEXT 函数和 VALUE 函数赋予我们极为强大的格式转换和数据处理能力。这两个函数的应用范畴不仅局限于数值显示和格式处理，还广泛应用于报表生成、数据汇总、外部数据导入等多个场景。通过合理运用这两个函数，数值策划者可以轻松处理各类复杂数据，并将其转化为可操作的数值展示给玩家。无论是在数据处理方面，还是在提升玩家的游戏体验方面，TEXT 函数和 VALUE 函数都是不可或缺的工具。

Excel 凭借其强大的函数功能，在数值策划的工作中扮演着不可替代的角色。从 IF 函数、AND 函数、OR 函数的逻辑判断，到 SUMIFS 函数、COUNTIFS 函数的多条件统计，再到 TEXT 函数和 VALUE 函数的格式转换，这些高级函数不仅极大地提高了策划工作的效率，还推动了复杂数据的精细化管理。合理运用这些函数，数值策划者能够快速处理庞大且复杂的数值模型，确保游戏系统的平衡性与稳定性。与此同时，函数的组合与嵌套也为实现更高级的逻辑和动态调整创造了无限可能。

4.2 卡牌成长（多角色成长）

在卡牌类游戏中，玩家不再局限于单一角色的成长，而是需要通过管理和培养多个卡牌角色来应对不同的战斗挑战。这种多角色成长机制为玩家带来更丰富的策略选择，大幅提升游戏玩法的灵活性。玩家不仅要关注每张卡牌的基础属性与技能，还要在卡牌的等级提升、进阶突破和升星质变等多个维度上合理分配资源，以增强整体队伍的战斗力。

与 RPG 类游戏中的单角色成长相比，卡牌类游戏的成长更注重卡牌角色之间的协同作用。玩家通过策略性地培养卡牌角色，并动态调整队伍配置，最终形成能够应对各种战斗需求的最佳阵容。本节将围绕卡牌成长的 3 种主流模式展开详细介绍。

卡牌等级：通过小颗粒度的成长提升卡牌属性。

卡牌进阶：实现中等颗粒度的能力突破。

卡牌升星：通过质变成长带来显著的性能飞跃。

这 3 种成长方式既相互独立，又环环相扣，共同构建了完整的卡牌成长体系。玩家可以通过多样化的成长路径，体验卡牌能力的逐步提升，同时根据自身拥有的资源状况与策略需求，在多角色成长机制中找到最优解。

接下来，我们将从卡牌基础入手，逐步剖析卡牌等级、进阶和升星的设计理念及数值平衡，深入探讨如何在多角色成长模式中，为玩家提供丰富的策略选择与具有持久吸引力的挑战。

4.2.1 卡牌基础

卡牌基础设计作为整个卡牌成长系统的起点，是数值策划中极为关键的一环。明确卡牌的基础规则、角色定位及属性计算方法，能够为玩家指明清晰的成长方向，提供丰富的策略选择。本节将从卡牌基础规则、卡牌定位与权重设定、卡牌属性计算 3 个方面展开，逐步剖析卡牌基础设计的关键内容。

卡牌基础规则：首先明确卡牌的类型、品质、星级及成长路径等规则，为卡牌的初始设定搭建起基本框架。

卡牌定位与权重设定：通过设计卡牌的职业属性和定位，并结合权重分配，为每张卡牌赋予独特的角色与成长潜力。

卡牌属性计算：在前两部分规则的基础上，通过公式和标准化数值体系，完成卡牌的初始属性计算，实现从规则到数值的转化。

通过以上 3 个环节的设计，玩家可以在游戏中根据不同卡牌的特点，灵活调整培养策略与战术搭配，充分挖掘每张卡牌的潜能。同时，系统化的卡牌基础设计也为后续的成长机制奠定了坚实的数值基础。

1. 卡牌基础规则

卡牌基础规则定义了卡牌的类型、品质、星级及成长机制等核心要素，是搭建卡牌成长体系的基石。这些规则不仅为玩家提供了明确的培养方向和策略选择，还保障了不同卡牌之间的平衡性和差异化。本节将详细介绍卡牌的基础设定，并深入探讨其在游戏中的实际意义。

1）卡牌类型

卡牌类型是其基础设定中的重要组成部分，通常分为坦克、输出和辅助三大类。坦克类卡牌以高防御力和生命值为特点，擅长承受伤害，为队友提供生存保障；输出类卡牌以高攻击力为核心，专注于快速击杀敌方目标；辅助类卡牌侧重于恢复队友生命值，提供增益效果，提升团队持续作战能力。这种分类方式不仅让每种类型的卡牌在战斗中各司其职，还为玩家的队伍搭配和战术设计提供了广阔的选择空间。

此外，根据游戏的世界观和背景设定，卡牌类型还可以进一步细化为种族类型，为卡牌赋予更深层次的策略意义。

- **兽人卡牌**：通常定位为坦克，具备出色的防御力和生命值。
- **人类卡牌**：主要作为输出型卡牌，具备较强的物理或魔法攻击能力。
- **神族卡牌**：多为辅助类角色，专注于生命恢复和团队增益。

明确卡牌的类型与种族特性，有助于玩家更有针对性地培养和搭配卡牌，以满足不同战斗场景的需求。

2）卡牌品质

卡牌品质是决定其初始属性与成长潜力的重要维度。在卡牌类游戏中，品质通常分为 R（精良）、SR（稀有）、SSR（史诗）和 UR（传说）四种。随着品质的提升，卡牌的基础属性和成长上限会显著提升，战斗表现也更加突出。

- **R 卡**：基础属性较低，成长曲线较为平缓，但获取成本低，适合新手玩家在游戏初期使用。
- **SR 卡**：相较于 R 卡，SR 卡具有更高的初始属性和成长潜力，是玩家在游戏中期实现成长的重要选择。
- **SSR 卡**：获取难度较大，但具备极高的战斗力和成长空间，往往能成为玩家队伍的主力核心。
- **UR 卡**：极为稀有的高品质卡牌，初始属性极高，并拥有超强的成长能力，是玩家梦寐以求的顶级卡牌。

这种品质分级设计为玩家提供了多样化的卡牌选择，同时通过不同的获取难度与成长潜力，为游戏注入了长期培养的动力与策略性。玩家在选择和培养卡牌时，需要在资源有限的情况下综合考虑卡牌品质与成长路径，以构建最优的队伍阵容。

3）卡牌星级

卡牌星级系统为卡牌的成长提供了多阶段的提升空间，是游戏中极具策略性的重要机制。每张卡牌的星级不仅影响其基础属性的提升，还决定了技能解锁与能力成长的深度。初始星级与品质相关联，而星级提升则通过资源消耗逐步实现。玩家在培养卡牌时，需要根据队伍需求和资源分配策略，在不同星级间做出权衡与选择。

- **星级范围**：卡牌星级最高可升至 7 星，让玩家能够体验从初始阶段到巅峰战斗力的逐步成长过程。
- **初始星级**：卡牌的初始星级与其品质相关，R（精良）卡初始为 2 星，SR（稀有）卡初始为 3 星，SSR（史诗）和 UR（传说）卡初始为 4 星。
- **星级提升**：玩家可以通过消耗特定资源（如卡牌碎片或专属材料）来提升卡牌星级。每提升一星，卡牌的基础属性和战斗力都会显著提升，同时有可能解锁新的技能或被动能力。

卡牌星级提升机制鼓励玩家在成长过程中合理分配资源。通过逐步提升卡牌星级，玩家不仅能强化单张卡牌的实力，还能根据战斗需求灵活调整队伍配置，进一步加深游戏的策略深度。

4）卡牌升级与进阶

卡牌升级与进阶系统是其成长过程中的重要环节，通过小颗粒度和中颗粒度的双重成长路径，逐步提升卡牌的战斗力，为玩家提供多样化的培养体验。在这一过程中，玩家需要结合卡牌品质、星级和资源储备，决定是集中培养一张强力卡牌，还是平均分配资源培养多张卡牌，从而在单体爆发与团队协作之间取得平衡。

- **升级机制**：卡牌升级需要通过积累经验值或消耗特定资源来完成。每次升级都会直接提升卡牌的基础属性（如生命值、攻击力、防御力等），让卡牌的战斗力得到持续提升。
- **进阶机制**：当卡牌达到特定等级后，玩家可选择将其进行"进阶"。进阶作为卡牌成长的关键节点，不仅会显著提升卡牌的整体属性，还有可能解锁额外技能、被动效果或特殊能力。进阶带来的变化通常比普通升级更加明显，能够让一张普通卡牌脱颖而出，成为队伍中的核心战斗力。

🔊 **注意**：卡牌的原始品质（R、SR、SSR、UR）是固定不变的，无论通过星级提升还是进阶操作，其基础品质始终保持不变。这一设定既确保了高品质卡牌的稀有性与独特性，又让低品质卡牌有机会通过星级和进阶逐步缩小与高品质卡牌在战斗力上的差距。在游戏设计中，这种机制兼顾成长平衡与策略选择，使每一张卡牌都具备潜力与价值。

通过升级和进阶，玩家需要在资源分配与卡牌选择上进行深思熟虑的决策，是优先培养一张高品质卡牌，还是将资源分散投入多张低品质卡牌上，以实现队伍协同作战。这种策略抉择既增强了游戏的趣味性，又使卡牌成长过程更加灵活多样。

2. 卡牌定位与权重设定

在卡牌类游戏中，不同品质的卡牌在基础属性上存在显著差异，而这些差异是由属性权重精确控制的。属性权重的设定是卡牌成长设计的核心，用于确保各品质卡牌在不同阶段既能保持平衡，又能展现出独特的成长潜力和战斗价值。

卡牌根据品质分为 R（精良）、SR（稀有）、SSR（史诗）和 UR（传说）4 个等级，不同等级的卡牌都有与之对应的递增系数和属性权重，这些权重决定了卡牌的初始属性和成长潜力。表 4.11 所示为不同品质卡牌属性权重。

表 4.11　不同品质卡牌属性权重

品质	递增系数	属性权重	初始星级	相对比例
R	1	3	2	66.7%
SR	1.2	3.6	3	80.0%
SSR	1.35	4.05	4	90.0%
UR	1.5	4.5	4	100.0%

从表 4.11 中可以看出，卡牌品质越高，其属性权重递增系数和总属性权重越高。例如，UR 卡的属性权重为 4.5，远高于 R 卡的 3，这种设计保障了高品质卡牌的强大基础属性优势。同时，卡牌的初始星级也会随着品质的提升而增加，为玩家在培养路径上提供了更加多样的选择。

在明确了品质递增系数后，我们进一步通过职业定位来强化卡牌的差异化表现。具体来说，每张卡牌根据所属职业（如坦克、输出、辅助等）的特点设定生命值、攻击力、防御力这 3 种一级属性的权重分配。属性权重总和需等于卡牌的品质权重值，这一规则既保障了不同职业间的平衡性，又进一步强化了卡牌在战斗中的角色定位。表 4.12 所示为不同卡牌的属性权重。

表 4.12　不同卡牌的属性权重

英雄名称	职业	英雄品质	生命值权重	攻击力权重	防御力权重	权重总和
阿瑞斯·钢壁	坦克	R	1.2	0.8	1	3
烈焰·弓魂	输出	R	0.8	1.2	1	3
莫兰·星陨	辅助	R	1	1	1	3
塔恩·石卫	坦克	SR	1.5	1	1.1	3.6
苍炎·猎空	输出	SR	1	1.5	1.1	3.6
伊莎贝拉	辅助	SR	1.2	1.2	1.2	3.6
巴尔·战神	坦克	SSR	1.7	1.05	1.3	4.05
雷克萨·影刃	输出	SSR	1.1	1.7	1.25	4.05

续表

英雄名称	职业	英雄品质	生命值权重	攻击力权重	防御力权重	权重总和
维多利亚	辅助	SSR	1.4	1.4	1.25	4.05
泰坦·苍穹	坦克	UR	2	1.1	1.4	4.5
菲尼克斯	输出	UR	1.4	2	1.1	4.5
阿斯特丽雅	辅助	UR	1.6	1.6	1.3	4.5

从表 4.12 中可以直观地看到，每张卡牌的定位与属性分配情况。这些属性权重的定义确保了在同品质的卡牌中，每张卡牌都能有其独特的表现，从而在实际游戏中具备差异化的成长路径和作用。

通过品质递增系数与属性权重的精细化设定，我们能够确保不同品质和定位的卡牌都能具备差异化的成长路径与独特作用。这一设计不仅维持了高品质卡牌的稀有性和强大性，还为低品质卡牌提供了契机，使其能够通过资源优化和策略搭配挖掘出自身的价值。

3. 卡牌属性计算

在完成卡牌属性权重的定义后，我们将进入具体的属性计算环节。此环节主要围绕卡牌的一级属性和二级属性展开，通过整合属性分配数据、标准属性成长（全局）及职业属性权重系数，确保卡牌在各个成长阶段既能保持平衡又具有差异化。

1）获取属性分配数据

卡牌属性计算的基础数据来源于 3.3.2 小节中的"4.属性分配"部分，这里我们已经明确了一级属性和二级属性在整体成长中的占比。表 4.13 所示为伙伴基础属性分配。

表 4.13　伙伴基础属性分配

二级分类	付费线	颗粒度	一级属性占比	二级属性占比	特殊属性占比
伙伴基础	半付费线	120	4%	10%	5%

这些数据为衡量卡牌的不同属性在整体体系中的重要程度提供参考依据。

2）标准属性成长（全局）

标准属性成长数据为每张卡牌的属性提升提供了等级基准。由于相关表单体量庞大，未在此引用，但其核心作用是为一级和二级属性的计算提供具体参考值。这些数据与属性分配数据相结合，用于定义各品质卡牌的成长曲线。

3）一级属性计算

在进行一级属性计算时，我们利用属性分配数据、标准属性成长值和职业属性权重系数来计算卡牌的核心属性（如生命值、攻击力、防御力等）。计算公式为：

一级属性=属性分配数据×标准属性成长（全局）×职业属性权重

根据此公式，我们得出了不同卡牌的一级属性，如表 4.14 所示。

表 4.14 不同卡牌的一级属性

英雄名称	职业	英雄品质	生命值	攻击力	防御力	战斗力汇总
阿瑞斯·钢壁	坦克	R	583	39	49	147
烈焰·弓魂	输出	R	389	59	49	147
莫兰·星陨	辅助	R	486	49	49	147
塔恩·石卫	坦克	SR	874	59	65	212
苍炎·猎空	输出	SR	583	88	65	212
伊莎贝拉	辅助	SR	699	70	70	210
巴尔·战神	坦克	SSR	1114	69	86	267
雷克萨·影刃	输出	SSR	721	112	82	267
维多利亚	辅助	SSR	918	92	82	266
泰坦·苍穹	坦克	UR	1456	81	102	329
菲尼克斯	输出	UR	1020	146	81	329
阿斯特丽雅	辅助	UR	1165	117	95	329

通过一级属性的计算，我们可以直观地看到卡牌在生命值、攻击力、防御力这 3 种核心属性上的表现，从而为玩家在卡牌培养和战术决策等环节提供数据支持。

4）二级属性计算

二级属性是决定卡牌战斗表现的核心要素之一，包括命中率、闪避率、暴击率、暴击伤害倍数和抵抗暴击率。它们决定了卡牌在特定战斗场景中的优劣势，与一级属性相比更注重细节表现与策略运用。

二级属性设计原则如下。

- **平衡性优先**：采用统一的权重总和来保证卡牌的公平性，避免不同品质卡牌在二级属性上的过度差异化。
- **差异化展现**：通过职业定位来分配权重，让坦克、输出、辅助等不同职业角色在命中率、闪避率等关键属性上体现各自的职业特征。
- **策略性增强**：为玩家预留出调整阵容和制定针对性策略的空间。例如，在面对低暴击抵抗的敌人时，高暴击输出型卡牌能发挥出更为突出的战斗优势。

根据职业定位分配的二级属性权重分配如表 4.15 所示。

表 4.15 二级属性权重分配

英雄名称	职业	英雄品质	命中率	闪避率	暴击率	暴击伤害倍数	抵抗暴击率	权重总和
阿瑞斯·钢壁	坦克	R	0.8	1.2	0.8	1	1.2	5
烈焰·弓魂	输出	R	1.2	0.8	1.2	1	0.8	5
莫兰·星陨	辅助	R	1	1	1	1	1	5
塔恩·石卫	坦克	SR	0.8	1.2	0.8	1	1.2	5
苍炎·猎空	输出	SR	1.2	0.8	1.2	1	0.8	5

续表

英雄名称	职业	英雄品质	命中率	闪避率	暴击率	暴击伤害倍数	抵抗暴击率	权重总和
伊莎贝拉	辅助	SR	1	1	1	1	1	5
巴尔·战神	坦克	SSR	0.8	1.2	0.8	1	1.2	5
雷克萨·影刃	输出	SSR	1.2	0.8	1.2	1	0.8	5
维多利亚	辅助	SSR	1	1	1	1	1	5
泰坦·苍穹	坦克	UR	0.8	1.2	0.8	1	1.2	5
菲尼克斯	输出	UR	1.2	0.8	1.2	1	0.8	5
阿斯特丽雅	辅助	UR	1	1	1	1	1	5

这些数据明确了不同职业在 5 种二级属性上的偏好，为实际数值计算提供了依据。二级属性数值的计算基于全局标准成长曲线，并结合职业特性进行动态调整。公式为：

二级属性=属性分配数据×标准属性成长（全局）×职业属性权重

通过该公式，我们得出了各职业卡牌的战斗特性分布，为玩家提供了差异化战斗策略支持。表 4.16 所示为不同卡牌的二级属性。

表 4.16 不同卡牌的二级属性

英雄名称	职业	英雄品质	命中率	闪避率	暴击率	暴击伤害倍数	抵抗暴击率	战斗力汇总
阿瑞斯·钢壁	坦克	R	389	583	214	1020	321	4912
烈焰·弓魂	输出	R	583	389	321	1020	214	4912
莫兰·星陨	辅助	R	486	486	267	1020	267	4908
塔恩·石卫	坦克	SR	466	699	257	1224	385	5891
苍炎·猎空	输出	SR	699	466	385	1224	257	5891
伊莎贝拉	辅助	SR	583	583	321	1224	321	5893
巴尔·战神	坦克	SSR	525	787	289	1376	433	6629
雷克萨·影刃	输出	SSR	787	525	433	1376	289	6629
维多利亚	辅助	SSR	656	656	361	1376	361	6629
泰坦·苍穹	坦克	UR	583	874	321	1529	481	7363
菲尼克斯	输出	UR	874	583	481	1529	321	7363
阿斯特丽雅	辅助	UR	728	728	401	1529	401	7361

这些数据展现了每张卡牌在命中率、闪避率等维度上的具体表现，为玩家战斗策略的制定提供了参考。

本节详细介绍了卡牌属性的计算逻辑。我们通过整合属性分配数据、标准属性成长（全局）及职业属性权重系数，完成了卡牌的一级和二级属性计算。这种系统化的计算方式不仅保障了各卡牌的平衡性，还为玩家提供了多样化的培养选择。

卡牌属性的设计为成长机制奠定了坚实基础。在 4.2.2 小节中，我们将深入探讨卡牌等级成长的设计，进一步丰富卡牌的能力与表现，为玩家带来更加多元的策略体验。

4.2.2　卡牌等级（小颗粒度）

在卡牌类游戏中，等级系统是卡牌成长体系的重要组成部分。随着卡牌等级的提升，其基础属性也会相应增强，使玩家在战斗中具备更强的竞争力。然而，设计一个合理的等级系统并非只是简单地让属性数值呈线性增长，还需要在卡牌成长过程中充分体现出平衡性、策略性与可玩性。本小节将从升级规则设定、升级属性计算及平衡性验证这 3 个方面深入剖析卡牌等级系统的设计逻辑，旨在确保每张卡牌都能在成长进程中获得合理且独特的属性提升。

1. 升级规则设定

为了保证卡牌升级过程的合理性和可操作性，我们制定了以下核心规则，让玩家在感受卡牌成长时能获得流畅且平衡的游戏体验。

- **等级上限**：卡牌的初始等级设定为 1 级，最高可升至 80 级。玩家能够通过持续投入游戏资源逐步提升卡牌等级，直至达到等级上限，充分体验卡牌成长带来的成就感。
- **分段递增**：卡牌属性的成长采用分段递增的方式设计，以确保不同成长阶段都能为玩家提供持续的属性提升。这样既能避免游戏初期成长过于平缓的乏味感，又能防止游戏后期成长跳跃导致的不平衡。
- **升级效果**：
  - 每次升级都会提升卡牌的一级属性（如生命值、攻击力、防御力等）。
  - 不同职业定位的卡牌拥有各自的成长侧重点。例如，坦克型卡牌偏向于生命值和防御力的提升，而输出型卡牌则更注重攻击力的提升。
  - 虽然不同职业定位的卡牌在具体属性的增长上有所不同，但相同品质的卡牌在升级后总战斗力增幅应保持一致，以保障游戏的平衡性。
- **配置方式**：为了应对多种卡牌类型和成长需求，我们引入了成长率的计算模型，具体公式为"等级所带来的属性提升=（等级-1）×属性成长率"。这一公式能够确保不同品质和定位的卡牌在升级过程中都能获得合理的属性增长，同时提升系统的可扩展性与操作的便捷性。

2. 升级属性计算

在卡牌升级的过程中，属性的增长通过标准化的计算方法来实现，从而确保不同卡牌在成长路径上的平衡性和一致性。具体来说，升级属性计算基于标准属性成长值（等级）和卡牌属性权重，将卡牌的职业定位和品质特点融入属性增长的数值体系中。

首先，我们从全局属性成长部分获取了标准属性成长值，并将其作为计算升级属性的参考数据。表 4.17 所示为标准属性成长（等级）的属性数值。

表 4.17 标准属性成长（等级）的属性数值

等级	生命值	攻击力	防御力
1	10	1	1
2	20	2	2
……	……	……	……
80	3640	364	364

注：该表反映了每个等级下的基础属性成长值，这些数据被用作所有卡牌属性计算的统一标准。出于简化设计和便捷计算的考虑，仅选用生命值、攻击力和防御力三大一级属性进行计算，其他复杂属性可在后续机制中扩展。

然后，根据卡牌的职业定位（如坦克、输出、辅助等）和品质设定，我们为不同卡牌设计了相应的属性权重，确保职业特点的差异化呈现。表 4.18 所示为部分卡牌的属性权重。

表 4.18 部分卡牌的属性权重

英雄名称	职业	英雄品质	生命值权重	攻击力权重	防御力权重	权重总和
阿瑞斯·钢壁	坦克	R	1.2	0.8	1	3
烈焰·弓魂	输出	R	0.8	1.2	1	3
莫兰·星陨	辅助	R	1	1	1	3
塔恩·石卫	坦克	SR	1.5	1	1.1	3.6
苍炎·猎空	输出	SR	1	1.5	1.1	3.6
伊莎贝拉	辅助	SR	1.2	1.2	1.2	3.6
巴尔·战神	坦克	SSR	1.7	1.05	1.3	4.05
雷克萨·影刃	输出	SSR	1.1	1.7	1.25	4.05
维多利亚	辅助	SSR	1.4	1.4	1.25	4.05
泰坦·苍穹	坦克	UR	2	1.1	1.4	4.5
菲尼克斯	输出	UR	1.4	2	1.1	4.5
阿斯特丽雅	辅助	UR	1.6	1.6	1.3	4.5

卡牌的升级属性增长通过以下公式计算：

卡牌的升级属性=标准属性成长（等级）×不同卡牌属性权重

该公式以全局属性成长数据为基准，通过对职业属性权重的调整，实现不同职业、不同品质卡牌在成长路径上的精细化差异。

以阿瑞斯·钢壁（职业定位为坦克，品质为 R 卡）为例，其属性权重系数分别设定为：生命值 1.2，攻击力 0.8，防御力 1。将这些权重系数与标准属性成长值相结合，计算出其在不同等级下的属性增长情况，如表 4.19 所示。

表 4.19　阿瑞斯·钢壁的升级属性数值

等级	生命值	攻击力	防御力
1	12	0.8	1
2	24	1.6	2
……	……	……	……
80	4368	291.2	364

通过上述公式计算，我们可以快速生成各等级下所有卡牌的属性数值。这种方法不仅提高了数值设计的效率，还保证了卡牌升级过程中的数值一致性和成长节奏的平滑性。玩家在体验卡牌升级的过程中能够清晰感受到随着卡牌属性的逐步增强所带来的战斗力提升效果，进而增强玩家的成就感和持续培养的动力。

3. 平衡性验证

卡牌升级系统的设计目标之一是确保不同职业和品质的卡牌在成长过程中，其战斗力增长能够维持平衡状态。为此，我们需要对不同定位的卡牌进行验证，重点考察升级后各种属性的差异化表现及战斗力总值的平衡性。

首先，我们选取两名定位不同但品质相同的 R 卡英雄作为研究对象，分别为阿瑞斯·钢壁（坦克）和烈焰·弓魂（输出）。虽然这两张卡牌在生命值、攻击力和防御力的属性分配上存在差异，但按照设计要求，它们在升级过程中总战斗力的增长幅度应保持一致。表 4.20 所示为不同 R 卡的属性和战斗力对比。

表 4.20　不同 R 卡的属性和战斗力对比

阿瑞斯·钢壁的属性和战斗力				烈焰·弓魂的属性和战斗力				
等级	生命值	攻击力	防御力	战斗力 1	等级	生命值	攻击力	防御力	战斗力 2
1	12	0.8	1	4	1	8	1.2	1	4
2	24	1.6	2	7	2	16	2.4	2	7
……	……	……	……	0	……	……	……	……	……
10	126	8.4	10.5	33	10	84	12.6	10.5	33
11	144	9.6	12	37	11	96	14.4	12	37
……	……	……	……	0	……	……	……	……	……
70	3168	211.2	264	793	70	2112	316.8	264	793
71	3288	219.2	274	823	71	2192	328.8	274	823
……	……	……	……	0	……	……	……	……	……
80	4368	291.2	364	1093	80	2912	436.8	364	1093

从表 4.20 中可以看出，无论是具备防御特性的阿瑞斯·钢壁，还是以高输出能力见长的烈焰·弓魂，在相同等级下，其战斗力总值增长曲线均保持一致。这一结果验证了升级系统在相同品质卡牌之间的平衡性设计。即便不同卡牌在具体属性的侧重方

向上有所不同，但整体战斗力依然能够维持平衡状态，从而为玩家在游戏过程中提供了丰富多样的策略选择空间。

　　为了进一步验证升级系统在高阶品质卡牌中的平衡性，我们又选取了两名 UR 卡英雄作为研究对象，分别为泰坦·苍穹（坦克）和阿斯特丽雅（辅助）。根据升级系统的设计理念和平衡性要求，尽管这两名英雄在职业定位上有着明显差异，但他们在升级过程中的战斗力增长曲线同样应该保持一致。表 4.21 所示为不同 UR 卡的属性和战斗力对比。

表 4.21　不同 UR 卡的属性和战斗力对比

泰坦·苍穹的属性和战斗力				阿斯特丽雅的属性和战斗力			
等级	生命值	攻击力	防御力	战斗力 1	等级	生命值	攻击力	防御力	战斗力 2
1	20	1.1	1.4	6	1	16	1.6	1.3	6
2	40	2.2	2.8	10	2	32	3.2	2.6	11
……	……	……	……	0	……	……	……	……	……
10	210	11.55	14.7	48	10	168	16.8	13.65	48
11	240	13.2	16.8	55	11	192	19.2	15.6	56
……	……	……	……	0	……	……	……	……	……
20	520	28.6	36.4	118	20	416	41.6	33.8	118
21	560	30.8	39.2	127	21	448	44.8	36.4	127
……	……	……	……	0	……	……	……	……	……
70	5280	290.4	369.6	1189	70	4224	422.4	343.2	1190
71	5480	301.4	383.6	1234	71	4384	438.4	356.2	1235
……	……	……	……	0	……	……	……	……	……
80	7280	400.4	509.6	1639	80	5824	582.4	473.2	1640

　　从表 4.21 中可以看到，泰坦·苍穹更偏向于生命值的大幅提升，而阿斯特丽雅则倾向攻击力和防御力属性的均衡分布。但在所有等级下，两者的战斗力总值始终相近。这说明我们所设计的升级机制在高品质卡牌中的平衡性设计同样得到了有效验证。

　　通过对不同品质和职业的卡牌进行升级属性和战斗力验证，我们可以得出以下结论：在同品质的卡牌中，尽管职业定位和属性分配有所不同，但战斗力增长曲线始终保持一致，这一结果保障了游戏的公平性。同时，这种平衡的战斗力设计为玩家提供了丰富的选择空间，无论是优先培养高生命值的坦克类卡牌，还是提升高输出或高防御类型的卡牌，都能实现多样化的策略组合。此外，验证结果表明，从 R 卡到 UR 卡，各品质层次的卡牌在升级系统中均能满足平衡性要求，这充分展示了该机制的适用性和扩展性。通过这一系列的验证分析，我们完成了对卡牌等级系统的平衡性验证。在接下来的章节中，我们将深入探讨卡牌突破系统，并详细分析卡牌进阶后的数值变化与战斗力提升。

4.2.3　卡牌进阶（中颗粒度）

在卡牌的成长体系中，进阶机制作为实现阶段性提升的关键环节，与逐级递增的升级不同。它通过显著的属性增长和一次性的超额收益，为玩家带来独特的成长体验。通过进行卡牌进阶操作，玩家不仅能大幅强化卡牌的基础属性（如生命值、攻击力、防御力等），还能解锁卡牌专属的二级属性，从而进一步彰显卡牌的个性化特点。作为一种中颗粒度的成长方式，进阶机制成功地在策略深度和成长乐趣之间找到平衡，是玩家提升战斗力的重要手段。

1. 卡牌进阶规则

为了确保卡牌进阶的合理性与多样性，我们制定了以下的卡牌进阶规则。

- **进阶次数**：每张卡牌可进阶 6 次，对应 20 级、40 级、50 级、60 级、70 级和 80 级。每次进阶都能为卡牌带来显著的属性提升，并增强玩家阶段性目标感。
- **进阶收益**：相较于普通升级，进阶能够为卡牌带来更高幅度的属性增长。我们采用分段递增的设计，使玩家在每次进阶中都能体验到显著的成长效果。
- **进阶属性**：进阶操作不仅会提升卡牌的基础属性，还可解锁与职业特性相匹配的二级属性。例如，坦克型卡牌可能提升减伤能力，而输出型卡牌则可能提高暴击率等。这些专属属性为卡牌赋予了独特的战斗定位与策略价值。

通过这些设计，进阶机制不仅实现了卡牌间的数值平衡，还为每张卡牌打造了独特的成长路径，让玩家在进阶过程中既能收获策略运用所带来的成就感又能实现战斗力的显著提升。

2. 进阶属性计算

在卡牌进阶的数值计算中，我们采用了《游戏数值百宝书：成为优秀的数值策划》3.3.2小节中提到的对标等级法。该方法通过将卡牌的进阶等级映射到标准属性成长等级上，进而计算出每次进阶所带来的数值增益。表 4.22 所示为对标等级后的属性数值（初始计算）。

表 4.22　对标等级后的属性数值（初始计算）

进阶等级	对应等级	生命值	攻击力	防御力	战斗力	提升战斗力
1	20	624	62.4	62.4	189	189
2	40	1872	187.2	187.2	564	375
3	50	2880	288	288	864	300
4	60	4368	436.8	436.8	1311	447
5	70	6336	633.6	633.6	1902	591
6	80	8736	873.6	873.6	2622	720

注：1 级代表卡牌突破 0→1 级，生命值计算公式为"标准属性成长（全局）×升阶属性占比（6%）"，其他属性同理。

通过初步计算发现，部分进阶等级的战斗力提升不符合玩家的期望，如第 3 次进阶的战斗力增幅低于第 2 次。为此，我们优化了等级映射关系，使进阶带来的属性提升更具合理性，如表 4.23 所示。

表 4.23　对标等级后的属性数值（优化后）

进阶等级	对应等级	生命值	攻击力	防御力	战斗力	提升战斗力
1	8	192	19.2	19.2	60	60
2	20	624	62.4	62.4	189	129
3	35	1488	148.8	148.8	447	258
4	50	2880	288	288	864	417
5	65	5328	532.8	532.8	1599	735
6	80	8736	873.6	873.6	2622	1023

注：我们通过调整对应等级来完成数值的改变，并且对应等级的变化需要符合分段递增的增长方式。

优化后的数据呈现出合理的分段递增趋势，确保玩家在每次进阶时都能获得显著的战斗力提升。这种调整不仅优化了一级属性的增长曲线，还通过二级属性的加入，进一步拓展了卡牌的成长路径。例如，某些职业卡牌在进阶时可以获得命中率或暴击率等关键属性，从而增强其个性化的战斗定位。表 4.24 所示为对标等级后的二级属性数值（优化后）。

表 4.24　对标等级后的二级属性数值（优化后）

进阶等级	对应等级	命中率	闪避率	暴击率	暴击伤害倍数	抵抗暴击率	伤害加成	伤害减免
1	8	9.6	9.6	5.28	20.16	5.28	14.4	14.4
2	20	31.2	31.2	17.16	65.52	17.16	46.8	46.8
3	35	74.4	74.4	40.92	156.24	40.92	111.6	111.6
4	50	144	144	79.2	302.4	79.2	216	216
5	65	266.4	266.4	146.52	559.44	146.52	399.6	399.6
6	80	436.8	436.8	240.24	917.28	240.24	655.2	655.2

通过进阶操作，卡牌不仅能提升基础的一级属性，还能显著提升其二级属性。这些属性的提升为卡牌赋予了更为丰富的策略灵活性，并且能够根据不同卡牌的职业定位进行定制，从而进一步强化卡牌的战斗力，突出其特色。

在完成基于对标等级的初步计算后，我们将根据卡牌的职业定位和品质，为每张卡牌计算其具体的进阶属性。首先，需要参考前文所提及的属性权重表，不同职业和品质的卡牌将根据各自的职业属性权重，获得与之对应的属性增长幅度。表 4.25 所示为不同品质卡牌一级属性权重。

表 4.25　不同品质卡牌一级属性权重

英雄名称	职业	英雄品质	生命值权重	攻击力权重	防御力权重	权重总和
阿瑞斯·钢壁	坦克	R	1.2	0.8	1	3
烈焰·弓魂	输出	R	0.8	1.2	1	3
……	……	……	……	……	……	……
泰坦·苍穹	坦克	UR	2	1.1	1.4	4.5
菲尼克斯	输出	UR	1.4	2	1.1	4.5
阿斯特丽雅	辅助	UR	1.6	1.6	1.3	4.5

　　通过公式"进阶属性×卡牌属性权重"，我们可以计算出每张卡牌在进阶后所获得的一级属性数值。这些数值会根据卡牌的职业定位进行定制，从而确保不同卡牌在进阶后，既能保持平衡性又具有显著的差异化特性。在完成一级属性的计算后，我们还需要为每名英雄定义其专属的二级属性权重。

　　卡牌的二级属性增益会根据职业定位和品质特点进行调整。例如，坦克型卡牌更侧重于提高抵抗暴击率，而输出型卡牌则可能倾向于提高暴击率和暴击伤害倍数。表 4.26 所示为不同品质卡牌的二级属性权重。

表 4.26　不同品质卡牌的二级属性权重

英雄名称	职业	英雄品质	命中率	闪避率	暴击率	暴击伤害倍数	抵抗暴击率	伤害加成	伤害减免
阿瑞斯·钢壁	坦克	R	-	-	-	-	0.67	-	-
烈焰·弓魂	输出	R	-	-	0.67	-	-	-	-
莫兰·星陨	辅助	R	0.67	-	-	-	-	-	-
塔恩·石卫	坦克	SR	-	0.8	-	-	-	-	-
苍炎·猎空	输出	SR	-	-	-	0.8	-	-	-
伊莎贝拉	辅助	SR	0.8	-	-	-	-	-	-
巴尔·战神	坦克	SSR	-	-	-	-	0.9	-	-
雷克萨·影刃	输出	SSR	0.9	-	-	-	-	-	-
维多利亚	辅助	SSR	-	-	-	0.9	-	-	-
泰坦·苍穹	坦克	UR	-	-	-	-	-	-	1
菲尼克斯	输出	UR	-	-	-	-	-	1	-
阿斯特丽雅	辅助	UR	-	-	1	-	-	-	-

　　注：二级属性权重的最大值参考 4.2.1 小节中所定义的不同品质卡牌属性占比情况。其中，R 卡的相对占比为66.7%，SR 卡为 80%，SSR 卡为 90%，UR 卡为 100%。这一设定旨在确保不同品质的卡牌在进阶过程中能够维持属性增长的合理性。

　　通过公式"进阶属性×卡牌的二级属性权重"，我们可以进一步计算出每张卡牌在进阶后所获得的二级属性增益数值。鉴于其计算逻辑与一级属性的计算逻辑相近，在此处不再赘述详细的演示过程。

3. 平衡性验证

在完成对卡牌的一级属性和二级属性的进阶计算后，我们将通过对比不同职业定位的英雄属性和战斗力，对卡牌进阶后的战斗力平衡性展开验证。表 4.27 所示为阿瑞斯·钢壁（坦克）与烈焰·弓魂（输出）的属性与战斗力对比。

表4.27   阿瑞斯·钢壁（坦克）与烈焰·弓魂（输出）的属性与战斗力对比

阿瑞斯·钢壁的属性和战斗力					烈焰·弓魂的属性和战斗力				
进阶等级	生命值	攻击力	防御力	抵抗暴击率	战斗力1	进阶等级	生命值	攻击力	防御力	暴击率	战斗力2
1	384	21	27	4	101	1	307	31	25	4	100
2	1248	69	87	11	324	2	998	100	81	11	324
3	2976	164	208	27	771	3	2381	238	193	27	772
4	5760	317	403	53	1490	4	4608	461	374	53	1490
5	10656	586	746	98	2756	5	8525	852	693	98	2756
6	17472	961	1223	161	4519	6	13978	1398	1136	161	4518

通过对比可以看出，阿瑞斯·钢壁（坦克）与烈焰·弓魂（输出）在各自对应的进阶等级下，其战斗力增长曲线呈现出一致性。尽管二者在属性增长方面有所差异——阿瑞斯·钢壁的生命值和防御力显著高于烈焰·弓魂，而烈焰·弓魂在攻击力上的提升更为突出，但二者总战斗力的增长趋势相近，符合卡牌平衡设计的预期要求。

本节通过对标等级法，完成了不同职业、不同品质卡牌的进阶属性计算，并展开了全面细致的平衡性验证，进而确保各类卡牌在进阶后的成长过程具有合理性和一致性。卡牌进阶机制不仅显著提升了一级属性，还通过个性化的二级属性强化了卡牌的职业特性，使其在战斗中更加独具优势。

这一设计不仅增强了游戏的公平性与策略性，还让玩家在每一次卡牌进阶中切实感受到卡牌成长所带来的价值与乐趣。在 4.2.4 小节中，我们将深入探究卡牌升星（质变）机制，详细剖析其对属性提升和战斗表现的影响。

4.2.4　卡牌升星（质变）

卡牌升星是卡牌成长过程中的关键阶段，通过提升卡牌星级，不仅能显著提升卡牌的基础属性，还能促使卡牌整体战斗力实现质的飞跃。升星机制相当于为卡牌解锁更高的属性上限，每次升星都使卡牌的基础属性获得等比例增长。同时，在部分游戏中，升星还伴随着技能的强化或额外特效的解锁，使高星级卡牌更具竞争力与策略性。

本小节将详细介绍卡牌升星的规则和数值计算逻辑，并结合实际案例展示升星后卡牌的属性提升与质变效果。

1. 卡牌升星规则

为了确保升星机制合理且满足玩家预期，我们制定了以下卡牌升星规则。

- **星级上限与初始星级**：每张卡牌的星级上限为 7 星，而初始星级根据卡牌品质呈现差异化。
  - R 卡：初始星级为 2 星。
  - SR 卡：初始星级为 3 星。
  - SSR 和 UR 卡：初始星级为 4 星。
- **升星消耗条件**：卡牌升星需要消耗一定数量的同名卡牌或专属升星材料。
- **星级提升效果**：在升星过程中，卡牌的生命值、攻击力、防御力等一级属性会按照固定比例提升，不过二级属性并不会因升星而改变。值得注意的是，随着星级的提升，属性增益的幅度会越来越大，为玩家带来愈发明显的实力成长体验。

注意：卡牌升星不提升二级属性加成。

通过上述规则，卡牌升星机制在提升卡牌战斗力的同时，还能增强游戏的策略深度和玩家的投入感。下面将详细探讨升星比例设定及其对属性增长产生的影响。

2. 升星比例设定

在卡牌升星的设计中，属性提升是以百分比的形式进行配置的。在确定升星属性增益比例之前，需要明确其上限，这一上限主要取决于升星对卡牌整体属性最终增益效果的规划。

卡牌的基础属性由初始属性、升级属性和进阶属性构成，其占比分别为 1%、4% 和 6%，总计占卡牌总属性的 11%。这一比例设定源自全局属性成长设定（详见 3.3.2 小节中的"4.属性分配"部分）。升星的目标是通过等比例强化这 11% 的基础属性，为卡牌带来显著的实力增益。以此为依据，我们将升星属性增益比例确定为 11%，对应的提升效果为 100%，即卡牌的（初始属性+升级属性+进阶属性）×100%。简单来说，每次升星都会对卡牌的基础属性进行等比例强化，从而显著提升卡牌的整体战斗力。

如果将升星属性增益比例上调至 16.5%（提升效果增强），则整体提升比例将增至 150%，从而进一步扩大属性增长幅度。

表 4.28 所示为星级属性提升比例。

表 4.28 星级属性提升比例

星级	提升比例	单星提升比例
1 星	0.0%	0.0%
2 星	5.0%	5.0%
3 星	15.0%	10.0%
4 星	25.0%	10.0%
5 星	40.0%	15.0%
6 星	65.0%	25.0%
7 星	100.0%	35.0%

注：由于 R 卡的初始星级为 2 星，因此将 1 星的加提升例设定为 0%，升星的加成从 2 星开始计算。

通过上述比例设定，卡牌升星在游戏初期表现为平稳增长，而在高星级阶段属性增幅显著。这一设计不仅提供了持续的成长目标，还进一步提升了高星级卡牌的培养价值与游戏乐趣。

接下来，我们将通过平衡性验证，检验升星机制在不同品质、不同星级的卡牌上，表现是否均衡合理。

3. 平衡性验证

在完成升星属性提升比例的设定后，我们需要通过数值计算来验证卡牌升星后的战斗力增长是否合理和平衡。升星所带来的属性增益遵循以下计算公式：

升星属性增益=标准属性投放（全局）×升星属性占比×对应星级提升比例

基于该公式，我们能够计算出不同品质卡牌在各星级下的属性提升幅度。表 4.29所示为不同品质、不同星级卡牌的属性与战斗力对比。

表 4.29　不同品质、不同星级卡牌的属性与战斗力对比

名称	定位	品质	星级	取值等级	生命值	攻击力	防御力	提升战斗力
塔恩·石卫	坦克	SR	2	40	258	18	19	63
苍炎·猎空	输出	SR	2	40	172	26	19	63
伊莎贝拉	辅助	SR	2	40	206	21	21	63
巴尔·战神	坦克	SSR	3	40	876	55	67	210
雷克萨·影刃	输出	SSR	3	40	567	88	65	210
维多利亚	辅助	SSR	3	40	721	73	65	211
苍炎·猎空	输出	SR	4	60	2002	301	221	723
巴尔·战神	坦克	SSR	4	60	3404	211	261	813
泰坦·苍穹	坦克	UR	4	60	4004	221	281	903
泰坦·苍穹	坦克	UR	5	60	6407	353	449	1443
菲尼克斯	输出	UR	5	60	4485	641	353	1443
阿斯特丽雅	辅助	UR	5	60	5126	513	417	1443
苍炎·猎空	输出	SR	6	80	10411	1562	1146	3750
巴尔·战神	坦克	SSR	6	80	17698	1094	1354	4218
泰坦·苍穹	坦克	UR	6	80	20821	1146	1458	4687
泰坦·苍穹	坦克	UR	7	80	32032	1762	2243	7209
菲尼克斯	输出	UR	7	80	22423	3204	1762	7209
阿斯特丽雅	辅助	UR	7	80	25626	2563	2083	7209

通过对比不同星级、不同品质的卡牌属性与战斗力提升数据，我们发现升星所带来的属性增益在不同星级间始终维持着良好的平衡性。例如，巴尔·战神（坦克，SSR 卡）与苍炎·猎空（输出，SR 卡）在相同星级下，尽管生命值和攻击力的提升数值有所不同，但其战斗力增长曲线基本一致。这种设计确保了不同定位、不同品

质的卡牌在升星过程中，其战斗力增长既合理又平衡，为玩家提供了公平的游戏竞技环境。

同样地，泰坦·苍穹（坦克，UR 卡）与菲尼克斯（输出，UR 卡）在升星后的战斗力增益效果也呈现出一致性。即使卡牌的定位不同，升星所带来的属性提升依然保持均衡态势，并且随着星级的提升，增益效果愈发显著。这种平衡性验证了升星机制的合理性，使玩家能够更专注于策略和资源分配，而非因卡牌品质或定位差异而受到影响。

通过以上数据验证，我们可以得出结论：卡牌升星在不同品质、不同定位下具有良好的平衡性，保障了游戏的公平性和卡牌成长的合理性。

在本小节中，我们详细探讨了卡牌升星的规则、数值设定和平衡性验证，确保升星机制在各类品质和星级卡牌间的合理性与平衡性。升星机制通过等比例提升卡牌的基础属性，推动卡牌成长进入质变阶段，使其在战斗中表现出更强的竞争力与策略深度。

合理的升星设计不仅能赋予玩家逐步提升战斗力的成就感，还能增强游戏的策略性与趣味性。接下来，我们将探索卡牌的其他成长机制，为玩家提供更丰富的卡牌培养体验和战斗策略选择。

番外篇：自定义函数

在 Excel 中，虽然内置函数能够处理大多数常规数据分析和计算需求，但在一些特定的游戏数值策划场景中，它们可能难以完全满足实际需求。这时，通过 VBA（Visual Basic for Applications）编写自定义函数可以提供更多的灵活性。自定义函数能够针对游戏策划中的具体问题（例如，卡牌属性的成长值、战斗力或升星属性加成计算），量身定制高效的计算公式，从而让数值策划更加贴合实际设计需求。

自定义函数（User Defined Functions，UDF）是通过 VBA 代码创建的 Excel 函数，其功能类似于内置的 SUM 或 IF 函数。自定义函数允许我们基于具体需求创建专属的计算公式。例如，我们可以通过自定义函数快速计算卡牌的属性成长值、战斗力或升星所带来的属性增益，从而大幅简化复杂的计算流程。

示例 1：运用自定义函数计算卡牌的战斗力。

下面通过一个简单示例，详细介绍如何通过 VBA 编写自定义函数，从而计算出卡牌的战斗力。

步骤 1：打开 VBA 编辑器。

（1）在 Excel 中，按 Alt+F11 组合键，打开 VBA 编辑器。

（2）在左侧的"项目"窗口中，右击当前工作簿，在弹出的快捷菜单中选择"插入"→"模块"命令。

步骤 2：编写自定义函数。

假设卡牌战斗力的计算公式如下：

战斗力=（生命值×0.3）+（攻击力×0.5）+（防御力×0.2）

在 VBA 模块中编写如下代码：

```
Function CardPower(HP As Double,Attack As Double,Defense As Double) As
Double
    '计算卡牌的战斗力
    CardPower = (HP * 0.3) + ( Attack * 0.5)+( Defense * 0.2)
End Function
```

步骤 3：保存并使用函数。

在编写完代码后，按 Ctrl+S 组合键，保存工作簿。

📢 **注意：** 文件必须保存为启用宏的 Excel 文件格式，其扩展名为.xlsm。

返回 Excel 表格，在任意单元格中输入公式"=CardPower (参数值 1,参数值 2,参数值 3)"并使用它。

例如："=CardPower(1000,200,150)"。

生命	攻击	防御
1000	200	15
CardPow	=CardPower	(A7,B7,C7)

上述公式会根据卡牌的生命值（1000）、攻击力（200）和防御力（150），计算出该卡牌的战斗力数值。

通过这个示例，数值策划人员能高效处理战斗力的计算，并且该自定义函数具备良好的复用性，能根据不同项目的需求进行调整。

示例 2：运用自定义函数计算卡牌的属性数值。

在更为复杂的卡牌成长场景中，卡牌的属性计算可能涉及多个维度，包括等级成长、进阶加成和升星加成等。以下示例将详细展示如何通过自定义函数应对这类复杂的计算场景。

步骤 1：公式设计。

首先需要设计一个公式，用来计算卡牌在不同成长阶段下某一属性的总值。我们设计的公式如下：

总属性值=初始属性值+等级成长值+进阶加成+升星加成

- **初始属性值**：卡牌的基础属性值。
- **等级成长值**：卡牌在每次升级时，按固定成长率增加的属性值，其计算公式为"等级成长值=（等级-1）×成长率"。
- **进阶加成**：卡牌在特定等级时获得的额外属性加成，可以划分为多个进阶阶段。

- **升星加成**：按卡牌当前星级，对属性值进行等比例提升，计算公式为"升星加成=升星系数×（初始属性值+等级成长值+进阶加成）"。

步骤 2：编写自定义函数。

```
Function ComplexCardGrowth(InitialValue As Double, GrowthRate As Double,
Level As Integer, _ AdvanceStages As Range, AdvanceBonus As Range, StarLevel
As Integer, StarBonus As Range) As Double
    ' 参数说明:
    ' InitialValue: 初始属性值
    ' GrowthRate: 每一级的属性成长率
    ' Level: 当前等级
    ' AdvanceStages: 进阶阶段（如 20 级、40 级等进阶点）
    ' AdvanceBonus: 进阶加成数组（每个进阶阶段的加成值）
    ' StarLevel: 当前星级
    ' StarBonus: 各星级的加成比例数组


    Dim i As Integer
    Dim TotalAdvanceBonus As Double
    Dim TotalGrowth As Double
    Dim StarFactor As Double


    ' 计算升级属性成长
    TotalGrowth = (Level - 1) * GrowthRate
    ' 计算进阶加成
    For i = 1 To AdvanceStages.Count
    If Level >= AdvanceStages.Cells(i, 1).Value Then
    TotalAdvanceBonus = TotalAdvanceBonus + AdvanceBonus.Cells(i, 1).Value
    End If Next i
     ' 获取升星加成比例
    StarFactor = StarBonus.Cells(StarLevel, 1).Value
    ' 计算最终属性值
    ComplexCardGrowth = (InitialValue + TotalGrowth + TotalAdvanceBonus) *
StarFactor
    End Function
```

注释说明如下。

- **基础属性成长**：InitialValue（初始值）、GrowthRate（成长率）和 Level（当前等级）共同决定卡牌的基础属性成长数值。

- **进阶加成**：由 AdvanceStages 和 AdvanceBonus 两个参数数组确定。

    - AdvanceStages 用于存储进阶的等级（如 20 级、40 级等），明确卡牌在哪些等级上可以获得额外属性提升。

    - AdvanceBonus 用于存储对应的加成值，使每个进阶阶段的属性增加量与

AdvanceStages 中的等级一一对应。

- 函数会逐一检查当前等级是否达到各个进阶阶段的条件，若满足，则累加相应的加成值到总属性中。
- **升星加成**：升星加成由 StarLevel（当前星级）和 StarBonus（星级对应的加成比例数组）确定。
  - StarBonus 定义每个星级的属性加成比例，通常按 1 星、2 星依次排列，如 1.0（无加成）、1.1、1.2 等。
  - 根据当前星级从 StarBonus 中取出对应的加成比例，并将其应用到属性计算中。

步骤 3：计算和验证。

假设在 Excel 中有以下数据。

- 初始属性值为 500，每次升级成长值为 10。
- 进阶阶段在 20 级和 40 级时，分别获得 100 和 200 的加成。
- 当前卡牌等级为 45，卡牌的星级为 3。
- 星级加成分别为：2 星时加成 1.1 倍，3 星时加成 1.2 倍，4 星时加成 1.3 倍，依此类推。

我们在 Excel 中输入以下数据。

- A 列：进阶等级，依次输入 20、40。
- B 列：进阶加成，依次输入 100、200。
- C 列：星级加成，依次输入 1.0、1.1、1.2、1.3、1.4。

在任意单元格中使用以下公式：

=ComplexCardGrowth(500,10,45,A1:A2,B1:B2,3,C1:C5)

该公式会返回卡牌当前等级（45 级）和当前星级（3 星）下的综合属性值，其中涵盖了升级成长、进阶加成和升星增益的全部影响。

自定义函数为数值策划提供了一种高效且极具灵活性的解决方案，能够将复杂的公式计算过程大幅简化。通过自定义函数，数值策划人员不需要反复手动输入公式，只需调用已定义好的函数，即可完成属性计算。这不仅提高了工作效率，还降低了人为出错的风险。

此外，自定义函数具有高度的可调整性，能够根据游戏具体设计需求进行灵活修改，无论是简单的属性加成计算，还是涉及多层次逻辑判断的复杂公式，都能轻松实现。一旦创建完成，自定义函数可在后续工作中反复调用，并能随着游戏设计需求的变化进行迭代更新，完美适配多种卡牌属性的动态计算场景。

05

第 5 章
辅助成长体系

辅助成长体系是游戏成长系统中的重要组成部分，它用于为玩家提供额外的属性加成和多样化的成长路径。与核心成长体系不同，辅助成长作为通用成长机制，能够灵活适配各类游戏场景。它不仅能显著强化角色的战斗力，还能丰富玩家的策略选择与成长体验。

该体系通常涵盖装备、坐骑等外部功能模块，这些模块分别以替换式成长和收集式成长为核心特色。装备成长通过玩家对装备的更换与强化，逐步为角色提供更强的属性加成，实现角色战斗力的持续提升；坐骑成长则通过玩家对坐骑的收集、培养与升级，实现持续性或阶段性的能力提升。这两种成长方式相辅相成，不仅能有效增强角色的战斗力，还能赋予玩家更强的代入感与成就感。

本章将重点探讨装备成长与坐骑成长的具体实现方式，深入剖析它们在替换式成长与养成式成长模式中的应用与设计思路，全方位展示如何加深游戏深度，并为玩家带来更丰富的乐趣体验。

5.1 装备成长（替换式成长）

装备成长是角色成长过程中不可或缺的环节。通过更换和强化装备，玩家可以持续提升角色的属性和战斗力。装备成长属于替换式成长模式，这意味着玩家需要通过不断获取更高品质的装备来替换已有装备，从而获得更强的属性加成。这种成长模式不仅深刻影响角色的基础属性，还直接左右角色在战斗中的实际表现，成为推动游戏进展的重要动力。

装备成长由装备基础、装备强化、装备升星和装备宝石 4 个部分组成。每个部分都代表着装备成长的不同层次和阶段，从简单的装备获取与基础强化，到较为复杂的装备升星与宝石镶嵌，玩家通过逐步提升装备，能够实现战斗力的显著提升与质的飞跃。

本节将详细介绍装备成长各个环节的数值制作流程，帮助玩家理解如何通过装备的数值设定和替换操作，实现角色战斗力的持续提升。

5.1.1　装备基础

在本小节中，我们将系统地剖析装备成长的各个环节，详细讲解数值设计和实现过程，揭示其在提升角色战斗力和丰富游戏策略方面的核心作用。

1. 装备的基础规则

在游戏体系中，装备是增强角色战斗力的重要途径之一。为构建一个科学合理且富有策略性的装备系统，明确装备的基础规则是数值设计的第一步。装备系统的核心设定如下。

- **装备部位**：装备按部位划分为武器、头盔、衣服、裤子、鞋子、护腕、手套、项链、手镯、戒指等十个部位。每个部位只能佩戴一件装备，且每件装备具有唯一性。
- **装备类型**：根据属性偏向，装备分为攻击和防御两种类型。不同类型的装备主提升属性有所不同。
  - **攻击类装备**：包括武器、手套、项链、手镯、戒指，主要用于提升攻击属性。
  - **防御类装备**：包括头盔、衣服、裤子、鞋子、护腕，主要作用是提升防御属性。
- **装备属性**：每件装备最多可携带两种属性，并且属性配置力求避免同质化。
  - **属性范围**：装备属性涵盖一级属性（如生命值、攻击力、防御力等）和二级属性（如暴击率、闪避率、暴击伤害倍数等），但不涉及伤害加成或伤害减免等高级属性。
  - **核心部位**：武器和衣服作为装备系统中的核心部件，其属性值通常高于其他部位，以体现其重要性。
- **装备等级**：装备按等级划分为 8 个阶段，每个阶段适配不同等级的角色。
  - **1 阶装备**：适用于 1～10 级角色。
  - **2 阶装备**：适用于 11～20 级角色。
  - **……**
  - **8 阶装备**：适用于 71～80 级角色。
- **装备品质**：装备根据品质分为普通（绿色）、精良（蓝色）、史诗（紫色）和传说（橙色）4 个等级。品质越高，属性加成越强。
  - **普通（绿色）**：普通品质装备。
  - **精良（蓝色）**：精良品质装备，具备强化属性的品质装备。

- **史诗（紫色）**：史诗品质装备，属于稀有高品质装备。
- **传说（橙色）**：传说品质装备，属于顶级品质装备。

这些规则为装备成长体系奠定坚实的基础，同时为玩家提供清晰的成长路径。通过对装备部位、类型、属性、等级和品质的精细设定，装备系统不仅能满足角色战斗力提升的需求，还为玩家提供多样化的选择空间。

2. 设定装备的属性种类

在明确装备的基础规则后，下一步需要为不同部位的装备合理地分配属性种类。这一环节在装备数值设计中至关重要，明确属性分配逻辑不仅能确保装备系统的多样性，还能让装备在战斗中发挥独特作用。根据装备的功能定位和角色需求合理设定属性种类，为玩家提供更具策略性的装备选择与搭配空间。

表 5.1 所示为装备属性种类设定。

表 5.1　装备属性种类设定

部位 ID	名称	生命值	攻击力	防御力	命中率	闪避率	暴击率	暴击伤害倍数	抵抗暴击率
1	武器		✔				✔	✔	
2	手套		✔		✔				
3	项链	✔	✔						
4	手镯		✔				✔		
5	戒指				✔			✔	
6	头盔			✔					✔
7	衣服	✔		✔					✔
8	裤子	✔		✔					
9	鞋子	✔				✔			
10	护腕			✔		✔			

属性分配说明如下。

- **攻击类装备**：包括武器、手套、项链、手镯、戒指等，这些装备主要强化角色的攻击能力，同时部分装备还提供暴击率、命中率等提高输出效率的二级属性。
  - **武器**：提供攻击力、暴击率与暴击伤害倍数，是输出角色的核心装备。
  - **手套**：增强攻击力，并强化命中率，有助于增强角色在战斗中的输出稳定性。
  - **项链**：兼顾生命值和攻击力，是一件平衡输出与生存的多功能型装备。
  - **手镯**：提供攻击力与暴击率，进一步优化角色的输出爆发能力。
  - **戒指**：提供命中率和暴击伤害倍数，提升输出角色的精准度和高额伤害能力。

- **防御类装备**：包括头盔、衣服、裤子、护腕、鞋子等，这些装备集中提升角色的防御能力和生存能力，并通过闪避率与抵抗暴击率进一步强化防御属性。
  - **头盔和衣服**：主要提供防御力与抵抗暴击率，是保障角色生存能力的重要装备。
  - **裤子**：提供生命值与防御力，为角色构建坚实的生命与抗击基础。
  - **鞋子**：提供生命值与闪避率，助力增强角色的灵活性和耐久性。
  - **护腕**：提供防御力与闪避率，帮助角色规避伤害，延长战斗存活时间。
- **特殊属性分布**：部分装备同时包含暴击率、暴击伤害倍数、命中率和闪避率等二级属性。这些属性在提升基础攻击或防御属性的同时，还能赋予角色特殊能力。
  - **戒指**：通过命中率和暴击伤害倍数来强化角色的输出能力。
  - **护腕**：提供闪避率，优化角色的生存性能。
  - **武器与手镯**：提供暴击率和暴击伤害倍数，为输出角色提供更高的爆发潜力。

通过上述设定，每件装备都具有独特的属性侧重。玩家可以根据角色的职业定位、战斗需求及自身策略，选择最合适的装备进行搭配与提升。这样的属性分配方式不仅能增强装备系统的多样性与策略性，还为玩家打造更加定制化的成长路径，满足不同职业与战斗风格的需求。

3. 设定对应部位的属性占比

在明确了装备属性种类后，下一步需要为不同装备部位合理分配属性占比。这一分配需要综合考虑装备的功能定位与整体游戏平衡性，确保各装备在增强角色战斗力时能协同发挥作用，同时为玩家提供多样化选择。通过合理的属性分配，装备的成长路径将更清晰，系统的策略深度也更深。

表 5.2 所示为根据表 5.1 中装备属性种类设定的对应部位装备属性占比。

表 5.2　对应部位装备属性占比

部位 ID	名称	生命值	攻击力	防御力	命中率	闪避率	暴击率	暴击伤害倍数	抵抗暴击率
1	武器		30%				60%	57%	
2	手套		10%		80%				
3	项链	30%	35%						
4	手镯		25%				40%		
5	戒指				20%			43%	
6	头盔			20%					60%
7	衣服	15%		40%					40%
8	裤子	35%		30%					
9	鞋子	20%				45%			
10	护腕			10%		55%			

属性占比说明如下。

1）攻击类装备的属性占比

- 武器：作为核心攻击装备，武器分配到 30% 的攻击力，同时承担 60% 的暴击率与 57% 的暴击伤害倍数，是输出型角色的核心所在。

- 手套：通过赋予角色 10% 的攻击力和高达 80% 的命中率，显著提升角色的精准打击能力，特别适合那些对命中率要求极高的输出角色。

- 项链：在属性设计上注重平衡生存与输出。它拥有 30% 的生命值与 35% 的攻击力，是一件兼顾防御与攻击的关键装备。

2）防御类装备的属性占比

- 头盔和衣服：作为主要的防御装备，分别提供 20% 和 40% 的防御力。其中，头盔还额外拥有 60% 的抵抗暴击率，能大幅降低角色所受的暴击伤害。

- 护腕和鞋子：主要致力于提升角色的闪避能力，分别提供 55% 和 45% 的闪避率，适合那些需要频繁规避敌人攻击的角色。

3）特殊属性装备的分布

- 戒指和手镯：主要提供暴击率和暴击伤害倍数。其中，戒指提供 43% 的暴击伤害倍数，而手镯则提供 40% 的暴击率。这一组合能极大提升角色的爆发能力，是输出型玩家的首选装备组合。

注意：以上属性占比仅作为参考，在实际制作过程中可以根据游戏的具体需求灵活调整。

通过对这种属性占比的合理设计，各装备部位在角色成长过程中均能发挥独特作用。玩家可以根据角色定位和战斗需求选择合适的装备进行组合，从而最大化角色的战斗力和生存能力，为策略性装备搭配预留出充足的空间。

4. 装备阶段与角色等级的匹配

在装备成长体系中，每个装备阶段都需要与角色等级进行合理匹配，以确保玩家在不同成长阶段获得与之适配的属性加成。这不仅决定角色战斗力提升的节奏，还为玩家提供清晰的目标感和递进式的挑战体验。因此，装备阶段与角色等级的匹配设定是装备数值设计中至关重要的一环。

表 5.3 所示为装备阶段与角色等级的对标关系。

表 5.3　装备阶段与角色等级的对标关系

装备阶段	穿戴等级	对标角色等级
1 阶装备	1	10
2 阶装备	10	20
3 阶装备	20	30

续表

装备阶段	穿戴等级	对标角色等级
4 阶装备	30	40
5 阶装备	40	50
6 阶装备	50	60
7 阶装备	60	70
8 阶装备	70	80

设定说明如下。

装备系统共划分为 8 个阶段，每个阶段都对应特定的角色等级范围。在角色成长过程中，玩家通过逐步更替装备可以不断实现战斗力的提升。例如：

- 1 阶装备适配于初期玩家（1~10 级），为角色提供基本属性支撑。
- 8 阶装备面向高等级玩家（70~80 级），给予顶尖的属性加成。

合理设定装备阶段与角色等级的对标规则，能让玩家在清晰的目标指引下，按照循序渐进的节奏体验角色的成长路径。这样的设计不仅能平衡玩家的战斗体验，还能增强玩家装备选择的策略性，提升游戏的沉浸感。

5. 品质属性占比的设定

在装备成长体系中，装备的属性不仅会随着角色等级的提升而增强，其稀有度与强度的差异还通过品质划分来体现。装备品质分为普通（绿色）、精良（蓝色）、史诗（紫色）、传说（橙色）4 个档次，并且品质越高，所提供的属性加成越强。

为了让玩家在获取高品质装备时明显感受到战斗力的大幅提升，我们需要针对不同品质的装备设定合理的属性占比。表 5.4 所示为品质属性占比的设定。

表 5.4　品质属性占比的设定

品质	品质属性占比
普通（绿色）	70%
精良（蓝色）	80%
史诗（紫色）	90%
传说（橙色）	100%

设定说明如下。

- **普通（绿色）**：普通品质装备作为游戏中的入门级装备，其属性占比为 70%。这类装备主要帮助玩家在游戏初期快速提升基础属性，其属性加成相对保守，适合作为短期过渡装备，为新手应对初期挑战提供基础保障。
- **精良（蓝色）**：精良品质装备是游戏中期常见的成长型装备，其属性占比为 80%，提升幅度明显高于普通品质装备。它适用于挑战中期副本及相关场景，是推动玩家战斗力稳定增长的主要装备。
- **史诗（紫色）**：史诗品质装备作为稀有高品质装备，其属性占比达到 90%，能提供接近顶级的属性加成。它适用于挑战后期或较高难度的副本，是玩家战斗力实现跃升的关键节点，也是玩家在游戏后期极力追求的重要装备。

- **传说（橙色）**：传说品质装备是游戏中的顶级品质装备，其属性占比为 100%，拥有最强的属性加成。它能为玩家带来无可比拟的战斗力增强，由于其稀缺性和高属性值，成为玩家最具追求价值的目标装备。

通过这种逐级设定属性占比的方式，不同品质装备的价值差异得以清晰展现，确保玩家在角色成长过程中能够切实感受到因装备品质提升而带来的战斗力变化。这种分级设计既能平衡装备品质与属性加成的关系，又能为玩家持续追求更高品质装备注入强烈的动力，从而提升玩家的游戏体验。

6. 计算标准装备属性

在装备数值体系中，标准装备属性的设定是确保装备成长平衡性的关键环节。通过公式计算，我们能够明确不同装备部位在各阶段的属性增长情况，从而为玩家提供多样化且合理的战斗力提升途径。

标准装备属性的计算公式如下：

标准装备属性=装备属性占比×对应部位属性占比×标准属性成长（全局）×品质属性占比

- **装备属性占比**：数据源自 3.3.2 小节中的装备属性分配表，用于定义一级属性与二级属性在全局范围内的占比情况（如一级属性与二级属性的全局占比均为 8%）。该比例为全局设定，与具体的装备部位无关。
- **对应部位属性占比**：数据源自表 5.2 对应部位装备属性占比。它明确了具体装备部位（如武器、手套等）中各类属性的分配比例。例如，武器主要侧重于提升攻击力、暴击率等属性，而头盔则侧重于提升防御力、抵抗暴击率等属性。
- **标准属性成长（全局）**：参考表 3.11 一级属性成长设定（全局）和表 3.12 二级属性成长设定（全局），这两张表提供了角色在不同等级下的标准属性成长数值。在计算装备属性时，将根据装备所属阶段对应的角色等级（如 1 阶装备对应角色等级 10 级）来提取相应的成长数值。此等级数据源自本小节中的“4.装备阶段与角色等级的匹配”部分。
- **品质属性占比**：数据源自表 5.4 品质属性占比的设定，用于定义不同品质装备（如普通、精良、史诗、传说）在基础属性上的加成比例。例如，普通品质装备的属性占比为 70%，而传说品质装备的属性占比为 100%。

注意：装备属性占比与对应部位属性占比是两个截然不同的概念。前者是全局层面的属性分配比例，而后者则是针对具体装备部位的属性分配比例。此外，标准属性成长数据需要结合装备阶段与角色等级的匹配关系，以确保提取的成长数值准确无误。

通过以上公式，我们能够计算出 1 阶普通品质装备的标准属性模板。其他阶段及品质的装备可以通过相同方法进行推算，此处仅展示示例模板。表 5.5 所示为标准 1 阶普通品质装备属性数值。

表 5.5　标准 1 阶普通品质装备属性数值

部位 ID	名称	生命值	攻击力	防御力	命中率	闪避率	暴击率	暴击伤害倍数	抵抗暴击率	战斗力
1	武器		8				4	15		38
2	手套		3		10					23
3	项链	71	9							17
4	手镯		6				3			17
5	戒指				3			11		17
6	头盔			5					4	20
7	衣服	36		10					3	25
8	裤子	83		8						17
9	鞋子	48				6				17
10	护腕			3		7				17

通过对每个装备部位的标准属性模板进行计算，装备系统在不同阶段增强平衡性和多样性。玩家可以依据角色定位及战斗需求，合理选择装备进行组合，以此最大化战斗力与生存能力。

7. 计算不同职业的装备属性

在完成标准装备属性的计算后，我们进一步结合各职业的特性，为不同职业量身定制专属装备属性。这一举措不仅能突出各职业在战斗中的定位，还能为游戏设计增添更为丰富的策略深度。

在 RPG 类游戏设计中，职业（如战士、法师等）之间的差异化定位是关键所在。而在卡牌类游戏中，这种定位通常体现为坦克、输出、辅助等角色类型。下面以战士和法师这两种职业为例，运用公式"职业权重×标准装备属性"来计算每个职业的装备属性。通过这种方式，不同职业能够在装备成长过程中获得符合其战斗定位的属性加成。

计算公式如下：

职业装备属性=职业权重×标准装备属性

- **职业权重**：数据源自 3.3.1 小节中的"2.职业平衡（价值平衡）"部分。在该部分内容中，我们设定了表 3.5 各职业一级属性权重和表 3.6 各职业二级属性权重，明确了不同职业在一级属性（如生命值、攻击力等）和二级属性（如暴击率、闪避率等）方面的分配倾向。此处直接引用这些权重数据，以确保职业特点与装备属性匹配。

- **标准装备属性**：数据源自本小节中"6.计算标准装备属性"部分的计算结果（可
参考表 5.5）。标准装备属性是基于各装备部位的基础属性值，按照装备阶段与
品质进行扩展后所得到的数值，为职业装备属性的计算提供基础数据。

表 5.6 所示为战士 8 阶传说品质装备属性数值。

表 5.6　战士 8 阶传说品质装备属性数值

部位 ID	名称	生命值	攻击力	防御力	命中率	闪避率	暴击率	暴击伤害倍数	抵抗暴击率	战斗力
1	武器		263				173	698		1591
2	手套		88		513					1114
3	项链	4194	306							726
4	手镯		219				116			641
5	戒指				129			526		784
6	头盔			245					193	947
7	衣服	2097		490					129	1170
8	裤子	4893		367						857
9	鞋子	2796				263				806
10	护腕			123		321				765

战士的装备设计偏向于提升生命值、防御力等属性，以契合其在战斗中高生存能力的定位。通过强化生存能力，战士能够在战斗中承受大量伤害，保障队伍的持续作战能力。例如，战士所佩戴的头盔能够提供 245 点防御力和 193 点抵抗暴击率；而裤子则凭借高达 4893 点的生命值加成显著增强其生存能力，让战士在战斗过程中表现得更为稳健。表 5.7 所示为法师 8 阶传说品质装备属性数值。

表 5.7　法师 8 阶传说品质装备属性数值

部位 ID	名称	生命值	攻击力	防御力	命中率	闪避率	暴击率	暴击伤害倍数	抵抗暴击率	战斗力
1	武器		420				231	698		1958
2	手套		140		490					1120
3	项链	3495	490							840
4	手镯		350				154			910
5	戒指				123			526		772
6	头盔			187					154	747
7	衣服	1748		373					103	923
8	裤子	4077		280						688
9	鞋子	2330				249				731
10	护腕			94		305				704

法师的装备侧重于强化攻击力和暴击率，旨在将输出能力最大化。这种设计让法

师能够凭借高伤害技能快速击杀敌人，成为战斗中的核心输出力量。例如，法师的武器具备 420 点攻击力、231 点暴击率和 698 点暴击伤害倍数，这些是提升法师爆发伤害的关键装备部件。

通过将职业权重与标准装备属性相结合，能够使不同职业的装备属性分配全面展现其战斗定位，同时维持战斗的平衡性。战士凭借强大的防御力和出色的生存能力，在战斗中承担大量伤害；而法师则通过高输出能力掌控战场节奏。玩家可以根据职业定位合理选择装备，进而实现战斗力的最大化，使游戏的策略深度与角色的成长体验更为丰富。

至此，我们完成了装备属性计算的部分。然而，属性设计的合理性还需要通过进一步的平衡性验证。下一步，我们将针对装备属性的分配和职业差异展开平衡性分析，以确保整个装备系统符合设计预期，并能为玩家带来良好的游戏体验。

8. 平衡性验证

在装备系统设计中，平衡性验证是保障各职业装备成长合理性的关键环节。通过计算和对比不同职业的装备总战斗力，可以评估装备数值分配是否符合设计预期，进而确保各职业在战斗中的表现处于相对平衡状态。下面以战士、法师、弓手、盗贼、牧师这 5 种职业为例，分析装备战斗力分布情况，从而验证系统平衡性。

平衡性验证的核心在于比较各职业装备的总战斗力，具体做法是汇总每个职业各部位装备的战斗力数值，分析总战斗力分布是否均衡。同时，我们需要分析装备属性分布的差异，检查各职业在特定装备部位获得的属性加成，确保不会出现因单一装备属性过强或过弱而破坏职业平衡的情况。

表 5.8 所示为各职业不同装备战斗力。

表 5.8　各职业不同装备战斗力

职业	武器	手套	项链	手镯	戒指	头盔	衣服	裤子	鞋子	护腕	总战斗力
标准人	1750	1049	758	762	760	935	1111	758	759	759	9401
战士	1591	1114	726	641	784	947	1170	857	806	765	9401
法师	1958	1120	840	910	772	747	923	688	731	704	9393
弓手	1871	1066	801	848	760	840	1008	703	748	747	9392
盗贼	1908	974	836	874	736	784	954	709	823	800	9398
牧师	1750	1049	758	762	760	935	1111	758	759	759	9401

注：以上数据基于 8 阶传说品质装备，建议在实际制作时使用更多不同阶段和品质装备的数据进行对比，以提高平衡性验证的准确性。其中，"标准人"的装备情况对应的总战斗力数值为 9401，该数据可作为一个基准参照点。借助它能够对其他职业（如战士、法师、弓手等）的装备分布状态和总战斗力水平进行衡量。通过这样的衡量方式能够有效保障不同职业间的装备设计不会出现过于显著的不平衡状况，避免因装备失衡而对游戏内各职业的战斗表现造成负面影响。

从表 5.8 中可以看出，不同职业的装备总战斗力处于 9400 上下，整体分布较为均衡，以验证装备系统的合理性。具体分析如下。

- 战士的装备偏向于提升生命值和防御力属性，彰显其高生存能力的战斗定位。尽管武器的战斗力相对较低，但通过高防御装备的加成，其总战斗力达到 9401，与其他职业的总战斗力极为接近。

- 法师注重强化攻击力和暴击率，其输出装备（如武器和手镯）的战斗力较高，而防御装备的战斗力相对偏低，总战斗力为 9393，虽略低于战士，但仍在合理范围内。

- 弓手和盗贼作为输出型职业，其装备的战斗力在攻击力属性和暴击能力上有较高的分配占比，总战斗力分别为 9392 和 9398，体现出其高爆发输出的职业特性。

- 牧师作为辅助职业，虽然输出能力较弱，但是通过生命值和防御力属性的平衡加成，总战斗力达到 9401，与标准人一致，满足其生存与支援队友的需求。

注意： 以上数据仅为示例，建议在实际游戏开发过程中结合真实战斗数据和玩家反馈进一步验证，以此确保装备系统在各职业间的平衡性。

本次平衡性验证结果表明，不同职业的装备总战斗力均在合理范围内，各职业在特定装备部位中能获得与其战斗定位相匹配的属性加成。下一步建议基于测试数据和玩家反馈，对装备属性分配进行动态调整，从而进一步优化职业间的平衡性。此外，平衡性验证应扩展至不同的装备阶段和品质层面，确保装备系统在整个游戏生命周期内都能持续保持平衡状态。同时，通过开展结合战斗环境的模拟测试，能够进一步明确装备属性对各职业表现的影响是否符合设计预期。

通过这样的平衡性验证与优化设计，装备系统能够为玩家带来公平且多样化的游戏体验，同时进一步增强职业成长的策略性与趣味性，使游戏更具吸引力和持久运营能力。

5.1.2　装备强化

装备强化是推动角色成长的重要环节之一，通过对现有装备进行逐级升级，从而提升角色的一级属性。与装备替换相比，装备强化更注重资源分配的合理性，玩家需要通过精确计算，力求以最小的资源投入获取最大的属性增益。这一系统为装备成长赋予了持续性和策略性，让玩家能够在角色成长过程中感受到稳定的进步。

1. 装备强化的基础规则

装备强化系统设计遵循以下基础规则。

- **强化次数**：装备强化共分为 80 级，每当角色等级提升 1 级，对应装备便可获得 1 次强化机会，直至强化到 80 级满级状态。

- **强化属性**：装备强化仅对一级属性（如生命值、攻击力、防御力等）产生提升效果，二级属性（如暴击率、命中率等）不会因强化而改变。

- **统一标准**：所有职业共享同一套装备强化标准，不区分职业差异。强化时的唯一差异体现在装备部位上，攻击类装备在强化时会提升攻击力属性，防御类装备在强化时会提升生命值和防御力属性。

- **属性平衡**：尽管不同装备部位在强化时所提升的属性数值存在差异（例如，武器在强化时侧重于攻击力的提升，而头盔在强化时则更侧重于防御力的提升），但这些数值增长所带来的战斗力增益效果应保持一致，以此确保各装备部位在战斗力提升方面的平衡性。

通过上述规则设定，装备强化不仅丰富了玩家的成长体验，还保障了各装备部位在战斗力提升过程中能够保持整个装备系统的数值平衡性。

2. 装备强化的属性分配

装备强化系统的核心在于为每个装备部位合理分配属性提升比例，既要与装备自身的功能定位相匹配，又要在整体上保持战斗力的平衡性。经过装备强化，攻击类装备（如武器、手镯等）能够大幅提升角色的输出能力，而防御类装备（如头盔、衣服等）则着重增强角色的生存能力。为了达到这一目标，强化属性的分配必须基于科学的数值设计，同时遵循游戏整体成长体系的内在逻辑。

在强化系统中，总属性分配的比例源自 3.3.2 小节中的"4.属性分配"部分，其中装备强化系统的属性在全局属性数值中占比 8%。这一比例会被进一步细化到具体的装备部位，以确保强化属性与其功能定位相匹配。例如，武器作为核心输出装备，其攻击属性在强化时占比较高，用于满足输出职业的战斗力需求；头盔和护腕作为主要的防御装备，在强化时更注重生命值和防御力的提升，以增强角色的生存能力；项链和戒指等综合型装备则在强化时注重平衡生命值和攻击力属性，以适应多样化的战斗力需求。

表 5.9 所示为装备强化属性分配。

表 5.9　装备强化属性分配

名称	生命值	攻击力	防御力	装备权重
武器		2.80%		2.80%
手套		1.00%	1.30%	2.30%
项链	1.30%	1.00%		2.30%
手镯		1.10%	1.20%	2.30%
戒指	1.30%	1.00%		2.30%
头盔	1.20%		1.10%	2.30%
衣服	1.90%		0.90%	2.80%
裤子		1.10%	1.20%	2.30%
鞋子	1.10%		1.20%	2.30%
护腕	1.20%		1.10%	2.30%
属性权重	8.00%	8.00%	8.00%	-

通过这一属性分配方式，装备强化后的属性能够充分体现各装备部位在战斗中的作用。例如，攻击类装备（如武器、手镯等）强化后主要提升攻击力，显著提升输出职业的战斗力；防御类装备（如头盔、衣服、护腕等）主要强化生命值和防御力，确保角色的生存能力；综合型装备（如项链、戒指等）兼顾生命值与攻击力，能够满足不同角色的多样化战斗力需求。

3. 装备强化属性的计算

装备强化数值的计算基于前面设定的强化属性分配比例进行。为确保计算过程科学合理且具备实际可操作性，通过特定公式将装备强化属性分配比例与角色标准属性成长（全局）相结合，进而计算出每个装备部位在不同等级下的强化属性值。具体计算公式如下。

装备强化属性=装备强化属性分配比例×标准属性成长（全局）数值

- **装备强化属性分配比例**：此数据源自"2.装备强化的属性分配"部分的表 5.9，表格中明确列出了每个装备部位在不同属性上的具体分配比例。
- **标准属性成长（全局）数值**：来源于角色标准属性增长曲线，具体参考表 3.11 一级属性成长设定（全局）和表 3.12 二级属性成长设定（全局）。在计算强化属性时，取值等级与装备强化等级紧密相关。

运用上述公式，我们能够推算出各个等级下所有装备部位的强化属性增长数值。例如，武器的攻击力属性数值、手套的防御力属性数值、项链的生命值属性数值等都会随着装备强化等级的提升而逐步增长。

从 1 级到 80 级，不同装备部位强化后的生命值、攻击力和防御力的变化情况，如表 5.10 所示。

表 5.10　不同部位装备强化属性数值

装备强化	取值等级	武器			手套			……	护腕		
		生命值	攻击力	防御力	生命值	攻击力	防御力	……	生命值	攻击力	防御力
1	1	-	1	-	-	0	1	……	5	-	0
2	2	-	2	-	-	1	1	……	10	-	1
……	……	……	……	……	……	……	……	……	……	……	……
10	10	-	12	-	-	4	5	……	50	-	5
11	11	-	13	-	-	5	6	……	58	-	5
……	……	……	……	……	……	……	……	……	……	……	……
20	20	-	29	-	-	10	14	……	125	-	11
21	21	-	31	-	-	11	15	……	134	-	12
……	……	……	……	……	……	……	……	……	……	……	……

续表

装备强化	取值等级	武器			手套			……	护腕		
		生命值	攻击力	防御力	生命值	攻击力	防御力	……	生命值	攻击力	防御力
30	30	-	53	-	-	19	24	……	226	-	21
31	31	-	56	-	-	20	26	……	240	-	22
……	……	……	……	……	……	……	……	……	……	……	……
40	40	-	87	-	-	31	41	……	374	-	34
41	41	-	92	-	-	33	43	……	394	-	36
……	……	……	……	……	……	……	……	……	……	……	……
50	50	-	134	-	-	48	62	……	576	-	53
51	51	-	141	-	-	50	66	……	605	-	55
……	……	……	……	……	……	……	……	……	……	……	……
60	60	-	204	-	-	73	95	……	874	-	80
61	61	-	213	-	-	76	99	……	912	-	84
……	……	……	……	……	……	……	……	……	……	……	……
70	70	-	296	-	-	106	137	……	1267	-	116
71	71	-	307	-	-	110	142	……	1315	-	121
……	……	……	……	……	……	……	……	……	……	……	……
80	80	-	408	-	-	146	189	……	1747	-	160

通过这种分步计算方式，各装备部位在每个等级下的强化属性能够维持协调一致，并且随着强化等级的逐步提升，属性值的增长幅度也逐步加大。这种平滑的数值增长曲线不仅能为玩家带来稳定且持续的成长体验，还能有力保障游戏系统的整体平衡性。

4. 平衡性验证

装备强化系统作为提升角色战斗力的重要手段，其设计的平衡性对玩家的成长体验和游戏整体的公平性有着直接且深远的影响。因此，在构建完成装备强化系统后，我们需要对其平衡性进行验证。通过对各装备部位强化后的战斗力变化情况进行细致的数据化分析，我们能够清晰判断每个部位的属性增长曲线是否合理，进而确保各装备部位在战斗力提升上保持协调一致。

在不同强化等级下，不同部位的战斗力数值，如表 5.11 所示。

表 5.11　不同部位的战斗力数值

强化等级	武器战斗力	手套战斗力	……	护腕战斗力
1	1	1	……	1
2	2	2	……	2
……	……	……	……	……
10	12	9	……	10
11	13	11	……	11
……	……	……	……	……
20	29	24	……	24
21	31	26	……	26
……	……	……	……	……
30	53	43	……	44
31	56	46	……	46
……	……	……	……	……
40	87	72	……	72
41	92	76	……	76
……	……	……	……	……
50	134	110	……	111
51	141	116	……	116
……	……	……	……	……
60	204	168	……	168
61	213	175	……	176
……	……	……	……	……
70	296	243	……	243
71	307	252	……	253
……	……	……	……	……
80	408	335	……	335

通过对比可以看出，尽管部分装备（如武器等）的战斗力增幅略高，但从整体来看，各装备部位的战斗力增长保持在一个合理的范围内。这主要是因为武器作为攻击类装备，其基础属性权重较高，致使游戏后期战斗力增长速度较快。而其他装备部位（如手套、护腕等）则呈现出较为均衡的增长趋势。

- **武器**：由于权重较高，后期战斗力增长较快。
- **手套、护腕**：战斗力增长较为均衡，与其他部位相差不大。

整体验证表明，装备强化系统在不同部位间实现了合理的战斗力分布，避免了某些装备部位属性过强或过弱的失衡现象，为玩家带来了良好的成长体验。

此外，对于不同品质的装备，强化时的属性加成需要考量品质系数的影响。基于

5.1.1 小节中的"5.品质属性占比的设定"部分，我们可以通过以下公式计算不同品质装备的强化属性：

不同品质装备的强化属性=装备强化属性分配比例×标准属性成长（全局）数值×品质属性占比

例如，普通（绿色）品质装备的强化属性需要乘以 70%，而传说（橙色）品质装备则乘以 100%，以此彰显品质间的差异化数值表现。这种设计确保了不同品质装备的强化效果与其稀有度相符，进一步丰富了玩家的成长路径。

装备强化系统通过逐步提升角色的核心属性，为玩家带来直观且循序渐进的成长体验。无论是攻击类装备还是防御类装备，强化后的属性增长既均衡又契合其功能定位。在战斗力分布方面，强化后的各装备部位需要保持平衡，避免某些部位属性过于突出或过于薄弱的问题。同时，不同品质装备强化属性的差异化设计，进一步满足游戏中多样化的成长需求。

接下来，我们将探索装备成长的另一重要环节——装备升星，能够为玩家的装备成长赋予更大的潜力，提供更多的策略选择。

5.1.3　装备升星

装备升星是装备成长的重要环节。通过升星操作，玩家能够大幅提升装备的功能属性，进而将角色战斗力提升到新高度。与装备强化所带来的渐进式增长不同，升星是一种"质变"的提升方式，尤其适用于面对高难度挑战的角色成长需求。

升星不仅是属性提升的手段，还是一种策略性成长机制。装备升星能够帮助玩家通过资源管理实现装备的进阶蜕变，让装备从普通品质装备成长为史诗或传说品质装备。虽然升星提升依托装备的基础属性，并遵循全局统一的比例规则，但考虑到不同职业对装备的需求差异、各部位装备在战斗中的战略价值不同，即使装备基础属性平衡，仍需要对升星后的属性加成进行平衡性验证，以确保各职业、各装备类型在升星后仍保持合理的强度关系。

1. 升星规则

装备升星的设计基于以下核心规则。

- **星级上限**：每件装备的星级上限设定为 10 星，当装备达到满星状态时，其性能将达到巅峰状态。

- **升星效果**：升星是以百分比的形式对装备基础属性进行提升，这里的提升范围不涵盖装备强化所产生的附加属性。经由升星带来的基础属性增幅，会直观地在角色战斗表现中得以体现。

- **属性占比与提升比例**：根据 3.3.2 小节中的设定，装备升星系统在全局属性中所占比重为 16%，而装备基础属性占比为 8%。因此，升星实际的提升比例为 16%÷8%=200%。

这一比例意味着，当装备处于满星（10 星）状态时，其基础属性将实现 200% 的增长，为角色战斗力带来极为显著的提升。

2. 升星属性加成

在装备升星的过程中，基础属性会随着星级的逐步提升而不断增强，属性增幅呈现出递进式增长趋势。在从 0 星升至 10 星的过程中，每次升星都会显著提升装备的属性数值。尤其在高星级阶段，升星所产生的效果愈发明显，对于战斗力提升的影响也更为关键。表 5.12 所示为装备升星比例分配。

表 5.12　装备升星比例分配

装备升星	基础属性提升比例	单级提升比例
从 0 星升至 1 星	5%	5%
从 1 星升至 2 星	10%	5%
从 2 星升至 3 星	20%	10%
从 3 星升至 4 星	30%	10%
从 4 星升至 5 星	50%	20%
从 5 星升至 6 星	70%	20%
从 6 星升至 7 星	90%	20%
从 7 星升至 8 星	120%	30%
从 8 星升至 9 星	150%	30%
从 9 星升至 10 星	200%	50%

- **升星等级从 0 星升至 2 星**：基础属性提升至 10%，单级提升比例为 5%。
- **升星等级从 2 星升至 4 星**：基础属性进一步提升至 30%，单级提升比例增至 10%。
- **升星等级从 4 星升至 7 星**：基础属性大幅提升至 90%，单级提升比例增至 20%。
- **升星等级从 7 星升至 9 星**：基础属性提升至 150%，单级提升比例显著增至 30%。
- **升星等级从 9 星升至 10 星**：当装备升至满星（10 星）时，基础属性提升至 200%，单级提升比例增至 50%。

这一设计确保了升星过程的属性增长具有明确的递进关系。尤其是在高星级阶段，装备的战斗力提升效果尤为显著，为玩家在游戏后期战斗中的高强度需求提供有力支持。这种持续和显著的成长曲线，既能满足玩家对装备成长的期待，又为游戏增添丰富的深度与策略性选择。

3. 升星属性计算

在装备升星过程中，属性的提升遵循以下计算公式：

升星属性值＝装备基础属性×基础属性提升比例

- **装备基础属性**：其基础数据源自具体装备的初始属性，可参考 5.1.1 小节中的计算方法获得，涵盖攻击力、暴击率、暴击伤害倍数等属性。

- **基础属性提升比例**：此数据源自表 5.12 中的升星比例分配。随着星级的升高，基础属性提升比例依次递增，充分展现出星级提升带来的累进效果。

通过该公式，能够逐级计算每个星级下具体的属性值变化及战斗力增幅。以战士 8 阶传说武器为例，展示升星后的具体属性加成，如表 5.13 所示。

表 5.13　战士 8 阶传说武器升星属性加成

星级	基础属性提升比例	攻击力	暴击率	暴击伤害倍数	总战斗力
0 星	0	263	173	698	1591
1 星	5%	277	182	733	1671
2 星	10%	290	191	768	1751
3 星	20%	316	208	838	1910
4 星	30%	342	225	908	2069
5 星	50%	395	260	1047	2387
6 星	70%	448	295	1187	2705
7 星	90%	500	329	1327	3023
8 星	120%	579	381	1536	3501
9 星	150%	658	433	1745	3978
10 星	200%	789	519	2094	4773

- **基础属性**：在装备处于 0 星状态时，以武器为例，其基础属性中攻击力为 263、暴击率为 173、暴击伤害倍数为 698，此时武器对应的总战斗力为 1591。
- **基础属性提升比例**：随着每次升星，武器的基础属性按设定比例逐步提升。例如，当装备升至 1 星时，攻击力提升至 277，当装备达到 10 星时，攻击力达到 789，暴击伤害倍数提升至 2094，总战斗力提升至 4773。

通过上述数据可以看出，升星所带来的属性增长与星级提升呈现出显著的递增趋势。尤其在高星级阶段，装备战斗力的增长尤为突出，充分体现了升星机制所引发的"质变"效果。

装备升星是增强角色战斗力的重要环节之一。玩家通过升星操作能够大幅提升装备的基础属性，从而显著提升角色在战斗中的表现。升星过程中这种递增式的属性增长，为玩家在游戏后期提供强劲的战斗支撑，使其在面对高难度挑战时更具优势。同时，这一机制能加深游戏成长系统的策略深度，为玩家带来更具吸引力和挑战性的成长体验。

5.1.4　装备宝石

在角色成长体系中，宝石系统为玩家提供灵活多样的装备强化选择。通过镶嵌宝石，玩家能够针对特定属性进行精准强化，这不仅有助于提升角色在战斗中的优势，还能加深游戏的策略深度。在游戏的不同阶段，玩家可以通过收集、合成与镶嵌宝石，显著提升装备的各项属性，以应对多样化的战斗需求。作为辅助成长机制，宝石系统能够灵活适应各种战斗环境，助力玩家在关键时刻脱颖而出，为整个角色成长过程持续注入动力与乐趣。

1. 宝石系统规则

宝石系统在游戏中的设定遵循以下基础规则，旨在为玩家提供清晰的成长指引和公平的选择空间。

1）宝石种类

宝石共有 8 种，分别为红宝石、黄宝石、蓝宝石、绿宝石、紫宝石、黑曜石、白水晶、橙宝石。值得注意的是，每种宝石仅对一种独特属性产生加成效果。

2）属性加成

每种宝石只加成一种属性，具体如下。

- 红宝石：提升攻击力。
- 黄宝石：提升防御力。
- 蓝宝石：提升生命值。
- 绿宝石：提高命中率。
- 紫宝石：提高闪避率。
- 黑曜石：提高暴击率。
- 白水晶：提高暴击伤害倍数。
- 橙宝石：提高抵抗暴击率。

3）宝石等级

宝石共分为 9 个等级，玩家可以通过合成低级宝石的方式来获取更高等级的宝石。随着宝石等级的提升，其属性加成效果愈发显著，能够满足玩家在游戏中后期应对更高战斗强度的需求。

4）宝石镶嵌

每件装备可镶嵌的宝石种类和数量由装备类型决定。例如，武器通常可以镶嵌红宝石、绿宝石等，以强化其输出能力；而手套则仅能镶嵌蓝宝石等。这种设计能够确保宝石选择与装备的功能定位相匹配，使玩家能够更合理地规划装备强化方案。

5）宝石属性平衡

相同等级的宝石，无论其属性偏向攻击还是防御，战斗力增幅均保持一致。这一设定可以确保宝石选择的公平性，玩家能够依据角色定位与当下的战斗需求，自由地选择所需的宝石属性，避免因某类宝石过于强势而导致的游戏失衡现象。

通过这些规则，宝石系统为玩家提供多样化且可持续的成长路径。在后续内容中，我们将进一步介绍宝石属性的计算方法与平衡性验证机制，确保玩家在利用宝石系统增强角色时，能在公平且有趣的游戏环境中不断成长。

2. 装备镶嵌规则

在宝石系统中，每件装备可镶嵌的宝石种类是根据装备的功能定位和属性需求设定的。由于每件装备可镶嵌的宝石数量有限，因此玩家合理选择和分配宝石种类至关重要。通过这种方式，玩家能够根据装备在角色战斗中的定位，提升特定的属性，进而增强角色的战斗力。表 5.14 所示为不同装备可镶嵌的宝石。

表 5.14   不同装备可镶嵌的宝石

ID	类型	1级 红宝石	1级 黄宝石	1级 蓝宝石	1级 绿宝石	1级 紫宝石	1级 黑曜石	1级 白水晶	1级 橙宝石
1	武器	1					1		
2	手套			1					
3	项链			1				1	
4	手镯				1				
5	戒指	1				1			
6	头盔						1	1	
7	衣服				1				1
8	裤子		1						
9	鞋子					1			
10	护腕		1						1
宝石总需求数量		2	2	2	2	2	2	2	2

在上述宝石分配方案中，武器作为攻击类装备，适合镶嵌提升攻击力的红宝石和提高命中率的绿宝石；而像头盔、衣服等防御类装备，则适合镶嵌提升防御力的黄宝石和提高暴击率的黑曜石等。通过这样的宝石配置，能够确保不同装备根据自身定位发挥最大作用。

此外，每种宝石的需求量在此分配方案中保持一致，确保宝石消耗的平衡性，避免某种宝石需求过多或过少，进而影响系统的平衡性。在实际制作时，我们可以根据游戏的具体需求来调整宝石的分配比例，但需要始终确保每种宝石的需求量相同，以保持系统的稳定性和公平性。

3. 宝石等级属性设定

在之前的章节中，我们使用对标等级法完成了 4.2.3 小节中卡牌进阶的属性计算。而在这一部分内容中，我们将使用《游戏数值百宝书：成为优秀的数值策划》中的另一种方法——百分比分配法来完成不同等级宝石的属性占比设计。该方法通过设定不同宝石等级的属性提升比例，确保宝石系统在玩家成长的过程中，既具备稳定性，又具备一定的灵活性。

在宝石系统中，不同等级的宝石所提升的属性是按比例逐步递增的。随着宝石等级的提升，属性提升幅度逐渐加大，但增幅会随等级的提升而逐渐变小，以保障系统的平衡性。表 5.15 所示为不同等级宝石的属性占比。

表 5.15　不同等级宝石的属性占比

宝石等级	属性占比	提升比例
1	2.0%	-
2	4.0%	100%
3	7.0%	75%
4	12.0%	71%
5	20.0%	67%
6	30.0%	50%
7	45.0%	50%
8	67.5%	50%
9	100.0%	48%

注：随着宝石等级的提升，其属性占比呈现出逐步增长的趋势。例如，1 级宝石的属性占比为 2%，当宝石等级升至 9 级时，属性占比升至 100%。这里的提升比例指的是当前等级宝石相较于上一级宝石的属性增长幅度，该比例从低等级向高等级逐渐降低。例如，从 1 级宝石提升至 2 级宝石，属性提升比例为 100%；从 4 级宝石提升至 5 级宝石，属性提升比例为 67%。

这种属性提升模式具有显著优势。在宝石处于低等级阶段时，其属性增长速度较快，能够助力玩家迅速适应早期游戏环境；而随着宝石等级升高，增幅逐渐放缓，从而有效避免因数值大幅飞跃而对游戏平衡性造成破坏。此外，这种设计延长了宝石系统的成长周期，能持续为玩家提供升级动力与探索乐趣。

在下一步的宝石属性计算环节中，我们将基于表 5.15，进一步验证宝石系统设计的合理性，并为不同等级的宝石赋予具体数值，以此确保该系统在实际应用中的可行性。

4. 宝石属性计算

为精准计算不同等级宝石的属性加成，我们采用统一的计算公式，将宝石等级、属性占比、标准属性成长及宝石需求数量相结合，从而得出每颗宝石的具体加成值。此方法能够确保宝石的数值加成符合整体平衡性设计，为玩家带来连贯且一致的属性增长体验。

宝石属性计算公式：

宝石属性=宝石属性占比×80 级标准属性成长（全局）×不同等级宝石属性占比÷宝石总需求数量

- **宝石属性占比**：该占比数据源自 3.3.2 小节中"4.属性分配"部分的设定，是专门针对宝石系统分配的属性比例。它明确了宝石在装备整体属性体系中的权重，为宝石属性的计算奠定了基础。

- **80 级标准属性成长（全局）**：此数据源自 3.3.2 小节"2.属性成长"部分中的标准属性成长（全局）。我们直接采用 80 级时的标准属性成长数值进行计算。例如，80 级时的攻击属性标准成长值为 14560，生命值或其他属性则依据同章节的数据取值。

- **不同等级宝石属性占比**：该占比反映了宝石随着等级提升其属性增加的比例。该数据源自表 5.15，以此保证各等级宝石的属性增幅与整体成长曲线相契合。

- **宝石总需求数量**：该数据源自表 5.14，明确了每种宝石在装备系统中的总消耗数量。借助这一参数，能够确保每种宝石的需求与加成效果在系统中保持平衡状态。

以 1 级红宝石对攻击数值的加成情况为例，计算过程如下：

1 级红宝石加成攻击数值=宝石属性占比（12%）×80 级标准属性成长（14560）×不同等级宝石属性占比（2%）÷宝石总需求数量（2 个红宝石）=0.12×14560×0.02÷2≈18

通过计算可得，1 级红宝石的攻击加成值为 18。

依照上述公式，能够进一步计算出其他等级及不同属性宝石的加成数值。每个等级的宝石均按此逻辑进行计算，确保宝石系统设计具备规范性与平衡性。

5. 平衡性验证

在完成宝石属性计算后，平衡性验证是确保各类宝石在不同等级下属性加成和战斗力数值保持均衡的重要环节。通过对比不同宝石在相同等级下的战斗表现，能够有效地判断宝石系统是否达成了设计预期中的公平性和平衡性要求。

以 4 级宝石为例，我们对其各类属性的战斗力加成进行验证，如表 5.16 所示。

表 5.16　各类型 4 级宝石属性的战斗力

名称	生命值	攻击力	防御力	命中率	闪避率	暴击率	暴击伤害倍数	抵抗暴击率	战斗力
4 级红宝石		105							105
4 级黄宝石			105						105
4 级蓝宝石	1049								105
4 级绿宝石				53					106
4 级紫宝石					53				106
4 级黑曜石						29			106
4 级白水晶							105		105
4 级橙宝石								29	106

从表 5.16 中可见，无论是攻击类宝石（如红宝石等）还是防御类宝石（如黄宝石等），其战斗力加成均保持在 105 到 106 之间，差异极小。这表明宝石系统在同等级条件下的战斗表现具备良好的均衡性，为玩家提供近乎一致的加成效果。这种设

计既能满足玩家对宝石灵活搭配的需求，又能避免因属性差异过大引发的游戏不平衡问题。

装备宝石系统通过多样化的属性设计与平衡性验证，构建起一个既灵活又公平的角色成长机制。玩家可以根据不同战斗需求选择合适的宝石，在游戏中后期能够通过该系统实现战斗力的持续稳步提升，同时保持整个游戏系统的平衡性与策略性。

装备系统围绕装备强化、装备升星和装备宝石 3 个主要环节，打造出一个多维度的角色成长路径。其中，装备强化系统为玩家提供稳定且循序渐进的属性增长体验；装备升星系统促使装备基础属性实现显著突破；而装备宝石系统则借助灵活的组合方式与丰富多样的属性加成效果，加深装备成长过程中的策略深度。

这一完整的装备成长体系通过精确的属性分配、严谨的数值计算和全面的平衡性验证，为玩家带来持续的乐趣与挑战，同时为游戏数值框架奠定坚实基础。该系统不仅提供了多样化的角色成长路径，还为玩家个性化的战斗需求提供了充足的策略空间，是游戏核心机制的重要组成部分，为后续的内容优化和设计开发提供了有力保障。

番外篇：Excel 应用（3）

在游戏数值策划和数据分析中，Excel 不仅是一款常用的电子表格工具，还是数值策划人员实现高效数据处理、完成复杂计算的得力助手。通过对各种函数的熟练运用，策划人员可以快速完成大量数据的整理、分析与模拟，从而为游戏设计提供可靠的数值支持。

此前，我们已经介绍了多种基础函数（如锁定符"$"、多条件求和、逻辑判断和查询函数等）的应用，为日常数值策划奠定了坚实基础。然而，在面对更为复杂的数值设计需求时，我们需要借助功能更为强大的函数来实现随机数生成、平均值计算、极值筛选等操作。在本番外篇内容中，我们将深入探讨 3 个在数值策划中至关重要的函数：RAND 函数和 RANDBETWEEN 函数、MIN 函数和 MAX 函数，以及 AVERAGE 函数。这些函数能够助力策划人员精准模拟游戏中的随机机制，深入剖析数值分布趋势，筛选出关键数据点，为构建平衡且合理的数值系统提供关键依据。

接下来，我们将结合实际场景逐一介绍这些函数的具体用法和应用示例，帮助策划人员更高效地通过 Excel 提高数值策划的精准度与工作效率。

1. RAND 函数和 RANDBETWEEN 函数：随机数的生成

在游戏策划环节，随机机制广泛应用于掉落率设计、随机事件设计、属性分配等场景。而 Excel 所提供的 RAND 函数和 RANDBETWEEN 函数能够轻松生成所需的随机数，为策划人员打造直观且便捷的随机性模拟工具。

1）RAND 函数：生成随机小数

RAND 函数的功能是生成一个介于 0 和 1 之间的随机小数。在每次刷新工作表时，该函数生成的数值都会随之更新。该函数在概率设计中尤为实用，如模拟道具掉落概率或事件触发概率。

公式示例：

```
=RAND()
```

当在 Excel 单元格中输入该公式后，系统将生成一个介于 0 和 1 之间的随机小数。例如，若生成的结果为 0.75，则可以将其理解为对应事件发生的概率为 75%。通过与其他函数（如 IF 函数）配合使用，能够实现更为复杂的概率事件模拟。公式为：

```
=IF( RAND() <= 0.5, "成功" , "失败" )
```

上述公式模拟了一个成功概率为 50% 的随机事件，返回值为"成功"或"失败"。

2）RANDBETWEEN 函数：生成随机整数

RANDBETWEEN 函数主要用于生成指定范围内的随机整数，这在需要获取离散随机数时非常实用。例如，在装备设计中，策划人员可以使用该函数随机生成某个掉落物品的装备 ID。公式示例：

```
= RANDBETWEEN(1,100)
```

此公式会生成一个 1 到 100 之间的随机整数。如果想要模拟装备强化等级的随机分配，则可以使用如下公式：

```
=RANDBETWEEN(1,10)
```

此公式会生成一个 1 到 10 之间的强化等级数值。

在实际应用场景方面，RAND 函数常用于模拟概率事件，如角色技能的触发概率、宝箱奖励概率或道具掉落概率等设计；而 RANDBETWEEN 函数则更适用于随机生成角色属性（如生命值、攻击力等），或者随机选择玩家获取的道具和装备，以此满足多样化的游戏策划需求。

通过 RAND 函数和 RANDBETWEEN 函数，策划人员可以直观地模拟游戏中的随机机制并验证其合理性。这种随机数生成方式不仅高效灵活，还能有效支持策划人员设计和优化符合游戏需求的随机事件和数值分配方案。

2. MIN 函数和 MAX 函数：查找极值

在游戏制作的过程中，策划人员时常需要通过查找数值集合中的最小值或最大值来确定角色属性的取值范围、装备属性的上下限，或者对大量数值数据展开分析，为游戏设计提供参考依据。Excel 中的 MIN 函数和 MAX 函数正是快速获取极值的有效工具，为保障数值设计的平衡性发挥着关键作用。

1）MIN 函数

MIN 函数用于查找一组数据中的最小值。在实际应用中，该函数的常见场景包括确定装备属性的最低值以设定基础属性下限，或者在随机生成的角色属性（如生命值、攻击力、防御力等）中找出最小值。公式示例：

```
=MIN(A1:A10)
```

此公式会返回从 A1 单元格至 A10 单元格区域中的最小值。例如,如果预先设计了一组随机生成的角色属性数据,则可以通过 MIN 函数快速找到最低的数值,为后续的数值调整提供依据。

2)MAX 函数

MAX 函数用于获取一组数据中的最大值。在设定装备属性的顶级值或角色属性的上限时,该函数应用频繁。例如,策划人员可能需要找出某件装备的最高攻击力数值,或者明确某个角色技能的最大伤害值。公式示例:

```
=MAX(B1:B10)
```

此公式会返回从 B1 单元格到 B10 单元格区域中的最大值。例如,在设计角色技能时,通过 MAX 函数能够快速锁定最高伤害值,这对于平衡技能在游戏中的表现至关重要。

在通常情况下,MIN 函数多用于查找装备属性的最低值(如基础属性下限),或者分析角色属性的最小值,进而据此制定成长补偿机制;而 MAX 函数则主要用于确定装备的最高属性值(如顶级属性范围),或者查找怪物在特定等级下的最高伤害值,以便合理调整战斗难度。

在数值设计分析中,MIN 函数和 MAX 函数通常会结合使用,以便全面了解数值的上下限情况。例如,在一场战斗中,我们可以用 MIN 函数找出怪物的最低攻击力,用 MAX 函数找出怪物的最高攻击力,从而合理设定战斗难度与随机性,为玩家带来更为平衡的游戏体验。

3. AVERAGE 函数:平均值的计算

AVERAGE 函数是 Excel 中最为常用的统计函数之一,其作用是计算一组数值的平均值。在游戏数值策划中,该函数可以帮助策划人员了解某一属性的"正常范围",为调整数值平衡提供重要依据。通过 AVERAGE 函数,策划人员能够深入分析玩家属性、装备成长趋势和战斗平衡情况,确保游戏中的数值体验更加合理。

在任意单元格中输入公式:

```
=AVERAGE(A1:A10)
```

该公式将返回从 A1 单元格到 A10 单元格区域中数值的平均值。例如,当你想知道一组角色生命值的平均水平,可以通过 AVERAGE 函数快速获得结果,进而掌握玩家整体属性的分布情况。

AVERAGE 函数在数值策划中的应用非常广泛,尤其在下列场景中具有突出的实用价值。

- **装备属性分析**:通过计算所有装备的平均属性值,策划人员能够把握装备强度的整体趋势,并判断是否需要对装备平衡性进行调整。
- **角色成长评估**:分析不同等级下角色的平均属性值,确保玩家在角色成长过程中获得合理的体验节奏,既不会成长过快导致游戏后期内容过早耗尽,也不会成长过慢使玩家感到枯燥乏味。

- **战斗平衡性分析**：计算战斗回合中玩家和敌人的平均伤害值，调整怪物属性或技能数值，确保战斗过程具备良好的平衡性。

除了直接计算平均值，AVERAGE 函数还可以与其他函数结合使用，以便完成更为复杂的数值分析任务。例如，在某些情况下，可能仅需计算符合特定条件的数值的平均值，此时可以使用 AVERAGEIF 函数或 AVERAGEIFS 函数。

AVERAGEIF 函数用于计算符合特定条件的数值的平均值。公式示例：

```
=AVERAGEIF(A1:A10,">100")
```

该公式会返回从 A1 单元格到 A10 单元格区域中所有大于 100 的数值的平均值。

AVERAGEIFS 函数用于计算符合多个条件的数值的平均值。公式示例：

```
=AVERAGEIFS(A1:A10,B1:B10,">100",C1:C10,"<50")
```

该公式会返回从 A1 单元格到 A10 单元格区域中符合条件 B1>100 且 C1<50 的数值的平均值。

通过 AVERAGE 函数及其扩展函数，策划人员能够精准分析一组数据的总体趋势，为装备设计、角色成长和战斗平衡提供重要参考，进而不断优化游戏的数值系统。

在本番外篇中，我们深入探讨了 RAND、RANDBETWEEN、MIN、MAX 和 AVERAGE 等常用函数在游戏数值策划中的实际应用。这些函数不仅为随机数生成、极值判断和平均值计算等操作提供强大的工具，还通过高效的数据分析，帮助策划人员优化游戏系统的数值平衡。

通过灵活运用这些函数，策划人员能够在游戏设计的过程中更加高效地处理复杂的数值分配与调整任务，从而为玩家带来更加平衡、流畅的游戏体验。未来，我们将持续挖掘 Excel 工具的更多潜力，为数值策划提供更多高效实用的解决方案。

5.2　坐骑成长

坐骑成长是游戏中一种独特的收集式成长机制，与装备的替换式成长截然不同。玩家只需获得坐骑，即可直接享受其提供的属性加成，不需要频繁更换。同时，坐骑不仅能通过提升角色的一级属性（如生命值、攻击力等）和特殊属性（如攻击吸血、生命恢复等）来增强角色战斗力，还因其稀有性和设计独特性，成为玩家身份与实力的象征，兼具实用与收藏价值。

坐骑成长的核心机制包括等级提升与升星。通过这些成长路径，玩家能够逐步增强坐骑的战斗力加成，使其在战斗和探索中提供更强大的支持。本节将围绕以下 3 个方面展开详细介绍。

- **坐骑基础**：介绍坐骑的种类、品质、初始属性与基础设定，让玩家了解坐骑作为角色成长的重要补充及其在战斗与策略中的作用。
- **坐骑升级**：坐骑成长的核心途径，通过经验积累和资源投入逐步提升坐骑等级，解锁更强的属性加成。我们将探讨不同等级坐骑的属性变化及其对战斗的影响。

- **坐骑升星**：坐骑成长的质变式环节，通过成比例的大幅属性提升来显著增强坐骑的战斗力，使玩家能够在高难度战斗中获取更大优势。本部分将解析升星机制和策略，并展示如何实现升星后的最大收益。

通过坐骑成长系统，玩家不仅能够显著增强角色战斗力，还能体会到培养强大坐骑的乐趣与成就感，同时解锁更多策略玩法，丰富游戏体验。

5.2.1　坐骑基础

坐骑系统是游戏设计中的重要组成部分，不仅能为玩家提供额外的战斗力加成，还为游戏增添丰富的策略性和广阔的成长空间。多样化的坐骑设计不仅能大幅提升玩家的游戏体验，还能促使游戏战斗系统衍生出更多变的玩法与可能性。通过坐骑系统，玩家能够根据不同的需求选择最适配的坐骑，以此增强角色的基础属性，同时收获别具一格的战术优势。

本节将通过实例逐步解析坐骑的基础规则、属性分配、属性占比与属性计算等方面的设计。首先，我们将介绍坐骑的基本规则，包括种类、品质差异、属性来源等内容，为后续的属性分配和计算提供理论基础。然后，我们将探讨如何根据不同品质层级和坐骑种类合理地对属性类型予以分配，以实现战斗力的平衡性和多样化。最后，我们将讲解属性占比和属性计算的具体操作方法，进一步确保各类坐骑在实际战斗中的表现既具有策略性，又能保持公平性。

通过精细化的设计，坐骑系统不仅能赋予游戏更多层次的战略选择，还为玩家提供丰富的成长路径。后续章节将详细展示这些设计如何影响坐骑的属性与战斗表现，同时为坐骑的后续成长奠定坚实的基础。

1. 坐骑基础规则

在计算和设计坐骑属性之前，首先需要明确坐骑的基础规则。这些规则定义了坐骑的分类、属性来源、品质差异及成长机制，为后续的属性分配和计算搭建了框架。通过了解这些基础规则，玩家和游戏设计师都可以更清晰地理解坐骑在游戏中的定位与作用。

- **种类划分**：坐骑按照种类可以划分为九种，分别为战马、龙鹰、迅猛龙、机械狼、火焰凤凰、幽灵虎、雷霆狮、冰霜狼、魔法独角兽。每种坐骑都有独特的设计和属性特点，能满足玩家的不同战斗需求和收藏偏好。
- **属性加成**：坐骑为角色提供两类属性加成：一级属性（如生命值、攻击力、防御力等）和特殊属性（如攻击吸血、生命恢复等）。不同坐骑的属性加成各有偏向，通过合理搭配，玩家可以在战斗中实现更高效的属性利用。
- **品质分类**：根据品质，坐骑分为精良（蓝色）、史诗（紫色）和传说（橙色）三类。品质越高，坐骑提供的属性种类越丰富，数值也越高。例如，传说品质的坐骑不仅属性类型更多，属性加成也更显著。

- **战斗平衡**：为保持游戏的公平性，同品质的坐骑在战斗力加成上较为接近。玩家可以根据不同属性的侧重选择适合自己的坐骑，而不必单纯依赖属性数值的高低。（注意：具体平衡性可以根据游戏设计目标调整，本文为示例规则。）
- **收集式成长**：坐骑成长采用收集式机制，只要玩家成功解锁某个坐骑，就可以直接享受其属性加成，不需要频繁更换坐骑或装备。这一机制鼓励玩家通过收集和培养不同的坐骑，获得更多的成长乐趣和策略选择。

通过清晰的规则设定，坐骑系统既可以为玩家提供多样化的成长路径，又可以为后续的数值设计奠定坚实的基础。

2. 坐骑属性分配

为了确保坐骑系统的平衡性和多样性，明确每个坐骑所具备的属性类型是关键环节。根据坐骑的品质差异，我们需要为不同坐骑分配特定的属性种类和数量。例如，精良（蓝色）坐骑主要提供一级属性加成，而史诗（紫色）和传说（橙色）坐骑则主要侧重于增加更多的特殊属性加成，从而满足玩家的多样化需求。

在分配属性时，我们遵循平衡性原则，尽量使一级属性（如生命值、攻击力、防御力等）和特殊属性（如攻击吸血、生命恢复等）的数量保持均衡，以保证不同坐骑的战斗力在整体上具有公平性。此外，特殊属性的种类被合理控制，使稀有坐骑具备更突出的性能，而普通坐骑则以基础属性为主。表 5.17 所示为不同坐骑的属性分配。

表 5.17　不同坐骑的属性分配

坐骑名称	品质	生命值	攻击力	防御力	攻击吸血	生命恢复	魔法恢复	技能冷却	杀怪经验	双倍掉落	属性数量
战马	精良（蓝色）	✓		✓							2
龙鹰	精良（蓝色）	✓	✓								2
迅猛龙	精良（蓝色）		✓	✓							2
机械狼	史诗（紫色）	✓	✓		✓						3
火焰凤凰	史诗（紫色）	✓		✓		✓					3
幽灵虎	史诗（紫色）		✓	✓			✓				3
雷霆狮	史诗（紫色）	✓	✓	✓				✓			4
冰霜狼	传说（橙色）	✓	✓	✓					✓		4
魔法独角兽	传说（橙色）	✓	✓	✓						✓	4
出现次数		7	7	7	1	1	1	1	1	1	

注：一级属性（如生命值、攻击力、防御力等）在所有坐骑中出现频率较高，将它们分别分配给 7 种坐骑。而特殊属性（如攻击吸血、生命恢复、技能冷却等）被均匀分配到不同的坐骑上，以确保战斗力的多样化与公平性。通过这种分配方式，玩家既能在属性选择上拥有丰富体验，又能根据不同战斗场景的需求灵活调整自身策略。

这种合理的属性分配为后续的属性计算搭建起清晰的框架，同时为坐骑的成长设计奠定坚实的基础。

3. 不同坐骑的属性占比

在坐骑属性设计的过程中，合理分配总属性占比是确保战斗平衡的关键原则。科学设定不同品质坐骑的总属性占比能使高品质坐骑赋予更丰富的特殊属性加成，而低品质坐骑则着重于基础属性加成，以平衡各品质坐骑在战斗中的表现。

为达成这一目标，我们为不同品质坐骑设定了以下属性占比。

- **精良（蓝色）**：总属性占比为 20%，主要集中在生命值、攻击力等基础属性方面。
- **史诗（紫色）**：总属性占比提升至 130%，增添更多特殊属性，以增强多样性。
- **传说（橙色）**：总属性占比达到 160%，全面涵盖基础属性与特殊属性，强化其稀缺价值。

通过对各类坐骑属性占比的合理分配，可以确保同品质坐骑战斗力的平衡，同时赋予不同品质坐骑明确的战斗定位。例如，精良（蓝色）坐骑偏向于生命值、攻击力等基础属性的成长，而史诗（紫色）和传说（橙色）坐骑则更侧重于提供攻击吸血、技能冷却等特殊属性，为玩家带来更为多样化的策略选择。表 5.18 所示为不同坐骑的属性占比。

表 5.18　不同坐骑的属性占比

坐骑名称	品质	生命值	攻击力	防御力	攻击吸血	生命恢复	魔法恢复	技能冷却	杀怪经验	双倍掉落	占比汇总
战马	精良（蓝色）	10%		10%							20%
龙鹰	精良（蓝色）	10%	10%								20%
迅猛龙	精良（蓝色）		10%	10%							20%
机械狼	史诗（紫色）	15%	15%		100%						130%
火焰凤凰	史诗（紫色）	15%		15%		100%					130%
幽灵虎	史诗（紫色）		15%	15%			100%				130%
雷霆狮	史诗（紫色）	10%	10%	10%				100%			130%
冰霜狼	传说（橙色）	20%	20%	20%					100%		160%
魔法独角兽	传说（橙色）	20%	20%	20%						100%	160%
总属性占比		100%	100%	100%	100%	100%	100%	100%	100%	100%	900%

注：通过表 5.18 中的数据可以看出，一级属性（如生命值、攻击力、防御力等）的占比在不同品质坐骑中相对稳定，体现了基础战斗力的稳定性；而特殊属性（如攻击吸血、技能冷却等）在史诗和传说品质坐骑中所占据比例更高，进一步突出了高品质坐骑的稀缺性与战略价值。

在设计属性占比时，我们将每种属性的总占比统一控制在相同范围内。例如，生命值、攻击力、防御力等每项均占 1%，攻击吸血、生命恢复等特殊属性同样各占 1%。这种设计既能保障各类属性的平衡性，又能赋予高品质坐骑独特的成长价值。

通过合理的属性占比分配，玩家可以自由选择符合自身需求的坐骑，无论是追求基础属性的稳定成长，还是偏好特殊属性的策略玩法，玩家都能找到适合自己的最佳方案。这种多样化的设计不仅能加深坐骑成长的策略深度，延长玩家的成长周期，还为游戏体验带来更高的乐趣和成就感。

4. 坐骑属性计算

在坐骑成长系统中，属性计算是保障平衡性和合理性的核心环节。通过科学的计算方法，不同坐骑的独特属性加成被合理量化为具体数值，从而在游戏中呈现其战斗定位。计算公式将全局属性成长规则、坐骑属性占比及其品质特性相结合，最终实现战斗力的多样化和策略性。

坐骑属性的计算公式如下：

坐骑属性=坐骑基础属性占比×不同坐骑属性占比×标准属性成长（全局）

- **坐骑基础属性占比**：参考 3.3.2 小节中"4.属性分配"部分的数据设定，即一级属性（如生命值、攻击力、防御力等）的基础占比为 4%，特殊属性（如攻击吸血、生命恢复等）的基础占比为 10%。这一设定为数值计算构建了全局分配的框架。

- **不同坐骑属性占比**：根据前文拟定的属性占比表，不同坐骑的属性分布会因品质和定位的差异而有所不同。例如，精良（蓝色）坐骑偏向基础属性，而史诗（紫色）和传说（橙色）坐骑则更注重特殊属性。这种占比设计突出了不同品质坐骑的战斗特点与平衡性。

- **标准属性成长（全局）**：此数据源自 3.3.2 小节中的"2.属性成长"部分，采用 80 级标准属性数值作为参考模型，以此确保各坐骑的属性增益与整体成长曲线相匹配。

通过上述公式，我们可以计算出不同坐骑的具体属性数值。表 5.19 所示为坐骑属性计算结果。

表 5.19　坐骑属性计算结果

名称	生命值	攻击力	防御力	攻击吸血	生命恢复	魔法恢复	技能冷却	杀怪经验	双倍掉落	战斗力
战马	583		59							118
龙鹰	583	59								118
迅猛龙		59	59							118
机械狼	874	88		728						1632
火焰凤凰	874		88		728					1632
幽灵虎		88	88			728				1632
雷霆狮	583	59	59				401			1636
冰霜狼	1165	117	117					1020		3411
魔法独角兽	1165	117	117						1020	3411

　　从计算结果来看，不同坐骑的属性分配既能精准反映其战斗特点定位，又能在同品质坐骑中保持战斗力的平衡性。精良（蓝色）坐骑侧重于基础属性的稳健提升，适合游戏初期或辅助性战斗；而史诗（紫色）与传说（橙色）坐骑则通过更多的特殊属性加成，在战斗中展现出更高的策略价值和成长潜力。

　　作为坐骑成长体系的重要部分，属性计算在保障战斗平衡的同时，也为玩家拓展出更为广阔的策略选择空间。无论是偏向生命值、攻击力等一级属性的稳步成长，还是偏好攻击吸血、技能冷却等特殊属性的灵活玩法，玩家都可以根据需求自由选择和培养坐骑，进而获得更丰富的成长体验和战斗乐趣。

5.2.2　坐骑升级

　　坐骑升级是坐骑成长体系中不可或缺的机制。随着玩家逐步提升坐骑等级，角色所获得的属性加成也会持续增强。与坐骑的基础属性不同，坐骑升级不仅能提供线性增长的数值，还能大幅提升战斗力，为角色在不同阶段的挑战提供可靠支持。

　　坐骑升级的流程简单且充满策略性，玩家可以通过积累经验或投入资源自由选择优先升级的坐骑，从而实现个性化培养。升级系统的设计不仅强化了坐骑在战斗中的作用，还为玩家设立了长期的追求目标，使玩家能体验到更深层次的成长乐趣。

1. 坐骑升级规则

　　坐骑升级的第一步是明确其规则，这些规则是游戏策划案的核心要素之一，为后续的数值设计奠定基础。下面是我们制定的坐骑升级规则。

- **等级上限**：每只坐骑的等级上限设定为 40 级。每次升级都会显著提升坐骑的属性加成效果，激励玩家持续提升坐骑等级。

- **独立升级**：每只坐骑的升级过程是独立的，玩家可以根据自身游戏需求或战斗策略，自由选择优先升级的坐骑。升级后的属性将自动作用于角色，不用切换坐骑就可生效。

- **属性匹配**：升级所提升的属性种类与坐骑的基础属性保持一致。例如，战马的基础属性为生命值与攻击力，那么战马在升级过程中会持续提升这两项属性，进而保障属性增长的连贯性。

- **品质关联**：坐骑的品质直接影响升级所带来的属性增益。高品质坐骑不仅具备更多种类的属性加成，在升级后获得的数值提升幅度也更加显著。这一设计使得高品质坐骑在达到满级时具备更为强大的战斗表现，进一步增强玩家对高品质坐骑的培养兴趣。

　　通过以上规则，坐骑升级系统既呈现出直观的数值成长效果，又保留了策略选择的灵活性。玩家能够自由规划升级路线，使每只坐骑都能在特定场景中发挥其独特作用。

2. 坐骑升级总属性计算

坐骑升级总属性的计算是坐骑成长中至关重要的一环，为后续指定坐骑属性的计算提供坚实的数据基础。这一计算过程基于全局属性成长规则，精确计算出不同等级下的总属性数值，以确保游戏整体的平衡性。

坐骑升级总属性的计算公式如下：

坐骑升级总属性数值=坐骑升级属性占比×标准属性成长（全局）

- **坐骑升级属性占比**：依据 3.3.2 小节中的"4.属性分配"部分，一级属性（如生命值、攻击力、防御力等）的占比为 4%，特殊属性（如攻击吸血、生命恢复等）的占比为 10%，为属性在全局范围内的分配提供科学依据。
- **标准属性成长（全局）**：参考 3.3.2 小节中的"2.属性成长"部分，采用 80 级标准属性成长模型，明确属性的全局增长曲线，以确保数值平衡。

根据上述公式，在不同等级下，坐骑升级总属性数值，如表 5.20 所示。

表 5.20　坐骑升级总属性数值

等级	对标等级	生命值	攻击力	防御力	攻击吸血	生命恢复	魔法恢复	技能冷却	杀怪经验	双倍掉落
1	2	32	4	4	4	4	4	3	6	6
2	4	64	7	7	8	8	8	5	12	12
……	……	……	……	……	……	……	……	……	……	……
19	38	1136	114	114	142	142	142	79	199	199
20	40	1248	125	125	156	156	156	86	219	219
……	……	……	……	……	……	……	……	……	……	……
39	78	5504	551	551	688	688	688	379	964	964
40	80	5824	583	583	728	728	728	401	1020	1020

从表 5.20 中可以看出，随着坐骑等级的提升，总属性加成呈现出稳定递增的趋势：在低等级阶段，属性增长幅度较小，适合游戏初期的成长节奏；而在高等级阶段，属性增幅显著，尤其在满级（40 级）时，总属性加成达到最大值，充分体现坐骑成长在游戏后期的重要性。同时，表 5.20 中涵盖多种一级属性和特殊属性，为玩家提供丰富的属性选择，能够灵活适应不同的战斗需求。

总属性计算既展现了全局成长模型的科学性，又为后续精确计算指定坐骑属性奠定了数据基础。下一步，将基于此总属性数值，计算具体坐骑的属性分布与加成效果。

3. 指定坐骑属性计算

在完成坐骑升级总属性数值的计算后，接下来需要计算具体坐骑在不同等级下的属性加成。通过将总属性数据与坐骑的属性占比相结合，可以精确得出每个坐骑的具体数值，为玩家提供更清晰的坐骑成长路径。

指定坐骑属性的计算公式如下：

指定坐骑升级属性=指定坐骑属性占比×坐骑升级总属性数值

- **指定坐骑属性占比**：此数据源自 5.2.1 小节中的"3.不同坐骑的属性占比"部分。该参数根据坐骑品质和定位确定不同属性的占比权重。
- **坐骑升级总属性数值**：此数据源自表 5.20 坐骑升级总属性数值，用于体现坐骑在全局成长模型下的总属性分配情况。

通过此公式，我们能够根据不同坐骑的属性占比，计算出在各等级下每种属性的具体加成数值。表 5.21 所示为机械狼升级属性。

表 5.21　机械狼升级属性

等级	生命值	攻击力	攻击吸血	战斗力
1	5	1	4	10
2	10	2	8	19
……	……	……	……	……
19	171	18	142	320
20	188	19	156	350
……	……	……	……	……
39	826	83	688	1542
40	874	88	728	1632

从计算结果中可以看出，机械狼的属性加成主要集中在生命值、攻击力和攻击吸血 3 个方面。随着坐骑等级的提升，这些属性呈现出显著的增长趋势：在低等级阶段，属性增幅较小，为早期战斗给予基础支持；在高等级阶段，属性增幅较大；当达到满级（40 级）时，生命值、攻击力和攻击吸血均达到最大值，大幅提升角色的战斗力。此外，通过对不同坐骑属性占比的灵活分配，每种坐骑的属性加成方向都十分明确，能有效满足玩家多样化的战斗需求。

机械狼所采用的属性计算模型同样适用于其他坐骑。通过对属性占比的合理设计与对总属性的精确分配，每个坐骑都能在不同的游戏场景中发挥其独特作用，为玩家带来丰富的策略选择与成长体验。

4. 平衡性验证

为了验证不同坐骑升级后的平衡性，我们以相同品质的两只坐骑——机械狼和火焰凤凰为例，比较它们在各等级下的属性加成和战斗力数值。通过分析这些数据，我们可以判断所设计的坐骑升级属性在同品质坐骑之间是否维持了平衡状态。表 5.22 所示为机械狼和火焰凤凰的升级属性数值及战斗力。

表 5.22　机械狼和火焰凤凰的升级属性数值及战斗力

等级	机械狼				火焰凤凰			
	生命值	攻击力	攻击吸血	战斗力	生命值	防御力	生命恢复	战斗力
1	5	1	4	10	5	1	4	10
2	10	2	8	19	10	2	8	19
......	......	......	......	......	......	......	......	......
19	171	18	142	320	171	18	142	320
20	188	19	156	350	188	19	156	350
......	......	......	......	......	......	......	......	......
39	826	83	688	1542	826	83	688	1542
40	874	88	728	1632	874	88	728	1632

从表 5.22 中可以看出，机械狼和火焰凤凰在各等级下的属性加成和战斗力数值基本保持一致。这种设计充分体现了同品质坐骑间的战斗平衡性。无论是生命值、攻击力等一级属性，还是攻击吸血、生命恢复等特殊属性，两者的数值分布均匀，战斗力数值也相当，从而保证了属性数值变化的一致性。

这种平衡机制使玩家能够根据坐骑特性和自身需求自由选择心仪的坐骑，而不会因战斗力差异受到限制。坐骑升级机制的合理性确保了玩家在选择坐骑时的公平性，同时避免了因数值设计不合理而引发的游戏失衡状况，让玩家在策略选择中拥有更多的自由度和乐趣。

坐骑升级是提升角色战斗力的关键途径之一。通过逐步提升坐骑等级，玩家不仅能增强角色的基础属性（如生命值、攻击力等），还能进一步强化特殊属性（如攻击吸血、生命恢复等）。这一过程丰富了玩家的成长体验，同时增强了游戏的长期追求感与策略性。

通过科学的升级规则和精准属性计算，我们能保障不同坐骑在相同品质下的战斗平衡。玩家可以根据自身喜好和战斗需求选择合适的坐骑，而不必担心因属性差距而导致的游戏失衡。

坐骑升级与角色成长体系相辅相成，不仅为玩家提供持续的战斗力提升路径，还凭借多样化的属性设计为玩家带来丰富的策略体验。坐骑已然成为玩家战斗力的重要来源，更是玩家在游戏中展现个性与成就的关键标志。这种收集式成长机制，极大地增强了游戏的趣味性和挑战性，为游戏体验注入了更多可能性。

5.2.3　坐骑升星

坐骑升星是坐骑成长体系中的重要环节。通过坐骑升星，玩家能够显著强化坐骑的属性加成，实现战斗力的跨越式提升。与线性增长的等级提升不同，升星以成比例的方式带来更为显著的属性增幅，尤其在高星级阶段，这种提升效果极为显著，使坐骑在战斗中的作用愈发突出。

升星并非单纯对基础属性的累加，而是一种能带来质变式的成长方式。玩家可以通过升星系统充分挖掘坐骑的最大潜力，轻松应对更具挑战性的游戏环境。通过合理分配资源，玩家能够根据自身需求和战斗策略，选择适合的坐骑进行升星，从而进一步提升角色的战斗力。

本小节将围绕升星规则、升星比例设定、升星总属性计算、指定坐骑属性计算及平衡性验证，全面解析坐骑升星的设计逻辑和实际应用，为玩家提供多样化的成长体验和策略选择。

1. 升星规则

坐骑升星是坐骑成长中的关键阶段，能为玩家带来突破性的属性强化，助力角色应对更高难度的战斗环境。在制定升星规则时，我们不仅要保证不同品质坐骑的价值得以体现，并实现可持续性成长，还要兼顾战斗平衡和策略多样性，使玩家能够灵活选择升星方案。具体规则如下。

- **星级划分**：每只坐骑的星级最高可升至 12 星。星级越高，属性加成越显著，并且每次升星的属性提升为固定值，这样让玩家能够清晰感知成长所带来的战斗力提升。
- **独立升星**：每只坐骑的升星进度互不影响，玩家可以根据个人需求自由分配资源，优先培养特定坐骑，以满足不同战斗场景的策略需求。
- **属性类别**：升星所强化的属性类别完全遵循坐骑的基础设定。若基础属性为生命值和攻击力，则升星同样提升这两类属性，确保坐骑在战斗中的定位能够持续稳定发挥。
- **品质关联**：升星效果与坐骑品质密切相关。高品质坐骑在升星时能够获得更高的属性增益，凸显其稀有价值与后期竞争力；精良品质坐骑的升星则更适合早期过渡与辅助型成长需求。

通过以上规则的设定，玩家在升星过程中不仅能直观感受到属性与战斗力的大幅提升，还能根据坐骑品质、自身属性偏好及战斗策略灵活安排资源投入。下面将进一步探讨升星比例设定，以细化星级提升与属性增长之间的关系，并确保升星所带来的数值增益既符合游戏设计预期，又能满足玩家持续追求成长的动力需求。

2. 升星比例设定

为了使升星过程中各星级间的属性提升更为均衡且呈递进趋势，我们采用百分比分配法为每个星级设定相应的提升比例。该方法确保星级越高，坐骑所获得的属性增益越显著，从而突出坐骑升星在游戏中后期成长阶段的战略意义。

在设定升星比例时，我们将升星总比例设定为 100%，并以逐级递增的方式确定各星级的提升幅度。此处不再详细阐述具体计算流程（参考 5.1.4 小节中装备宝石的计算方法），直接展现设定后的数据。表 5.23 所示为坐骑升星比例分配。

表 5.23　坐骑升星比例分配

坐骑星级	升星比例	单星提升比例
1	2%	2%
2	5%	3%
3	10%	5%
4	15%	5%
5	23%	8%
6	31%	8%
7	41%	10%
8	51%	10%
9	63%	12%
10	75%	12%
11	87%	12%
12	100%	13%

从表 5.23 中可以看出，随着坐骑星级的提升，其各项属性的提升比例也呈现出递增趋势。尤其在高星级阶段（如从 7 星提升至 12 星）中，属性提升幅度极为显著，为玩家的坐骑在游戏后期提供强大的战斗力支撑。这种递进式的属性提升比例设定，使玩家在进行坐骑升星操作的过程中，不仅能直观感受到坐骑实力的飞跃式增强，还能根据属性提升的规律，合理规划资源投入，从而以最优策略应对游戏中日益复杂的挑战。

3. 升星总属性计算

在确定升星比例后，我们便能根据相关参数计算出坐骑在各星级下所获得的总属性加成，为后续针对特定坐骑的属性计算奠定基础。通过将坐骑升星比例分配、标准属性成长（全局）数据与升星比例相结合，我们可以精确得出不同星级下坐骑的全局属性增益数值。

计算公式如下：

坐骑升星的总属性=坐骑升星属性占比×标准属性成长（全局）×升星比例

- **坐骑升星属性占比**：依据 3.3.2 小节中的"4.属性分配"部分设定，坐骑升星的一级属性与特殊属性的占比分别为 11.8%和 20%，为整个升星阶段的属性分配提供全局性的指导依据。
- **标准属性成长（全局）**：参考 3.3.2 小节中"属性成长"部分的模型，并采用 80 级标准属性数值作为索引。此设定旨在确保数值的增长趋势与游戏整体的平衡性要求高度契合。
- **升星比例**：根据前文制定的规则，坐骑星级越高，对应的升星加成比例越大，从而实现坐骑属性随星级递增而稳步提升的效果。

通过上述公式，我们能够计算出各个星级下坐骑升星所带的总属性增益数据。表 5.24 所示为坐骑升星的总属性数值。

表 5.24　坐骑升星的总属性数值

坐骑星级	升星比例	生命值	攻击力	防御力	攻击吸血	生命恢复	魔法恢复	技能冷却	杀怪经验	双倍掉落
1	2%	344	35	35	18	18	18	10	25	25
2	5%	860	86	86	43	43	43	24	61	61
3	10%	1719	172	172	86	86	86	48	121	121
4	15%	2578	258	258	129	129	129	71	181	181
5	23%	3952	396	396	198	198	198	109	277	277
6	31%	5327	533	533	267	267	267	147	373	373
7	41%	7045	705	705	353	353	353	194	494	494
8	51%	8763	877	877	439	439	439	241	614	614
9	63%	10824	1083	1083	542	542	542	298	758	758
10	75%	12886	1289	1289	645	645	645	355	902	902
11	87%	14948	1495	1495	748	748	748	412	1047	1047
12	100%	17181	1719	1719	860	860	860	473	1203	1203

从表 5.24 中可以看出，在坐骑处于低星级阶段时，其属性加成相对平稳，有助于玩家在游戏初期轻松过渡，顺利推进游戏进程。随着坐骑星级逐步提升，特别是进入高星级阶段，属性增幅愈发显著。当坐骑达到满星状态时，总属性加成达到峰值，从而展现出升星为坐骑带来质的飞跃。这种精心设计的升星机制既能满足玩家在游戏后期参与高强度战斗的需求，又能为玩家在整个游戏成长过程中持续提供明确的目标与前进的动力。

4. 指定坐骑属性计算

在完成坐骑升星总属性加成的计算后，我们便可以针对各坐骑的属性占比，将总属性数值精准转化为坐骑的实际属性提升值。通过结合坐骑自身的属性占比，在每次升星后坐骑具体的数值变化都能清晰呈现，为玩家提供清晰明了的成长路线与战斗力提升预期。

计算公式：

指定坐骑的升星属性=坐骑升星的总属性×指定坐骑的属性占比

- **坐骑升星的总属性数值**：该数值源自本小节"3.升星总属性计算"部分所得的各星级全局属性加成数据。
- **指定坐骑的属性占比**：参考 5.2.1 小节中已拟定的不同坐骑的属性占比表格。根据坐骑品质及其在游戏中的定位进行分配，确保属性倾向与战斗需求相吻合。

通过上述公式，我们能够灵活地计算出不同坐骑在各个星级下的属性加成情况。下面以龙鹰、冰霜狼等坐骑为例，展示它们在各星级下的属性数值变化情况。表 5.25 所示为坐骑龙鹰的升星后属性数值。表 5.26 所示为坐骑冰霜狼的升星后属性数值。

表 5.25　坐骑龙鹰的升星后属性数值

坐骑星级	生命值	攻击力
1	35	4
2	86	9
3	172	18
4	258	26
5	396	40
6	533	54
7	705	71
8	877	88
9	1083	109
10	1289	129
11	1495	150
12	1719	172

表 5.26　坐骑冰霜狼的升星后属性数值

坐骑星级	生命值	攻击力	防御力	杀怪经验
1	69	7	7	25
2	172	18	18	61
3	344	35	35	121
4	516	52	52	181
5	791	80	80	277
6	1066	107	107	373
7	1409	141	141	494
8	1753	176	176	614
9	2165	217	217	758
10	2578	258	258	902
11	2990	299	299	1047
12	3437	344	344	1203

从表 5.26 中可以看出，龙鹰在升星时，生命值与攻击力的提升尤为突出；而冰霜狼在升星时，生命值、攻击力、防御力与杀怪经验均有显著提升。随着坐骑星级不断提高，这些属性加成以倍数形式递增，极大地满足了玩家在游戏后期对强大战斗力的

迫切需求。由于不同坐骑有着独特的属性倾向，玩家能够根据自身的游戏需求与战斗策略，有针对性地优先对特定坐骑进行升星操作，以此在丰富多样的游戏环境中始终维持战斗力优势。

通过对坐骑属性加成的精确计算和呈现，玩家不仅能直观了解各坐骑的成长方向与潜力，还能为后续的平衡性验证与策略搭配提供可靠的数值参考依据。

5. 平衡性验证

为了验证不同坐骑升星后的平衡性，我们以传说品质坐骑为例，对比冰霜狼与魔法独角兽在各个星级阶段的属性与战斗表现。表 5.27 所示为坐骑冰霜狼和魔法独角兽升星后的属性数值及战斗力对比。

表 5.27　坐骑冰霜狼和魔法独角兽升星后的属性数值及战斗力对比

坐骑星级	冰霜狼					魔法独角兽				
	生命值	攻击力	防御力	杀怪经验	战斗力	生命值	攻击力	防御力	双倍掉落	战斗力
1	69	7	7	25	96	69	7	7	25	96
2	172	18	18	61	237	172	18	18	61	237
3	344	35	35	121	468	344	35	35	121	468
4	516	52	52	181	699	516	52	52	181	699
5	791	80	80	277	1071	791	80	80	277	1071
6	1066	107	107	373	1440	1066	107	107	373	1440
7	1409	141	141	494	1905	1409	141	141	494	1905
8	1753	176	176	614	2370	1753	176	176	614	2370
9	2165	217	217	758	2925	2165	217	217	758	2925
10	2578	258	258	902	3480	2578	258	258	902	3480
11	2990	299	299	1047	4038	2990	299	299	1047	4038
12	3437	344	344	1203	4641	3437	344	344	1203	4641

从表 5.27 中可以看出，冰霜狼侧重"杀怪经验"属性培养，而魔法独角兽则具备"双倍掉落"属性。但在相同品质下，二者的总属性与战斗力增长曲线近乎一致。这意味着，玩家在选择坐骑时无须担心某只坐骑因属性过强而破坏游戏平衡，如此一来，玩家能够根据自身需求与战斗策略自由选择坐骑，保证整体战斗表现维持在相近水平。

坐骑升星作为坐骑成长的高阶环节，为玩家提供大幅提升坐骑战斗力的有效途径。与坐骑升级带来的渐进式增强不同，升星能让坐骑属性呈指数增长，这种提升在高星级阶段尤为显著，充分满足玩家在游戏中后期应对高难度战斗时，对强大战斗力的迫切需求。游戏开发者精心设计了升星比例，平衡了坐骑属性。这使得同品质坐骑在升星后，战斗力依然相近，避免了数值失衡，最大程度保障了玩家的选择自由度。借助清晰明确的升星规则、精确无误的计算方法，以及严格规范的平衡性验证流程，坐骑升星系统不仅能提升坐骑的价值，为玩家带来更多成长乐趣，还在多样化的战斗环境中，为玩家提供更丰富的策略选择，优化玩家的成长体验。

总结

本章深入探讨了角色成长体系中的两大重要板块——装备成长与坐骑成长。通过完善的数值设计与多样化的成长路径，这两大系统为玩家提供了丰富且灵活的角色提升方案。在确保游戏平衡性的同时，也赋予了玩家更广阔的策略选择空间。

从基础装备属性设定出发，本章详细介绍了装备替换式成长的完整流程。我们通过战斗平衡策略、属性占比设定、品质系数调控等来确保装备替换、装备强化、装备升星、宝石镶嵌四大环节各具特色又相互关联。

- **装备替换**：玩家可以不断获取与更换高品质装备，以获得更出色的基础属性加成。
- **装备强化**：采用渐进式提升模式，让玩家每强化一级都能切实感受到角色的成长，稳步增强一级属性。
- **装备升星**：以成比例增幅方式带来质变式成长，为应对游戏后期高难度的战斗提供显著战斗力飞跃。
- **宝石镶嵌**：玩家可以通过在装备上镶嵌宝石，赋予装备额外属性。这种方式让玩家能够根据不同战斗场景，灵活调整装备属性，丰富整体策略与搭配深度。

经过严格的平衡性验证与合理的参数设定，我们能够确保不同品质、不同部位的装备在各成长阶段的数值表现相对均衡，从而避免单一装配方案的出现，鼓励玩家基于自身需求与战术选择理想的装备组合。

与装备成长的替换式成长与强化机制不同，坐骑成长采用收集与培养相结合的养成式成长模式。玩家只需获得坐骑，即可享受其属性加成，从而将关注点从装备更替转向坐骑的长期培养。

- **坐骑基础**：游戏提供多种品质、类型与属性偏向各异的坐骑，为角色带来多元化的属性加成。合理的属性占比规划保障了不同坐骑之间战斗力水平的基本平衡。
- **坐骑升级**：通过逐级提升坐骑等级，玩家可以获得稳定且逐步递增的属性加成。这使得坐骑在游戏中后期能持续为角色提供战斗力支持。
- **坐骑升星**：以成比例提升坐骑基础属性的方式，实现坐骑战斗力的跨越式提升，满足玩家应对游戏后期高强度战斗的需求。平衡性验证机制确保同品质坐骑在升星后的战斗力维持在相近水准，为玩家提供多元策略选择。

综上所述，本章通过详细的数值设定、严谨的属性分配和多轮严格的平衡性验证，搭建起一套完整且灵活的装备与坐骑成长体系。无论是替换式的装备成长还是收集式的坐骑成长，都在设计上充分考量了玩家的多样化需求与战斗策略，致力于丰富的成长路径和持续的成就感中，为玩家带来兼具平衡与趣味性的游戏体验。

番外篇：数据可视化应用

在现代游戏数值策划中，数据可视化已成为不可或缺的工具。面对复杂多样的数值体系，仅依靠表格或公式难以全面揭示数据背后规律，而数据可视化技术能将抽象的数值以图形化的方式动态呈现，帮助游戏设计师快速洞察成长曲线、平衡性问题，以及各系统之间的关联性。

数据可视化在游戏数值策划中的核心价值主要体现在三个方面：一是通过直观的图表展示，清晰呈现复杂数据，帮助策划人员直观分析角色、坐骑、装备等系统的属性变化与成长趋势，大幅简化数据分析流程；二是快速识别潜在的数值异常，如成长曲线中的瓶颈或失衡点，为后续的优化调整提供明确的方向指引；三是促进团队协作，不仅能在策划团队内部达成共识，还能为跨部门沟通提供形象化支持。

本番外篇将从 3 个维度深入展开：首先，介绍常用的数据可视化工具，包括 Excel、Tableau 等可视化工具，以及 Python，帮助策划人员选择合适的工具；其次，通过成长曲线展示、战斗平衡分析、多属性对比等实例，剖析数据可视化在数值策划中的实际应用；最后，总结数据可视化对游戏数值设计的深远影响，并展望其未来的潜在应用。通过本番外篇的内容，策划人员将了解如何利用可视化工具，将复杂的数值体系转化为清晰、直观的图表，从而增强数值设计的科学性与合理性。

1. 数据可视化工具

在游戏数值策划中，选择合适的数据可视化工具能够显著提高工作效率，帮助策划人员更直观地理解和分析复杂的数值体系。下面介绍几种常用的可视化工具及其适用场景，策划团队可以根据实际需求灵活选用。

1）Excel 图表

Excel 作为数据分析的基础工具，其内置的图表功能简单、高效，能很好地满足数值策划中的可视化需求。下面是常用的图表类型及其应用场景。

- **折线图**：用于展示随时间或等级变化的成长曲线。通过折线图，策划人员可以清晰展示角色、坐骑、装备等在不同等级下的属性变化，快速了解成长趋势。
- **柱状图与堆叠柱状图**：柱状图用于直观对比不同阶段的数值，如不同星级坐骑的战斗力提升情况；堆叠柱状图则适合展示多属性分布，如在装备强化或角色升级时各属性的加成比例。
- **雷达图**：常用于多维属性的数据对比，如展示不同坐骑在生命值、攻击力、防御力等方面的优势，帮助策划人员分析属性平衡性。
- **动态图表**：Excel 的动态图表具备实时更新功能，通过筛选等级或条件能动态展示数值变化，便于快速分析特定场景的数据。

Excel 的优势在于其广泛的用户基础和高度的灵活性。通过公式与图表的有机结合，策划人员能够高效将原始数据转化为直观的可视化成果，为快速决策与调整提供有力支持。

2）Tableau

Tableau 是一款功能强大的数据可视化软件，特别适用于需要处理海量数据并进行深入分析的数值策划场景。它具有强大的数据连接、过滤、处理功能，可以将复杂的数值体系以多种形式展示出来。相较于 Excel，Tableau 具有以下优势。

- **动态可视化**：Tableau 能够实时展示数值变化，通过数据过滤和条件筛选，可以动态展示某个角色或装备在不同成长阶段的变化情况。

- **高级可视化功能**：Tableau 可以生成更加精美的图表和数据仪表盘，能够轻松处理大量数据，并且支持多维度、多层次的数据分析。例如，它能在同一张图表中展示多个维度的数值变化，帮助策划人员挖掘不同属性之间的关联性。

- **自动化更新**：Tableau 能够连接到游戏数据库，自动获取实时数据，确保可视化图表始终反映最新的游戏数值状态。这对需要频繁监测游戏平衡性或跟踪玩家反馈的团队来说至关重要。

Tableau 在处理大规模数据和满足高级可视化需求方面表现卓越，适用于监测大型多人在线游戏的数值平衡性、玩家成长路径分析等复杂场景。

3）Python

对熟悉编程的数值策划人员来说，Python 提供了高度定制化的数据可视化功能。Python 中的 Matplotlib 和 Plotly 库几乎能生成所有类型的可视化图表，特别适用于处理复杂的数值计算和批量数据展示。

- **Matplotlib**：Python 中经典的可视化库，能生成精确、定制化的图表。策划人员可以通过 Matplotlib 生成定制化的成长曲线、属性对比图，并通过编程实现自动化分析和生成。

- **Plotly**：与 Matplotlib 相比，Plotly 更擅长生成交互式的图表。策划人员可以通过浏览器直接与图表进行交互，点击查看不同属性的详细信息，动态过滤数据等。Plotly 能让图表更加直观、生动，非常适合需要频繁查看不同维度数据的场景。

Python 的可视化功能非常灵活，可以根据策划人员的需求进行高度自定义，是处理复杂数值分析与自动化报告生成的得力工具。

通过合理运用这些工具，策划人员能够更加高效地管理和展示游戏中的复杂数值体系。这样不仅能快速发现问题并优化设计，还能通过可视化提高团队沟通效率，确保数值体系更加合理、直观。

2. 数据可视化的应用场景

数据可视化在游戏数值策划的各个阶段都能发挥重要作用。它不仅为游戏设计师提供图形化的数据展示，还能帮助他们从大量复杂的数据中挖掘隐藏的规律，找到优化的方向。下面是数据可视化在战斗数值策划中的一些关键应用场景。

1）成长曲线展示

每个游戏中的成长系统都有独特的属性增长模式。通过折线图、柱状图等形式，我们可以清晰展示坐骑、装备、角色的属性成长曲线。尤其是在多级属性成长设计中，数据可视化能直观地呈现属性值的增长速率变化。常见的成长曲线包括角色等级成长曲线（图 5.1），以及坐骑和装备成长曲线。

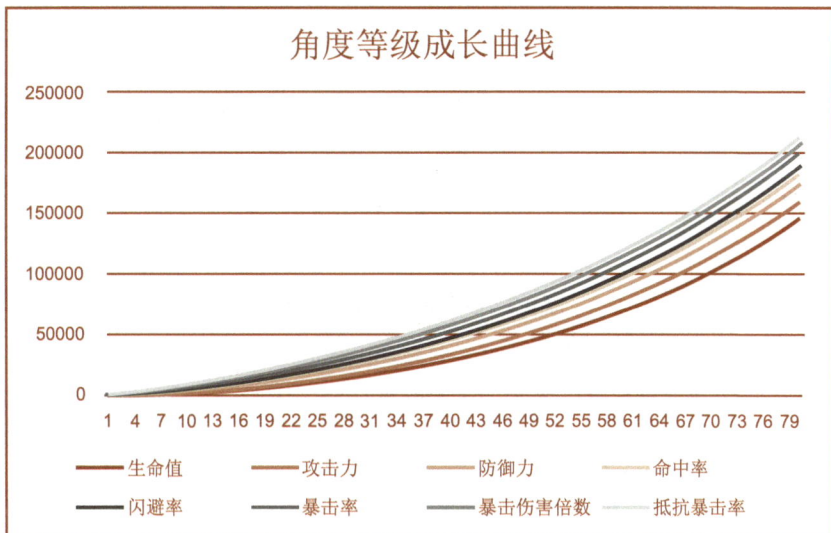

图 5.1　角色等级成长曲线

- **角色等级成长曲线**：通过数据可视化技术，能够清晰呈现角色在各等级阶段生命值、攻击力等关键属性的变化情况。通过绘制专属的折线图，策划人员可以直观地对角色成长曲线的平滑程度进行评估，从而发现角色成长过程中是否存在成长速率过于急剧的阶段，以及在游戏中后期是否出现成长缓慢的问题。

- **坐骑和装备成长曲线**：坐骑和装备的成长体系较为复杂，通常涵盖等级提升、进阶、升星等多个维度。运用可视化图表，可以将这些成长路径与角色战斗力的变化进行直观关联，让策划人员清晰洞察每个成长阶段对角色整体战斗力的具体影响，进而对成长体系进行优化。

2）战斗平衡分析

在游戏数值策划中，平衡性是决定游戏成败的核心要素，尤其是在 PVP 游戏中，不同职业、坐骑、装备之间的平衡性会直接影响玩家的游戏体验。通过数据可视化工具，我们能够便捷地对不同系统、不同等级下的战斗力差异展开对比分析。

- **不同品质坐骑之间的战斗力对比**：通过柱状图或折线图，直观展示精良、史诗、传说等不同品质坐骑的战斗力差异。在图表的辅助下，策划人员能够迅速发现不同坐骑在成长过程中是否存在某些阶段过于强势或弱势的问题，进而根据实际情况对各坐骑的战斗力加成比例进行合理调整。图 5.2 所示为不同品质坐骑战斗力柱状图。

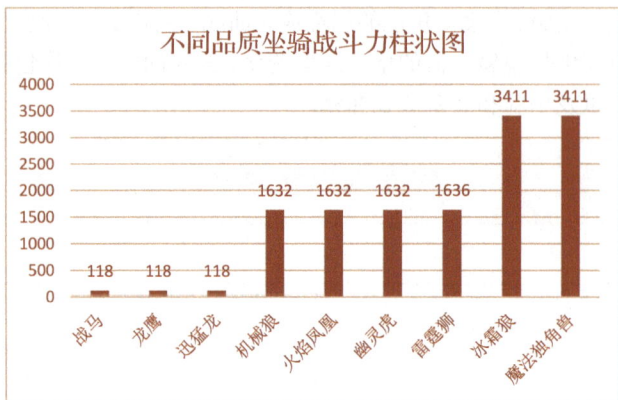

图 5.2　不同品质坐骑战斗力柱状图

- **PVP 平衡性验证**：在战斗数值策划领域，特别是在多人竞技的游戏场景中，平衡性是游戏设计的核心要素。通过数据可视化技术，对同一等级下不同角色、装备的战斗力进行分析，能够快速定位设计中过强或过弱的部分，从而及时调整，保证玩家在同水平对抗时获得公平的游戏体验。

3）多属性对比

战斗系统中包含生命值、攻击力、防御力、暴击率等多种属性。这些属性在不同系统中的分配方式，以及在各个成长阶段的变化情况，构成了平衡性设计的关键内容。使用雷达图等可视化工具，能够对多种属性进行直观对比。

- **不同坐骑属性分布展示**：通过雷达图，不同坐骑的属性偏向得以清晰呈现。例如，某些坐骑偏向攻击力，另一些坐骑则偏向防御力和生命值。这种可视化展示有助于策划团队更好地理解坐骑的差异化设计，确保各坐骑在游戏中拥有独特的玩法定位。

- **装备属性对比**：堆叠柱状图是展示不同装备属性分布的有效工具，尤其适用于多种属性加成比例的设计场景，如装备强化带来的生命值、攻击力、防御力等属性变化。通过堆叠柱状图，策划人员可以清晰观察到装备升级过程中各属性占比的变化，并在设计时保证各属性的平衡性。

在本番外篇中，我们通过实际案例展示了如何运用 Excel 等可视化工具直观展现坐骑成长过程中的属性变化，并分析不同坐骑之间的数值差异。数据可视化的价值不仅在于将复杂的数值体系直观化，还在于为策划人员提供清晰的决策依据，使成长曲线、属性分布和战斗平衡等核心问题一目了然。

3. 数据可视化的未来展望

可视化工具并非仅用于数据展示，更是数值优化和系统设计的得力助手。在未来的数值系统设计中，策划人员可以将 Excel 的便捷性、Tableau 的深度分析能力和 Python 的高度灵活性相结合，更广泛地运用可视化技术，创建更为精准的图表和动态模型，从而高效完成复杂的数值分析任务。

展望未来，数据可视化技术将在游戏策划领域发挥更深远的影响。通过不断探索多样化工具与方法，策划人员不仅能在数值设计中更好地实现平衡性与合理性，还能为团队协作提供直观支持，甚至将可视化成果融入玩家的游戏过程。无论是角色成长曲线、PVP 平衡分析，还是多维属性对比，数据可视化技术都将持续推动数值系统的优化与创新，助力游戏行业迈向新的高度。

06

第6章
数值的平衡性验证

在游戏设计中，数值的平衡性是影响玩家体验的关键因素。它不仅能左右角色与怪物之间的对抗性，还能影响玩家在不同阶段的成长感受。合理的数值平衡，能让玩家在游戏过程中，体验到适度的挑战，并收获成就感，同时避免因某些职业或怪物过强、过弱破坏游戏的公平性与趣味性。

回顾前几章，我们已经深入探讨了游戏的整体框架、数值策划的核心方法，并具体分析了战斗、核心成长及辅助成长等模块的设计。现在，我们将进入一个至关重要的环节——平衡性验证。本章旨在通过一系列模拟和验证方法，确保之前所设计的数值体系能够在实际战斗中呈现良好的平衡性。

本章的核心目标是运用多种数学验证方法，对不同职业、怪物和玩家成长曲线之间的数值关系进行检查和调整。首先，构建职业成长模拟器，模拟并计算各职业在不同成长阶段的属性变化；然后，对不同职业与怪物的数值进行交叉验证，确保它们之间的强度匹配；最后，模拟不同职业间的对抗，确保各职业在战斗中既能展现其独特的优势，又能维持平衡。

通过战斗模拟和对抗测试，尽可能预见并解决常见的平衡性问题，为玩家打造公平且富有策略性的战斗体系。

6.1 职业成长模拟器

在游戏设计中，职业的成长曲线对玩家体验有着举足轻重的影响。玩家的成长感受不仅与角色的基本属性密切相关，还涉及角色如何随着时间、战斗、装备和技能的提升逐步变得更强。为了在数值设计阶段预见并优化这一成长过程，职业成长模拟器应运而生。它能帮助游戏设计师准确模拟玩家在不同成长阶段的属性变化，确保角色在各阶段的战斗表现既不过强，又不过弱，从而保障游戏的平衡性与挑战性。

职业成长模拟器的核心目标是量化并计算各个成长模块（如角色等级、装备强化、技能升级等）对角色属性的影响。通过对每个成长模块的细致设计与计算，游戏设计师能够更清晰地了解不同模块之间的关系和影响力，进而合理调整模块间的权重分配。例如，玩家的角色等级提升、装备强化、宝石加成等因素都会影响角色的最终属性，进而影响其在战斗中的表现。

本节将先介绍这些成长模块及其所需参数的设计方法，再详细讲解如何通过公式将这些模块进行合理结合，计算出角色的总属性。在完成职业成长模拟器的搭建后，游戏设计师可以使用它开展多种验证，确保角色成长曲线与怪物强度匹配，以及不同职业之间的平衡性。通过这些验证，游戏设计师能够在游戏上线前发现并修正潜在的不平衡问题，最终打造出一个公平、富有挑战性且充满策略性的游戏世界。

6.1.1 成长模块设计

在构建职业成长模拟器时，我们需要将角色的成长过程拆解成多个模块。每个模块都从不同的角度影响角色的基础属性，并决定角色在游戏中的表现。基于本书前几章的分析，我们将重点聚焦于三个核心成长模块：角色成长、装备成长和坐骑成长。这些模块分别从角色自身的进阶、装备的强化和坐骑的养成等方面，共同构建角色的成长路径。

每个模块的设计不仅要考虑其独立性，还要保障各模块之间的协调性与平衡性。本小节将详细介绍这三个模块的设计思路，并为每个模块设定必要的参数。这些参数将在后续的数值推导过程中，帮助我们精确计算角色属性增长，保障职业成长模拟器的准确性与可靠性。

1. 角色成长模块

在游戏设计中，角色的成长过程直接影响玩家的游戏体验。角色成长不仅涉及属性提升，还包括通过不同方式增强角色的战斗力与生存能力。因此，角色成长模块通常由多个部分构成，如角色基础、角色升级和角色培养。然而，贯穿整个角色成长过程的核心参数始终是角色等级。通过这个核心参数，游戏设计师能精准地定义角色的属性增长规律，保障游戏的平衡性和可玩性。

在角色成长模块中，所有的数值变化都可以追溯到"角色等级"这一核心参数。无论是角色的基础属性、升级后的增益，还是培养的进度，最终都与玩家角色的等级紧密相连。因此，角色等级不仅是玩家游戏进度的标志，还是所有成长模块中最为关键的参数。

1）角色基础

角色基础属性指的是角色在创建时所拥有的初始属性，包括生命值、攻击力、防御力等。每个角色的初始属性由其职业定位决定，不同职业的角色会有不同的初始属性值。例如，战士职业可能拥有较高的生命值和防御力，而法师职业则具备较强的攻击力和法术伤害。角色等级作为基础属性的起始点，决定了角色的初始属性。

- **核心参数**：角色等级（1 级时的初始属性）。例如，战士的初始生命值为 100，法师的初始生命值为 80，角色等级决定这些基础属性的设定。

2）角色升级

角色升级是提升属性的主要途径。随着角色等级的提升，角色的生命值、攻击力、防御力等基础属性会根据预设的成长曲线增加。每当角色等级提升时，都需要计算该等级下角色属性的增幅。

- **核心参数**：角色等级（角色升级时索引到相应的属性增幅）。每提升一级，角色属性值会根据等级公式设定逐步增加。例如，角色从 1 级升至 2 级，生命值从 100 提升至 120，攻击力从 15 提升至 18。

3）角色培养

角色培养是角色成长的补充性进阶方式，玩家可以通过消耗资源或完成任务进一步提升角色属性。培养效果通常为一次性增幅，且培养进度与角色等级直接相关。

- **核心参数**：角色等级（使用 MOD 函数计算培养进度）。在角色成长过程中，培养进度依赖于玩家的角色等级。例如，当角色达到 20 级时，培养进度达到 20%；当角色达到 40 级时，培养进度达到 40%。使用 MOD 函数（培养比例=MOD(等级,20)/20）可以准确计算角色在不同阶段的培养增幅。

> **注意**：目前角色培养的计算基于阶段性数据拟合，数据结果仅为近似值，并非完全精确。随着游戏经济系统和资源获取机制的不断完善，未来我们将能够基于玩家实际的资源产出，反向推导出更为精确的培养数据。届时，角色培养系统的数值将更贴近实际游戏体验，为玩家提供更准确、公平的角色成长路径。

通过"角色等级"这一核心参数，我们可以在数值推导过程中为每个模块定义具体的数值计算规则。

角色基础属性：基于角色等级确定初始属性（例如，1 级时生命值为 100，攻击力为 15）。

角色升级增幅：通过等级公式，确定角色每一级的属性增长。例如，角色在 1 至 10 级之间，每级生命值增长 2，攻击力增长 0.5。

角色培养增幅：通过 MOD 函数，计算不同等级阶段的培养增幅。例如，角色在 1 至 20 级之间的培养增幅为 5%，在 21 至 40 级之间的培养增幅为 10%。

角色成长模块的核心在于角色等级这一关键参数。通过角色等级，我们能够定义角色的初始属性、每级的属性增长，以及角色的培养进度。所有角色成长模块（角色基础、角色升级、角色培养）都围绕角色等级展开，确保角色成长路径平滑且可控。在后续的模拟器设计中，角色等级将作为数值推导的基础，帮助数值策划准确计算每个阶段的角色属性，保障游戏中数值的平衡性和可玩性。

2. 装备成长模块

装备成长模块包括四个重要部分：装备基础、装备强化、装备升星和装备宝石。每个模块的成长路径和增幅都受特定核心参数影响。这些模块不仅直接影响角色的战斗力，还为玩家带来多元化的成长体验。每个模块的设计都需要精准的数值设定，确保玩家在不同成长阶段获得合适的装备增益。

1）装备基础

装备基础属性由装备的阶级和品质决定，这两个因素是装备成长模块中的关键参数。

- **装备阶级**：由玩家的角色等级决定。具体来说，玩家在不同角色等级区间内可以穿戴不同阶级的装备。例如，1 至 9 级的玩家只能穿戴 1 阶装备，10 至 19 级的玩家能穿戴 2 阶装备，依此类推。装备阶级的提升会直接提升装备基础属性，并且阶级越高，装备属性加成越显著。

核心参数：装备阶级，以角色等级为基准，通过玩家的等级决定当前可穿戴的装备阶级，即玩家在 1 至 9 级时，该参数为 1 阶……玩家在 71 至 80 级时，该参数为 8 阶。

- **装备品质**：决定装备的属性增幅效果。品质通常分为四个等级：普通（绿色）、精良（蓝色）、史诗（紫色）和传说（橙色）。不同品质装备提供不同程度的属性提升。在设定上，我们可以通过活跃度或付费额度来影响玩家穿戴的装备品质。为保障平衡性，我们假设大多数玩家在较长时间内穿戴史诗（紫色）品质装备，而传说（橙色）品质装备则为较为稀有，面向高端玩家。

核心参数：装备品质，默认设定为史诗（紫色）品质装备。

2）装备强化

装备强化是提升装备属性的重要途径，核心参数是装备强化等级，且强化过程与角色等级密切关联。

- **装备强化等级**：与角色等级同步，玩家每提升 1 级，装备强化等级就提升 1 级。这种同步增长方式保证装备强化等级随角色成长而逐步增强，确保角色能够应对更强的挑战，使装备强化等级的增幅与玩家角色的进步相匹配。

核心参数：装备强化等级，该参数直接与角色等级相关，每提升 1 级，装备强化等级随之提升，确保强化系统与角色成长同步。

3）装备升星

装备升星系统通过消耗资源，将装备提升到新的星级，并显著提升装备的属性。装备升星的核心参数是装备星级，而升星进度通常与角色等级相关。

- **装备星级**：由角色等级决定，玩家在不同的角色等级阶段可以解锁不同的装备星级。例如，玩家在 1 至 10 级时使用 1 星装备，在 11 至 20 级时使用 2 星装备，依此类推，直到玩家在 80 级时装备达到 10 星。该设定确保玩家在每个等级阶段都能适时获得相应的装备升星增益，并通过合理的资源获取速度予以支持。

核心参数：装备星级，该参数通过角色等级绑定，确保不同等级阶段玩家能够逐步提升装备星级，并反映相应的资源需求与成长阶段。

4）装备宝石

装备宝石系统为装备提供额外的属性加成，宝石的核心参数是宝石等级和宝石数量。

- **宝石等级**：宝石等级提升与装备升星类似，都是通过角色等级来绑定的。例如，玩家在 1 至 10 级时，可以镶嵌 1 星宝石；在 11 至 20 级时，可以镶嵌 2 星宝石，依此类推，直到装备可以镶嵌 9 星宝石。这种设定使宝石增益与玩家成长步伐同步，避免宝石增益失衡。

核心参数：宝石等级，该参数与角色等级挂钩，确保在每个等级阶段玩家都能通过镶嵌宝石提升装备属性，并满足成长过程中的需求。

- **宝石数量**：每个装备默认有 3 个插槽，可以镶嵌 3 颗宝石。为简化数值设定，假设玩家始终处于活跃状态，能充分利用所有宝石插槽。

核心参数：宝石数量，该参数默认为活跃玩家每件装备拥有 3 个插槽，可以镶嵌最大数量的宝石。

通过对每个模块核心参数（装备阶级、装备品质、装备强化等级、装备星级、宝石等级与宝石数量）的精确设定，我们能够确保装备成长系统与玩家的成长过程紧密相连。每个模块的增幅和成长机制都与玩家的角色等级或活跃度挂钩。这样不仅能保证成长过程的平衡，还能为玩家提供清晰的目标和奖励。如此一来，玩家的装备将逐步增强，助力他们在不同挑战中取得成功。

3. 坐骑成长模块

坐骑系统为角色提供额外的成长路径，玩家通过坐骑可以获得显著的属性加成，进一步提升角色的战斗力。坐骑成长模块包含三个核心部分：坐骑基础、坐骑升级和坐骑升星。这些模块不仅让坐骑提供基础属性加成，还通过坐骑升级和坐骑升星进一步增强角色的生存能力和战斗表现。

1）坐骑基础

坐骑基础属性由其品质和种类决定，这两个因素是坐骑成长模块中的关键参数。

- **坐骑品质**：直接决定其提供的基础属性加成。不同品质坐骑提供的属性加成差异明显。我们选择精良（蓝色）坐骑为基准坐骑，作为模拟器中的默认计算对象。精良（蓝色）坐骑在游戏中较为普遍，获取难度较低，适合作为常规计算基础。史诗（紫色）或传说（橙色）坐骑因其稀有性，不纳入常规计算，但可以在特殊场景中考虑。

核心参数：坐骑品质，该参数影响坐骑基础属性的增幅。这里我们设定为精良（蓝色）品质，确保属性计算的统一性，并保障游戏的平衡性。

- **坐骑种类**：与其所提供的坐骑基础属性密切相关，通常涉及生命值、防御力等属性。不同种类的坐骑会有不同的基础属性加成。

核心参数： 坐骑种类，这里我们选择品质相对普遍、易获取的坐骑作为基准对象，确保属性计算的统一性。

2）坐骑升级

玩家可以通过消耗资源进行坐骑升级，逐步提升坐骑基础属性，坐骑最高等级为40级。每次升级都会带来一定的属性增幅。

- **坐骑等级：** 坐骑升级与角色等级相关联。具体设定为：玩家每提升 2 级，坐骑等级就增加 1 级。该设定确保坐骑成长与角色成长步伐相匹配。玩家通过不断升级坐骑，可以获得持续的属性增幅，提升角色的战斗力。

核心参数： 坐骑等级，该参数与角色等级挂钩，通过玩家的等级提升来同步增加坐骑的等级。每当角色等级提升 2 级，坐骑等级提升 1 级，确保坐骑成长与角色成长相辅相成。

3）坐骑升星

升星系统为坐骑提供更高属性增幅。玩家通过消耗资源进行升星，能够让坐骑获得进一步的增强。升星系统的核心参数是坐骑星级。

- **坐骑星级：** 升星是提升坐骑属性的关键方式。坐骑星级通过消耗特定资源进行提升，最高为 12 星。为模拟玩家的升星进度，设定的目标星级与角色等级挂钩。具体规则如下。
  - 角色等级未达到 10 级时，坐骑星级为 1 星。
  - 角色等级在 11 至 20 级时，坐骑星级为 2 星。
  - 依此类推，角色等级每提升 10 级，坐骑星级提升 1 星，直到角色等级达到 80 级时，坐骑星级达到 12 星。

注意： 由于升星系统需要消耗大量资源，因此升星进度通常会受玩家资源获取情况影响。通过这种设定，我们可以确保玩家在不同阶段有合理的升星进度，从而避免资源获取失衡。

核心参数： 坐骑星级，该参数通过角色等级绑定，确保在不同等级阶段，玩家的坐骑能够逐步提升星级，反映玩家成长轨迹和资源消耗。

通过对坐骑成长模块的详细设定，确保坐骑系统与角色成长系统紧密结合。每个模块的增幅与成长机制都明确了核心参数，并与玩家的角色等级、活跃度或资源消耗情况相匹配，确保玩家在各阶段能获得合理的属性加成。坐骑基础的核心参数为坐骑品质和坐骑种类，用于决定坐骑基础属性增幅；坐骑升级的核心参数为坐骑等级，与角色等级同步，确保角色升级时，坐骑也会随之成长；坐骑升星的核心参数为坐骑星级，升星进度与角色等级绑定，保障升星系统在不同阶段的平衡性。

至此，我们完成了职业成长模拟器基础框架底层参数的设定。本小节通过对角色成长、装备成长和坐骑成长三个核心模块的详细参数设定，确保各模块在角色成长过程中属性加成与等级的关联性。这些参数经过精细规划，使角色的成长轨迹清晰可控，保障各等级阶段的合理性和平衡性。

由于大部分参数与角色等级直接绑定，在实际操作中，我们只需输入角色职业和角色等级这两个关键参数，模拟器便可自动计算出该角色在当前等级下，不同职业、不同成长路径的属性数值。这种设计极大简化了模拟器的使用，提高操作效率，同时为后续数值调整提供充足的灵活性。

下面将利用已定义的底层参数，并结合相应的计算公式，进入模块计算阶段，逐步推导出各个成长模块的数值变化，并保障各模块间的平衡性与合理性。

6.1.2 模块计算

本小节将进入职业成长模拟器的关键环节——模块计算。基于前文设定的底层参数与相关公式，对角色成长模块、装备成长模块和坐骑成长模块展开详细运算，逐步推导各模块对角色属性的具体影响。通过这一过程，每个模块的计算结果将清晰呈现角色在不同成长阶段的属性变化，有助于验证各模块间是否协调运作，保障游戏的平衡性。

这一计算过程不仅为角色的成长轨迹提供了准确的数值支持，还为后续的平衡性调整奠定了坚实的基础。通过严谨的数值推导，我们能够深入了解每个成长模块的功能和影响，从而为游戏的整体设计和优化提供有力的参考。下面将依次对角色成长模块、装备成长模块和坐骑成长模块进行具体计算。

1. 角色成长模块计算

在角色成长模块的计算过程中，我们将逐步推导角色在各个成长阶段的属性变化情况。通过不同参数的组合，计算角色基础属性、等级提升带来的变化，以及培养过程中的属性增幅。这些计算结果将帮助我们精准确定角色在游戏中的成长轨迹，为后续的数值调整提供有力依据。角色成长模块主要包括以下 3 个部分：角色基础、角色等级和角色培养。

1）角色基础

角色基础属性由角色的职业决定，是角色成长的起点。为确保每个职业从游戏初始阶段就具备合理的属性分布，我们通过索引函数，结合前文第 4 章 4.1.1 小节中的表 4.3，从中提取对应职业的角色初始属性数据。这些初始属性设定了角色的起始能力，决定了角色在游戏初期的表现，并将其作为后续成长和发展计算的基础。

例如，战士的初始属性数值，如表 6.1 所示。

表 6.1 战士的初始属性数值

参数	生命值	攻击力	防御力	命中率	闪避率	暴击率	暴击伤害倍数	抵抗暴击率
战士	175	11	16	9	8	4	15	5

表 6.1 清晰展示了战士职业在角色创建时的各项初始属性。这些属性对角色在游戏中的综合实力与成长路径有着直接影响。例如，战士凭借较高的生命值和防御力，能够在战斗中承受更多伤害；而其攻击力和暴击相关属性，则决定了自身的输出水平。这些初始属性作为基础数据，为后续角色等级提升和培养过程的数值计算提供支撑。

> **注意：** 在计算过程中，需要运用公式和函数，从前文第 4 章 4.1.1 小节的表 4.3 中准确索引所需的属性数据。只需输入相应参数（如"战士"等），系统即可自动获取该职业的全部数据。这种操作方式既保障了计算的准确性，又为后续的快速计算奠定了便捷基础。

2）角色等级

角色等级是决定基础属性增长的关键要素。在角色成长过程中，角色的属性会随等级提升而增加。通过参数"等级"，我们可以使用索引函数从表 3.13 中提取相应的等级成长数值。同时，通过参数"职业"，我们可以从表 3.5 中获取各职业的一级属性权重。结合这两组数据，我们可以计算出角色在特定等级下的属性变化。

具体计算公式如下：

等级数据=角色等级成长数值×各职业一级属性权重

以法师职业为例，假设在 30 级时，角色等级成长数值，如表 6.2 所示。

表 6.2　法师在 30 级时的角色等级成长数值

模块名	参数	生命值	攻击力	防御力	命中率	闪避率	暴击率	暴击伤害倍数	抵抗暴击率
职业	法师	146	18	12	8	7	5	15	4
等级	30	470	57	38	-	-	-	-	-

在表 6.2 中可以看到，法师职业在 30 级时的各项属性数值。这些数值是基于其职业的属性权重和对应角色等级成长数值设定的。通过这种方式，我们能够动态地计算出角色在不同等级时的属性变化，并为后续的角色培养提供必要的数据支持。这一计算过程保障了角色成长的连贯性和可预测性，为后续模块的计算提供了清晰的数值基础。

3）角色培养

角色培养作为角色成长的重要环节，能给角色各项属性带来额外的加成。角色培养系统通常以 20 级为一个阶段展开计算。在这部分内容中，我们使用以下公式来计算角色的培养数值：

角色培养数值=上一阶培养数值+当前阶段培养进度×当前阶段培养数值

- **上一阶段培养数值**：由于培养以 20 级为一个阶段，因此可以使用参数"等级"减去 20，从表 4.6（各等级阶段的可培养属性上限）中提取与之对应的可培养数值。

- **当前阶段培养进度**：使用参数"等级"，通过 MOD 函数来计算，公式为"培养比例=MOD(等级,20)/20"。
- **当前阶段培养数值**：通过参数"等级"索引当前等级对应的培养数值。为简化计算流程，我们可以创建一个辅助表格，列出不同等级阶段的可培养数值。表6.3 所示为角色培养属性数值辅助用表。

表6.3　角色培养属性数值辅助用表

等级索引	等级	生命值	攻击力	防御力	命中率	闪避率	暴击率	暴击伤害倍数	抵抗暴击率
1	1～20 级	1207	121	121	61	61	34	121	34
21	21～40 级	2413	241	241	120	120	66	241	66
41	41～60 级	4825	483	483	242	242	133	483	133
61	61～80 级	8445	844	844	422	422	232	844	232

通过上述公式和辅助表格，我们可以计算出不同等级下玩家的培养属性数值。表6.4 所示为法师 22 级培养属性数值。

表6.4　法师 22 级培养属性数值

模块名	参数	生命值	攻击力	防御力	命中率	闪避率	暴击率	暴击伤害倍数	抵抗暴击率
职业	法师	146	18	12	8	7	5	15	4
等级	22	300	36	24	-	-	-	-	-
培养	-	1328	134	134	68	68	38	134	38

通过上述计算，我们顺利推导出法师职业在 22 级时的培养数值，有力保障了角色属性能够随等级提升而有序增长。

在角色成长模块的计算过程中，我们充分运用预先设定的基础数据与公式，确保角色在不同等级阶段和培养进程中，属性都能得到合理提升。借助基础属性、角色等级和角色培养这三个模块的协同计算，玩家的角色能够依据自身职业特性和等级，获得适配的属性增幅。每个模块均借助详细的公式和索引函数，从预设的表格中精准提取数据，实现数据的自动化计算，有效保障了计算结果的准确性。该设计使角色的成长轨迹一目了然，玩家可以根据职业和等级的变化，实时查看角色的属性提升情况。

下面将进入装备成长模块的计算环节，进一步探讨角色成长过程中多维度的属性提升机制。

2. 装备成长模块计算

在装备成长模块中，我们将采用系统化的计算方法，明确装备在角色成长过程中的属性贡献。该模块涵盖装备基础、装备强化、装备升星和装备宝石 4 个部分，每个部分都对角色的整体战斗力有着直接影响，尤其是在游戏后期阶段对玩家的角色战斗表现具有显著的增强作用。

1）装备基础

装备基础属性的计算是角色成长过程中不可忽视的一环。其计算公式如下：

装备基础属性=标准属性分配（全局）×装备基础占比×各职业属性权重×装备品质占比

- **标准属性分配（全局）**：这一部分的计算依赖于角色的等级。通过索引查找标准属性成长数据，我们可以得到角色在当前等级下的全局属性数值。装备等级与角色等级相互关联，每 10 级划分为一个装备阶层，因此需要建立装备等级的映射关系表。为简化这个映射过程，我们可以使用 ROUNDUP 函数，利用公式"ROUNDUP(等级/10,0)×10"，快速将角色等级映射到对应的装备等级。
- **装备基础占比**：该占比可以从表 3.19 辅助成长模块的属性分配中获取，在本设计中设定为 8%。
- **各职业属性权重**：与角色基础属性的计算方法类似，我们通过角色的参数"职业"，从表 3.5 中索引该职业的一级属性权重。
- **装备品质占比**：装备品质对属性的影响同样不可忽视。根据前文 5.1.1 小节中提供的表 5.4 品质属性占比的设定，我们将装备品质（如"史诗（紫色）"）作为索引，计算出相应的品质占比。

下面以 36 级盗贼为例，展示装备基础属性的计算结果，如表 6.5 所示。

表 6.5　盗贼 36 级装备基础属性数值

模块名	参数	生命值	攻击力	防御力	命中率	闪避率	暴击率	暴击伤害倍数	抵抗暴击率
装备基础	史诗（紫色）	2359	259	180	102	124	72	225	53

从表 6.5 中可以清楚地看到，装备在角色成长过程中对基础属性的贡献，确保装备在各成长阶段，属性增幅和战斗力稳步提升。这个计算为后续的装备强化、装备升星及装备宝石系统的计算奠定了坚实基础。

2）装备强化

装备强化是提升装备基础属性的关键途径。玩家通过强化装备能够显著增强角色的各项战斗属性，全方位提升角色整体战斗力。装备强化不仅与角色等级相关，还通过提高装备的强化属性，帮助玩家在不同成长阶段获取更强的战斗力。

装备强化后的属性计算公式为：

装备强化后的属性=标准属性分配（全局）×装备强化占比

- **标准属性分配（全局）**：这部分的计算方法和装备基础属性的计算保持一致，标准属性需要根据角色等级进行索引。不同的角色等级对应不同的标准属性，确保每个等级区间的属性增幅相对均衡。通过查阅表 3.11 一级属性成长设定（全局）可以获取相应的标准属性数据。

- **装备强化占比**：装备强化带来的属性增幅由一个固定比例决定，该比例代表强化过程中属性的增长幅度。在前文表 3.19 辅助成长模块的属性分配中，装备强化占比被设定为 8%。因此，强化后的装备将增加其基础属性的 8%。

下面以 36 级盗贼为例，展示装备强化后的属性增幅，如表 6.6 所示。

表 6.6　盗贼 36 级装备强化属性数值

模块名	参数	生命值	攻击力	防御力	命中率	闪避率	暴击率	暴击伤害倍数	抵抗暴击率
装备基础	史诗（紫色）	2359	259	180	102	124	72	225	53
装备强化	36	2080	208	208	-	-	-	-	-

从表 6.6 中可以清晰地看到，装备强化后所带来的显著属性增长，尤其在生命值、攻击力和防御力等关键属性上的提升。这为角色在战斗中的生存能力和输出能力提供了重要支撑。

装备强化不仅增强了角色的基础战斗力，还为后续的装备升星系统打下了坚实的基础。下面将继续探讨装备升星的计算逻辑，以进一步提升装备的属性。

3）装备升星

装备升星是提升装备属性的一个重要手段，能够显著增强装备的基础属性，进而大幅提升角色的整体战斗力。在升星过程中，玩家在每个升星阶段均可获得额外的属性增幅，有效提升角色的生存能力和输出能力。

装备升星后的属性计算公式为：

装备升星后属性=升星加成百分比×装备基础属性数据

- **升星加成百分比**：每个升星阶段都对应一个固定的加成百分比，相关数据存储在表 5.12 中，玩家可以通过索引查找相应阶段的升星增幅。一般来说，随着升星阶段的推进，加成百分比会逐步递增，从而实现装备属性的阶梯式提升。
- **装备基础属性数据**：在进行装备升星计算时，所使用的基础属性数据直接来源于前文计算得出的装备基础属性与强化属性，确保升星计算是在当前装备的实际属性基础上进行的。

下面以 36 级盗贼为例，展示装备升星后的属性增幅，如表 6.7 所示。

表 6.7　盗贼 36 级装备升星属性数值

模块名	参数	生命值	攻击力	防御力	命中率	闪避率	暴击率	暴击伤害倍数	抵抗暴击率
装备基础	史诗（紫色）	2359	259	180	102	124	72	225	53
装备强化	36	2080	208	208	-	-	-	-	-
装备升星	从 3 星升至 4 星	708	78	54	31	38	22	68	16

从表 6.7 中可以清楚地看到，在装备升星后，装备的各项属性得到了显著提升，尤其在生命值、攻击力和防御力等关键属性上增幅明显。这不仅增强了角色在战斗中的生存能力，还提高了其输出能力。

装备升星为角色提供了一个重要的属性增幅途径，在角色成长过程中起着至关重要的作用。接下来，我们将继续探讨装备宝石系统，进一步分析如何通过宝石提升装备的属性。

4）装备宝石

装备宝石是提升装备属性的重要途径之一。玩家可以通过在装备中嵌入宝石，进一步增强装备的基础属性，从而提升角色的整体战斗力。装备宝石的属性增幅主要通过宝石的等级和属性占比来计算。

装备宝石的属性计算公式为：

装备宝石=标准属性分配（全局）×宝石属性占比×不同等级宝石的属性占比

- **标准属性分配（全局）**：与前文中的装备基础模块计算相同，使用角色等级进行索引，查找标准属性成长数据，这些数据为装备宝石的属性增幅提供了依据。
- **宝石属性占比**：这个占比是一个固定值，代表宝石对装备基础属性的增强比例，已在表 3.19 的辅助成长模块的属性分配中设定为 12%。
- **不同等级宝石的属性占比**：通过查找表 5.15 中的不同等级宝石的属性占比数据，可以获得相应宝石等级的增幅。通过 VLOOKUP 函数，玩家能够根据宝石等级快速查找相应的增幅数据。

下面以 36 级盗贼为例，展示其装备宝石属性数值的计算结果，如表 6.8 所示。

表 6.8 盗贼 36 级装备宝石属性数值

模块名	参数	生命值	攻击力	防御力	命中率	闪避率	暴击率	暴击伤害倍数	抵抗暴击率
装备基础	史诗（紫色）	2359	259	180	102	124	72	225	53
装备强化	36	2080	208	208	-	-	-	-	-
装备升星	从 3 星升至 4 星	708	78	54	31	38	22	68	16
装备宝石	4	2097	210	210	105	105	58	210	58

通过上述计算，装备宝石为角色提供了显著的属性增强，尤其在生命值、攻击力和防御力等关键属性上的增幅，进一步提升了角色在战斗中的整体表现。

在装备成长模块计算中，我们详细探讨了 4 个核心部分的计算：装备基础、装备强化、装备升星和装备宝石。通过这些部分的逐步计算，我们可以全面评估装备对角色战斗力的贡献，并为角色成长提供强有力的支持。每个部分的计算方法都紧密结合了角色的等级、职业属性，以及装备的不同阶段，保障了装备属性的合理性与平衡性。

在游戏中，通过装备强化、装备升星和装备宝石系统，玩家能够实现装备属性的提升。这些计算模型不仅帮助玩家深入理解这些系统的运作机制，还确保游戏内的数值设计，在具备挑战性的同时，还能维持良好的平衡性。随着角色等级的逐步提升，装备成长路径提供多维度的属性加成，助力角色战斗力在各个阶段都能获得显著提升。

3. 坐骑成长模块计算

坐骑成长模块为角色开辟了额外的成长途径，旨在通过对坐骑的悉心培养，进一步提升角色的属性和战斗力。通过合理规划坐骑的成长路径，玩家能够在提升角色基本属性的同时，享受坐骑带来的全新体验。坐骑成长模块主要包括 3 个关键部分：坐骑基础、坐骑升级和坐骑升星。每个部分都对角色属性的增长和战斗力的提升起着至关重要的作用。

下面将逐步分析并计算每个模块对角色属性的具体影响，帮助玩家更加清晰地了解坐骑成长对角色实力提升的贡献。

1）坐骑基础

坐骑的基础属性为角色提供了初始的增益效果，通常包括生命值、攻击力和防御力等一级属性，部分坐骑还会提供特殊属性加成。这些基础属性是角色在游戏初期通过坐骑获得的初步加成，也是后续坐骑成长的基础。为了简化计算过程，我们以精良（蓝色）坐骑为例，采用其对应的基础属性数据展开分析。表 6.9 所示为精良（蓝色）品质坐骑属性数值。

表 6.9　精良（蓝色）品质坐骑属性数值

模块名	参数	生命值	攻击力	防御力
坐骑基础	精良（蓝色）	1166	118	118

这些基础属性将直接影响角色的初期属性加成，并为后续的坐骑成长提供一个稳定的起点。下面将进一步探讨坐骑升级如何在基础属性的基础上，实现更强的属性增幅。

2）坐骑升级

坐骑升级是提升坐骑基础属性的重要途径之一。玩家可以通过消耗资源提升坐骑的等级，这样既能获得更高的属性增幅，又能进一步增强角色的整体战斗力。坐骑升级属性数值的计算公式如下：

坐骑升级属性数值=标准属性分配（全局）×坐骑升级属性占比×精良坐骑属性占比

- **标准属性分配（全局）**：这一参数基于坐骑的当前等级进行索引查找，确保在坐骑成长的各个阶段，属性增长都是合理的。需要注意的是，坐骑的当前等级通常为角色等级的一半，即"坐骑当前等级=角色等级÷2"。例如，当角色达到 36 级时，坐骑等级应为 18 级。
- **坐骑升级属性占比**：这一数值为固定值，表示坐骑在升级时所获得的属性增幅，通常设定为 4%。该占比是从前文表 3.19 辅助成长模块的属性分配中提取的。

- **精良坐骑属性占比**：这一占比数值根据不同坐骑品质进行调整。以精良（蓝色）坐骑为例，其属性占比需要从表 5.18 中获取，借此体现不同品质坐骑在属性层面的差异。

下面以角色 36 级为例，展示玩家的坐骑升级属性数值的计算结果，如表 6.10 所示。

表 6.10　角色 36 级坐骑升级属性数值

模块名	参数	生命值	攻击力	防御力
坐骑基础	精良（蓝色）	1166	118	118
坐骑升级	18	208	21	21

经过上述计算，玩家可以直观了解坐骑升级后带来的属性提升。随着坐骑等级不断提高，属性加成将进一步增强，从而实现角色战斗力的提升。下面将探讨坐骑升星系统，进一步挖掘坐骑潜力，为角色属性提升提供更大助力。

3）坐骑升星

坐骑升星是提升坐骑属性的一个重要途径，通过坐骑升星，玩家能够大幅提升坐骑的基础属性，全方位增强角色的战斗力。坐骑升星属性数值的计算公式为：

坐骑升星属性数值=标准属性分配（全局）×坐骑升星属性占比×星级占比×精良坐骑属性占比

- **标准属性分配（全局）**：与前文相同，标准属性需要通过查阅表 3.11 一级属性成长设定（全局）和表 3.13 特殊属性成长设定（全局）获取，确保坐骑属性随等级提升实现合理增长。

- **坐骑升星属性占比**：这一数值来自前文表 3.19 辅助成长模块的属性分配，表示坐骑升星时所获得的属性增幅比例。

- **星级占比**：根据当前坐骑的星级计算占比，确保坐骑星级越高，属性增幅越明显。该占比需要查阅表 5.23 坐骑升星属性占比获取，确保升星系统具备合理性和渐进性。

- **精良坐骑属性占比**：与前文设定一致，从表 5.18 不同坐骑的属性占比中获取，以此体现不同品质坐骑在属性增幅方面的差异。

如表 6.11 所示，其为以 2 星精良（蓝色）坐骑为例，角色 36 级坐骑升星属性数值。

表 6.11　角色 36 级坐骑升星属性数值

模块名	参数	生命值	攻击力	防御力
坐骑基础	精良（蓝色）	1166	118	118
坐骑升级	18	208	21	21
坐骑升星	2	516	52	52

通过坐骑升星，坐骑基础属性实现大幅提升，为角色战斗输出和防御提供更有力的支持。坐骑升星并非简单的属性线性增长，随着星级逐步提高，属性增幅愈发显著，持续推动角色战斗力提升。

通过对坐骑成长模块的计算，我们全面梳理了坐骑成长的各个部分，涵盖坐骑基础、坐骑升级和坐骑升星。每个部分都采用系统规范的计算方法，使坐骑属性增长与角色等级、坐骑星级、坐骑品质紧密契合，全方位提升角色的战斗力。坐骑基础为角色提供初始属性加成，筑牢坐骑成长根基；坐骑升级通过消耗资源提升等级，实现属性增强；坐骑升星则借助提升星级，显著增强坐骑的战斗力。

下面将整合角色成长模块、装备成长模块和坐骑成长模块的数据，推动职业成长模拟器实现完整数据输出与精准计算。

4．成长模块属性汇总

通过将角色成长模块、装备成长模块和坐骑成长模块的计算结果进行汇总，我们便可以轻松获得角色在特定等级和职业下的综合属性。表 6.12 所示为战士 22 级属性数值汇总。

表 6.12　战士 22 级属性数值汇总

模块名	生命值	攻击力	防御力	命中率	闪避率	暴击率	暴击伤害倍数	抵抗暴击率
角色成长	1863	168	182	77	76	42	149	43
装备成长	4134	342	391	152	144	75	287	80
坐骑成长	1606	163	163	-	-	-	-	-
汇总	7603	673	736	229	220	117	436	123

表 6.12 直观呈现了角色成长、装备成长和坐骑成长模块对角色属性的加成情况，这些加成相互协同，共同塑造了角色的综合实力。依托这套系统化设计，玩家只需输入角色职业和等级，就能迅速获取与之对应的精确属性数值。这种模块化的数值体系使得数值调整变得更加灵活，进而提升游戏的可玩性和玩家的游戏体验。

6.2　角色与怪物的数值验证

在游戏设计中，角色与怪物之间的数值平衡对战斗体验至关重要。通过对比各职业属性与怪物属性，我们能够验证不同职业在对抗各类怪物时的实际表现，确保每个职业的游戏体验既具挑战性又公平合理。本节将详细介绍如何通过伤害计算公式，分析玩家与怪物之间的互动，进而对职业设计的平衡性展开科学评估。

这一分析过程不仅有助于精准衡量不同职业的输出能力和生存能力，还能敏锐察觉潜在的数值失衡问题。这些发现将为后续数值调整和优化工作提供关键依据。我们的终极目标是全面提升游戏的平衡性，让玩家在面对多样化的怪物时能够根据自身职业特性，制定并实施恰当的战术策略，尽情享受游戏带来的丰富乐趣。

6.2.1 数值验证过程

本小节将详细阐述职业与怪物数值验证流程，确保每个职业在与不同类型怪物对战时的属性表现符合设计预期，并通过伤害计算公式来验证数值的平衡性。

1）计算玩家属性

首先，使用角色成长模块，计算并获得 30 级牧师的基础属性。这些属性数据为后续验证提供了玩家在特定等级下的基本战斗力。以牧师为例，经过计算得出的属性汇总，如表 6.13 所示。

表 6.13 牧师 30 级属性汇总

角色职业	角色等级	生命值	攻击力	防御力
牧师	30	11153	1121	1121

这些数值将作为玩家与怪物之间对比的基础，帮助我们分析牧师在面对不同怪物时的输出能力与生存能力。

2）提取怪物属性

下面从设计文档中提取不同类型怪物的属性数据，包括普通怪物、精英怪物和首领怪物。不同类型的怪物具有不同的定位和属性，因此我们为每种怪物提供了对应的生命值、攻击力和防御力等属性数据，如表 6.14 所示。

表 6.14 不同类型怪物的属性

怪物类型	怪物定位	生命值	攻击力	防御力
普通怪物	近战坦克	6720	288	480
	远程输出	3840	672	384
	近战输出	4320	624	384
	远程辅助	4800	480	480
精英怪物	近战坦克	9600	480	720
	远程输出	7680	1008	384
	近战输出	8640	912	384
	远程辅助	8640	816	480
首领怪物	全能	144000	960	480

这些怪物数据将帮助我们理解每类怪物在游戏中的角色定位，并为后续的伤害计算提供依据。

3）代入伤害计算公式

在获得玩家和怪物的属性后，我们将其代入事先设定的伤害计算公式，计算玩家与怪物之间的伤害输出与生存周期。下面以牧师与普通怪物（近战坦克）为例，描述伤害计算过程。首先，我们获取牧师的攻击力数值和怪物的防御力数值，并将这两个数据代入预先设定好的伤害计算公式中，从而得出玩家操控牧师对怪物的伤害输出量。然后，通过怪物的生命值数据和刚刚计算得出的伤害输出量得出怪物的生存周期，即生命值除以伤害。同样的计算逻辑与方法，也适用于怪物攻击牧师这一情形，即通过相应运算计算出怪物对牧师造成的伤害数值，以及牧师在此攻击下的生存周期。表 6.15 清晰展示了基于上述计算方法所得到的伤害输出与生存周期的相关数据。

表 6.15　玩家与怪物间伤害及生存周期数据

玩家攻击怪物		怪物攻击玩家	
伤害	生存周期	伤害	生存周期
642	10	268	28
648	6	626	12
648	7	581	13
642	7	447	17
628	15	447	17
648	12	939	8
648	13	849	9
642	13	760	10
642	224	894	9

　　经过上述计算结果，我们得以评估牧师在与不同类型怪物战斗时的表现，重点关注其输出水平与生存周期是否契合游戏设计初衷。例如，我们预设整体战斗维持在 15回合左右，以保证战斗既具有挑战性，又不至于让战斗过程过于拖沓。从实际战斗数据来看，牧师在面对普通怪物时，虽然输出较高，但是生存周期偏短，致使战斗节奏偏快；而在对抗精英怪物和首领怪物时，牧师输出较为适中，生存周期较长，战斗持续时间相对较长。这种设计旨在让玩家拥有丰富的决策空间与战术选择，避免战斗体验过于单调或仓促结束。

　　注意：上述计算仅基于玩家的基础属性展开评估，而真实的战斗数值计算应当引入玩家技能部分的模拟。在真实游戏场景中，玩家技能对战斗结果影响显著，尤其是在伤害输出与生存能力的计算环节。然而，鉴于数据量庞大且复杂，本次计算过程予以简化，未加入玩家技能的具体模拟。若寻求简化实现方式，则可以考虑借助玩家秒伤倍率，对伤害和生存周期进行等比例缩放。例如，若玩家的总秒伤倍率达到 1600%（每秒伤害为基础属性的 16 倍），则可以直接依据该倍率对伤害输出和生存周期进行调整，从而获取简化却有效的战斗模拟结果。此方法虽简化了计算流程，但在一定程度上保障了战斗的平衡性，保留了玩家的战术选择空间。

6.2.2　平衡性优化方案

在玩家使用不同职业与怪物战斗的过程中，常就游戏的平衡性提出疑问或反馈。通过模拟这些反馈，我们可以更好地识别和理解游戏中可能存在的问题，并针对性地制定优化方案。

"牧师怎么输出这么低？BOSS 打不动，真是个垃圾职业！"

- 这类反馈通常来自牧师玩家。牧师作为一个以治疗和辅助为主的职业，输出能力相对薄弱。在日常任务中，牧师玩家常因输出不足，在面对大量普通怪物时战斗艰难，战斗效率极为低下，严重影响游戏体验，特别是在单人任务场景下，问题尤为突出。

"精英怪物怎么这么强？我都快死了，战士根本打不过！"

- 战士玩家可能会有这样的吐槽。尽管战士在防御能力和生存能力方面有优势，但在面对精英怪物时，由于怪物的高攻击力和高防御力，战士往往缺乏足够的输出，战斗持续时间过长。玩家虽能承受怪物攻击，但难以快速击败敌人，导致战斗节奏过慢，体验变差。

从这些玩家反馈中，我们可以归纳出以下游戏平衡性问题。

- **职业输出不足**：以牧师为代表的辅助职业，治疗能力突出，但输出能力较弱。在面对普通怪物时，玩家经常感到战斗节奏缓慢、效率低下。特别是在缺乏队友支援的情况下，牧师在单独进行任务时，战斗耗时过长，极大影响玩家的游戏体验。

- **怪物强度过高**：精英怪物和首领怪物在设计上，虽然拥有极高的生命值和攻击力，但这会导致战斗过程过于艰难。对缺乏高爆发输出的职业来说，怪物的强度明显超出玩家的承受范围，容易让玩家产生挫败感。

针对上述问题，我们可以从以下几个方面进行优化。

牧师职业优化如下。

- **提升输出能力**：增强牧师的单体输出技能，让其在日常任务中拥有足够的伤害输出。例如，适当提高"神圣打击"技能的基础伤害，或者提升"灵魂爆发"类技能的伤害效果，从而提升牧师清理普通怪物的效率。

- **技能与输出结合**：在牧师的治疗技能中加入一些辅助输出机制。例如，我们可以设计一个"光辉爆发"技能，既能恢复队友生命值，又能对附近敌人造成一定的伤害。这不仅能提高牧师在战斗中的参与感，还能加快击败普通怪物的速度。

精英怪物优化如下。

- **降低部分精英怪物的防御力和生命值**：当精英怪物的防御力和生命值设定过高时，可能导致玩家的战斗节奏变得非常缓慢，特别是对输出较低的职业影响明显。适当降低部分精英怪物的防御力和生命值，使得战斗不至于拖延太久，提升玩家的战斗体验。

- **调整怪物技能和攻击机制**：对于精英怪物，我们可以根据玩家职业的多样性，设计更具互动性的技能。例如，为精英怪物增添能够针对牧师等低输出职业的技能，使战斗更加多样化，同时避免怪物单纯依靠高生命值拖延战斗。

通过模拟玩家反馈，我们可以提前发现职业输出不足和怪物强度过高是导致平衡性问题的关键因素。针对这些问题，我们提出优化牧师职业输出和调整精英怪物强度的方案。通过这些优化措施可以有效提高玩家的游戏体验，确保不同职业在面对怪物时表现更加合理，从而增强整体战斗节奏的流畅性和游戏的趣味性。

6.3 职业间的数值验证

在多人在线游戏中，职业间的平衡性既影响着玩家挑战怪物时的表现，又极大地左右着玩家之间的对战体验。在 PVP（玩家对玩家）战斗场景中，不同职业之间的数值差异直接关系到战斗的公平性和竞技性。因此，针对职业间的数值进行验证，尤其是考量其在 PVP 战斗场景中的表现，是保障游戏平衡的关键环节之一。

本节围绕不同职业在 PVP 战斗场景中的表现开展数值验证，深入剖析各职业在对抗其他玩家时的优势与劣势。同时，探究单角色与多角色对战场景中的数值差异，旨在为开发团队提供参考，助力其对职业平衡进行精细化调整与优化，全方位提升玩家的战斗体验。

6.3.1 职业间 PVP 数值验证

本小节将以 40 级各职业的基本属性为切入点，开展 PVP 数值验证工作，系统分析各职业在 PVP 战斗场景中的优势和劣势。首先，收集并计算各职业的基本属性数据，针对生命值、攻击力、防御力等关键数值展开对比。表 6.16 所示为 40 级各职业的基本属性数据。

表 6.16　40 级各职业的基本属性数据

类型	生命值	攻击力	防御力
40 级战士	18995	1664	1824
40 级法师	17928	1904	1691
40 级弓手	17663	1877	1745
40 级盗贼	18195	1877	1691
40 级牧师	17928	1797	1797

基于上述数据，我们能清晰洞察各职业基础属性的差异，具体如下。

- **战士**：凭借最高的生命值和防御力，成为坦克职业的不二之选，能够有效吸收大量伤害，为团队提供坚实的前排保障。
- **法师**：法在攻击力上独树一帜，擅长发动远程攻击，是团队输出的核心力量，专注于对敌人造成高爆发伤害。
- **弓手和盗贼**：拥有强劲的输出能力，但防御较为薄弱，凭借高机动性，在灵活快速的战斗场景中发挥优势。
- **牧师**：在生命值与防御力方面较为均衡，自身具备一定的生存能力，同时能够为队友提供治疗与增益支持，是团队续航的关键。

接下来，我们通过对比不同职业间的 PVP 数据，深入分析各职业在与其他职业对战时的伤害输出和生存周期。表 6.17 所示为 40 级各职业互相对抗数据，展示了 40 级各职业在与其他职业对抗时的表现。

表 6.17　40 级各职业互相对抗数据

类型	战士 VS 其他职业		法师 VS 其他职业		弓手 VS 其他职业		盗贼 VS 其他职业		牧师 VS 其他职业	
	伤害	生存周期	伤害	生存周期	伤害	生存周期	伤害	生存周期	伤害	生存周期
40 级战士	1407	13.50	1610	11.80	1587	11.97	1587	11.97	1520	12.50
40 级法师	1423	12.60	1629	11.01	1606	11.17	1606	11.17	1537	11.66
40 级弓手	1417	12.47	1621	10.90	1598	11.05	1598	11.05	1530	11.54
40 级盗贼	1423	12.78	1629	11.17	1606	11.33	1606	11.33	1537	11.84
40 级牧师	1411	12.71	1614	11.11	1591	11.27	1591	11.27	1523	11.77

基于上述数据，我们能够得出以下结论。

- **战士 VS 其他职业**：在与法师等高输出职业对战时，战士的高防御力与出色的生存能力优势尽显。虽然战士伤害输出偏低，但其较长的生存周期能有效消耗敌人的输出火力，逐步拖垮对手。
- **法师 VS 其他职业**：法师凭借超高攻击力，在输出层面占据绝对主导地位。在与牧师、弓手等防御薄弱的职业对战时，法师能迅速将其击败。不过，法师自身较为脆弱，生存周期较短，在与高防御力的战士对战时，生存能力明显不足，很容易被战士的近身攻击所克制。
- **弓手 VS 其他职业**：弓手和盗贼在攻击力上较为接近，但弓手的生存周期稍短。在与高防御力敌人对战时，弓手的伤害输出会受到较大限制。特别是在与战士对战的过程中，弓手不仅伤害难以穿透战士的防御，自身脆弱的防御也导致其生存周期大幅缩短。

- **盗贼 VS 其他职业**：盗贼和弓手在伤害输出上不相上下，但盗贼在与不同职业对战时，其生存周期略长。凭借自身灵活性，盗贼在与法师等防御脆弱的职业对战时，能够快速接近对方并发动攻击，占据较大优势。
- **牧师 VS 其他职业**：牧师的伤害输出相对较低，但其属性较为均衡，这使得牧师在各类战斗场景中都能保持较长的生存周期。在团队战斗中，牧师作为不可或缺的辅助职业，能够为队友提供治疗和增益支持，对团队的稳定发挥起到关键作用。

通过上述数据分析，不同职业在 PVP 战斗场景中的角色定位与优劣势清晰可见。每个职业都拥有独特的战斗特点，这种平衡机制有效避免了单一职业独大的局面。它不仅丰富了游戏玩法的多样性，还促使玩家在 PVP 对抗场景中能够根据不同职业特性制定相应的对战策略。

6.3.2　单角色与多角色对比分析

在游戏设计中，PVP 战斗平衡的考量，不仅涉及单个职业之间的制衡，还需要深入探讨单个角色对战多个敌人的情形。本小节将运用兰彻斯特方程平方律，对单角色与多角色之间的战斗平衡展开分析。兰彻斯特方程平方律的公式为：

玩家集合 A 伤害×生命 A^2=玩家集合 B 伤害×生命 B^2

通过这个公式，我们能够推算出一个玩家可以同时应对的敌人数量。通过公式的反推逻辑，我们可以明确：当玩家 A 与玩家 B 对抗时，玩家 A 能承受多少个玩家 B 的攻击；反之，也能得知，玩家 B 需要多少人才能击败玩家 A。

假设在战斗场景中，玩家 A 为 40 级战士，玩家 B 为 40 级法师。通过以下公式，我们可以计算战士与法师之间的平衡状态，具体公式为：

A 职业可同时面对的玩家数量=（玩家集合 A 伤害×生命 A^2）÷（玩家集合 B 伤害×生命 B^2）

为了更好地理解，我们设定了战士与法师的对抗数据，如表 6.18 所示。

表 6.18　战士与法师的对抗数据

类型	生命值	攻击力	防御力	面对对手数量
40 级战士	18995	1664	1824	0.98
40 级法师	17928	1904	1691	1.02

该表详细罗列了 40 级战士和 40 级法师的生命值、攻击力和防御力数据。基于兰彻斯特方程平方律计算得出，当战士与法师对战时，战士能够同时面对法师的数量为 0.98。这一结果表明，在当前设定下，战士基本能与 1 名法师展开势均力敌的对抗，这意味着战士和法师之间的对抗具有相对平衡性。

在运用兰彻斯特方程平方律进行计算时，如果计算结果大于 1，则说明战士可以轻松击败多个法师，这表明战士属性过强，极有可能破坏游戏的平衡性。反之，如果计算结果小于 1，则说明法师占据绝对优势，战士在与法师对战时难以存活，同样破坏游戏平衡。

注意： 该计算方法在验证游戏职业平衡性方面极为有效，既能够判断单角色之间对抗的平衡性，又能够推广到研究不同职业之间的整体平衡。当计算结果显示某职业能轻易打败多个敌人时，就必须对该职业的属性进行重新调整，防止其过于强势，反之亦然。

这种基于兰彻斯特方程平方律的分析方法不仅适用于单角色之间的对抗分析，还能有效评估多个敌人对单角色造成的压力。借助该模型，游戏设计者可以清晰判断玩家单人在何种情况下能够应对多个敌人，以及需要多少敌人才能成功击败单个玩家。

对游戏设计者来说，这一分析为游戏平衡调整提供了关键依据。如果某职业在面对多个敌人时表现得过于强势或过于弱势，则可以根据数值反馈对其属性进行针对性调整，从而确保游戏的平衡性。例如，法师过于强大，在一对一战斗中能迅速击败战士，这就需要通过降低法师的防御力或生命值来重新调节两者之间的对抗平衡。

通过运用兰彻斯特方程平方律，我们对单角色与多角色对战中的职业平衡性展开了深入分析。以 40 级战士与 40 级法师的模拟对抗为实例，验证了当前职业间的平衡状况，为游戏角色平衡的进一步优化提供了有力的数据支持。这一数学模型不仅有助于游戏设计者优化游戏 PVP 部分的平衡性，为玩家营造更加公平的对抗环境，也从整体上提升了游戏体验。

番外篇：战斗数值扩展

在游戏的长期运营过程中，数值系统的扩展性对保障游戏的持久活力和玩家体验起着决定性作用。随着新职业、新技能、新装备和新副本等新内容持续融入游戏，数值体系必须具备极高的灵活性，才能确保这些更新平稳落地。战斗数值扩展并非简单的数值堆砌，而是对游戏平衡性、策略性与趣味性的深度维护与精心雕琢。

在游戏设计的起始阶段，搭建具有扩展性的数值框架极为关键。若设计规划缺乏前瞻性，则随着游戏内容的日益丰富，数值极易陷入膨胀与失衡的困境。例如，某些职业可能因数值失控变得过于强大，而其他职业则失去竞争力，这不仅严重破坏游戏的公平性，还极大地降低玩家的游戏热情。因此，构建合理的数值扩展系统是确保游戏能够随着时间的推移，顺利接纳各种新内容，并始终维持平衡与挑战的核心举措。

此外，数值扩展不仅关乎技术实现问题，还对玩家在面对新的挑战时的体验感受有着深远影响。游戏开发者可以对数值体系进行精细的设计和调整，从而确保玩家的成长与游戏内容的推进始终保持在一个良性的循环中，使得游戏能够长期保持吸引力和新鲜感。

因此，本番外篇将深入探讨战斗数值扩展的重要性与实现方法，帮助读者理解在复杂的游戏设计中如何确保数值的合理性，并为未来的内容拓展搭建一个可持续发展的框架。

1. 战斗数值扩展的必要性与目标

随着游戏内容的不断丰富和玩家需求的不断变化，战斗数值系统必须具备高度的扩展性，才能适应新职业、新技能、新装备，以及未来可能出现的各种内容更新。数值系统作为游戏机制的核心组成部分，直接影响着玩家的战斗体验与游戏的长远发展。为了应对未来内容的增加和调整，设计一个具有良好扩展性的战斗数值系统显得尤为重要。

在游戏开发初期，开发团队需要充分考虑数值体系的扩展性。如果一个游戏的战斗数值系统在设计时没有考虑到后续的扩展，随着新内容的加入，原本的数值结构可能会失衡，进而破坏游戏的整体平衡性，降低玩家的游戏体验。例如，当新职业或新技能加入时，由于缺乏预留的数值扩展空间，原有的数值体系可能无法适应新内容带来的变化，从而造成部分职业过强或过弱，甚至引发数值 "膨胀"，严重损害玩家的游戏体验。

战斗数值系统扩展性的重要性体现在以下几个方面。

- **适配新内容**：随着新职业、技能和装备的加入，扩展性良好的系统能够轻松引入新数值，避免对原有结构进行大规模修改。
- **维持平衡性**：通过扩展数值体系，可以合理调整数值差异，维持各职业之间的平衡性，防止某一职业独大。
- **防止数值崩溃**：良好的扩展性设计能够有效避免在内容扩展过程中出现数值崩溃或不兼容的问题，保障玩家的游戏体验不受损害。

战斗数值系统的扩展需要明确以下目标。

- **平衡性**：每次扩展和调整都必须以游戏平衡为出发点，确保新增的职业、技能或装备不会打破现有的平衡格局。例如，某个新技能可能大幅提升某一职业的输出能力，若不及时调整其他职业的相应数值，则可能导致游戏数值失衡。
- **适应性**：扩展后的数值系统应具备强大的适应能力，能够灵活应对不同类型的内容加入。无论是新增的技能效果，还是更新的装备系统，数值体系都能保持一致性与合理性。
- **可持续性**：随着游戏的持续更新和扩展，数值系统需要预留足够的增长空间，避免过早触及数值上限，影响游戏的长远发展。适时的扩展与优化能够让游戏始终保持新鲜感与挑战性，为玩家带来层次丰富的战斗体验。

- **玩家体验**：在数值扩展的过程中，提升玩家的游戏体验是非常重要的目标之一。新的数值内容应能为玩家提供更多的战略选择和战斗方式，增强玩家的参与感与成就感，而不是单纯追求数值增长。

总的来说，战斗数值的扩展并非仅仅是技术性的调整，还直接关乎游戏的未来发展和玩家的长期留存。在进行扩展设计时，保持数值系统的灵活性、平衡性和适应性是至关重要的。

2. 数值压缩与优化策略

随着游戏的不断更新和玩家的持续深入，数值体系极易出现膨胀问题。为了保障游戏的流畅运行，提升玩家的游戏体验，适时开展数值压缩和优化工作十分必要。数值膨胀是指随着新职业、新技能、新装备等游戏内容的不断增加，玩家的各项数值逐渐增大，导致整个系统的数值差异越来越大。虽然这种增长在短期内能够提升玩家的成就感，但如果不加以控制，则数值膨胀将严重破坏游戏的平衡性和挑战性。

在这种情况下，数值压缩成了必要的调整手段。通过压缩数值可以缩小数值之间的差距，将游戏数值维持在合理范围内，使玩家对自身成长的感知处于可接受水平。数值压缩不仅是应对数值膨胀的有效手段，还是一种优化策略，旨在提升玩家体验、保障游戏平衡，并为后续的内容扩展预留充足空间。

1）数值压缩的目的

- **抑制数值膨胀**：随着游戏内容的持续扩展，玩家的属性值、伤害输出等会逐渐提升。如果不对数值进行压缩，则玩家的属性可能呈指数增长，导致数值失衡。数值压缩有助于减缓这种膨胀趋势，使数值增长更加平稳。
- **提升游戏挑战性**：数值膨胀可能导致玩家之间的差距过大，从而使得一些高等级玩家能够轻易击败低等级玩家，削弱游戏的挑战性。通过对数值进行压缩，能够平衡各个等级段玩家的实力，增强游戏的整体挑战性和策略性。
- **优化玩家体验**：在游戏初期，玩家能够明显感受到角色能力的快速提升，但随着游戏的推进，数值的过度膨胀可能让玩家在某些内容上体验到"压倒性优势"。数值压缩能够缓解这一现象，使玩家在游戏的各个阶段都能保持相对平衡的体验。
- **控制系统复杂度**：数值膨胀不仅会影响游戏平衡性，还会使系统变得越来越复杂。数值压缩有助于简化系统，让玩家的选择更加清晰，减少冗余属性和复杂计算，增强游戏的可操作性和易玩性。

2）数值压缩的实现方式

- **整体属性压缩**：对所有角色的基础属性进行统一的压缩。例如，在某个版本更新时，开发团队可能将所有角色的攻击力、生命值等属性按一定比例降低，以维持数值的合理范围。例如，将所有角色的基础生命值统一压缩至原有数值的

90%，避免因等级和装备增长导致的过度膨胀。

- **比例化调整**：对部分系统进行比例化调整，限制属性增长上限。例如，为某些装备或技能设置成长上限，确保它们在一定范围内稳定增长，避免随时间推移而失控。
- **关键数值优化**：重点优化某些关键数值，并对其进行针对性压缩。例如，当魔法值和攻击力之间的比例失调时，需要对其中一项进行适当压缩，避免单一数值对战斗结果产生过大影响。
- **技能与装备的平衡调整**：有时，部分技能或装备的效果会随着版本更新变得过强，从而引发数值膨胀。这时，游戏开发者可以通过对技能伤害、装备加成等进行适当压缩，使其更符合游戏的平衡需求。

总的来说，数值压缩是游戏开发过程中不可或缺的优化手段，通过合理的压缩和调整，可以有效规避免数值膨胀带来的问题，保障游戏的长期平衡，提升玩家的持续体验。通过科学实施数值压缩，既能优化现有游戏系统，又能为未来的扩展和更新奠定坚实的基础。

07

第 7 章
数值设计的智能化进程

随着游戏产业的持续发展，数值系统设计正经历着一场意义深远的变革。在游戏发展早期，数值设计主要依靠手动调节，游戏设计者需要针对每个系统、角色和物品单独设定数值。这种方式虽然能够实现精细化管控，但随着游戏内容日益丰富、复杂度不断攀升，手动设计逐渐暴露出效率低下、灵活性欠佳的弊端。面对愈发庞大的游戏系统，游戏设计者迫切需要探寻一种更为高效且具备扩展性的解决方案。

在这样的行业背景下，数值模块化设计成为数值设计领域的核心手段。通过将复杂的数值体系拆解为多个功能独立的模块，游戏设计者不仅能更灵活地调整每个部分，还能妥善处理游戏中不同系统间的相互关联。模块化数值系统赋予游戏设计者快速更新与优化部分数值的能力，而不必重新调整整个系统。这种方式极大地提升了数值设计的效率与可控性，同时让游戏中的数值结构变得更为清晰、易于维护。

不过，单纯的数值模块化设计在应对现代大型游戏时，仍存在一定的局限性。随着游戏世界规模不断扩大、内容愈发丰富，数值系统需要具备更为智能、自动化的特性。于是，自主生成数值系统应运而生。这是一种基于规则和算法的数值生成模式，能够自动生成数值，并根据设计目标和游戏平衡要求实时进行调整。自主生成数值系统能够减轻游戏设计者的工作负担，使设计团队得以将更多精力聚焦于创意构思和玩法优化。

本章将深入探讨数值设计中的这两种方法，即数值模块化和自主生成数值系统。首先，我们将回顾模块化数值系统的概念，剖析其在数值设计中的应用场景及优势；然后，我们会介绍自主生成数值系统的原理，探讨如何借助自动化实现更为复杂的数值设计；最后，展望这两种设计方式的未来发展，探究数值模块化与自主生成数值系统的结合，将如何助力游戏设计者应对未来更具挑战性的游戏系统。

通过深入理解这两种数值设计方法，游戏设计者能够更为高效地管理和调节游戏中的数值结构，丰富游戏世界的内容，增强游戏的趣味性，为玩家带来更优质的游戏体验。

7.1 数值模块化

数值模块化的理念源自软件开发中的模块化设计思路，其核心做法是将复杂的系统拆解成多个既能独立运作，又能相互协同的模块。在数值设计领域，数值模块化手段使游戏设计者得以将繁杂的数值系统分割成不同的部分，如此一来，管理与调整工作变得简便，而且不必担忧对整个系统产生负面影响。这种设计模式不仅简化了数值管理流程，还为游戏后续的拓展与更新赋予了极高的灵活性。

数值模块化设计旨在让数值系统更易于管理、维护和扩展。通过将数值划分成独立的模块，游戏设计者能够迅速响应游戏内容的变化需求，灵活调节数值，从而保障游戏体验的平衡性与趣味性。本节将数值模块化设计划分为 3 个关键层级，分别为基础框架模块、核心成长模块和辅助成长模块。每个模块各司其职，负责处理游戏中特定的数值任务，共同构建起完整的数值体系。

1. 基础框架模块

基础框架模块涵盖了角色的核心基础属性，如生命值、攻击力、防御力等。这些基础属性构成了角色的初始状态，无论后续角色如何成长，基础框架模块在整个数值系统中始终发挥着支撑性作用。在数值模块化设计过程中，基础框架模块确保了各类角色在游戏初期的平衡性，同时为后续的成长和调整构筑起稳定的数值根基。

2. 核心成长模块

核心成长模块包含角色或物品在等级、经验等方面的成长要素。例如，角色每提升一级，其生命值、攻击力等基础属性会根据预先设定的成长曲线实现增长。此外，装备、坐骑等成长系统同样归属于该模块。核心成长模块直观体现了角色的发展进程，决定了玩家在游戏中逐步增强实力的途径。这一模块的设计必须精细入微，以保证不同角色和物品的成长曲线合理恰当，既不会过于迟缓，又不会过快超出设计预期范围。

3. 辅助成长模块

辅助成长模块负责角色在游戏中的辅助性成长内容，包括装备的强化、升星，坐骑的升级与进阶等。这些辅助成长方式虽不像核心成长那样直接提升基础属性，但会为角色带来显著的属性增益。例如，玩家通过装备强化或者宝石镶嵌，能够在一定区间内提升角色的攻击力、防御力等关键属性。辅助成长模块为玩家开辟了更多个性化的成长路径，增强了游戏的策略性与趣味性。

通过对这 3 个关键模块的划分，数值模块化设计让游戏中的数值结构愈发清晰明了，便于进行调整与优化。例如，设计者能够单独对装备强化模块中的数值进行调整，不必顾虑会对角色的基础属性增长造成干扰。同时，借助数值模块化的层级划分，游戏设计者可以快速对每个模块的权重进行调配，保证数值系统始终保持在平衡状态。

- **灵活性**：游戏设计者能够在不破坏整体系统架构的前提下，单独对某个模块展开调整。例如，当需要对装备的强化数值进行修改时，游戏设计者可以直接在辅助成长模块中操作，而不用担心影响角色基础属性或核心成长曲线。

- **效率提升**：数值模块化设计减少了重复性工作，让游戏设计者能够专注于对每个模块进行优化。例如，倘若发现某个成长系统（如坐骑升级）的数值存在不平衡问题，游戏设计者只需对坐骑模块的参数加以调整，不需要重新对整个数值系统进行全盘调整。

- **可扩展性**：数值模块化设计为未来游戏内容的拓展提供了极大的便利。例如，当游戏计划新增装备系统或角色突破机制时，只需在现有的辅助成长模块中添加新的子模块，不需要对其他模块进行大规模改动。

在实际应用场景中，数值模块化设计让数值管理工作变得更为高效。例如，在装备成长模块中，游戏设计者能够独立调整装备强化和装备升星所带来的数值加成，而不会对角色的基础成长产生影响。当游戏进行更新时，能够快速对这些模块进行调整，以适配新的玩法需求。

尽管数值模块化设计带来诸多便利，但在实际实施过程中可能会遇到一些难题。例如，部分模块之间可能存在相互依存关系，这就导致在调整一个模块时，需要兼顾另一个模块。为化解这一问题，游戏设计者通常会设定模块间的平衡系数，以此确保它们在相互影响的情况下依旧能够维持整体的数值平衡。

总之，数值模块化为复杂的数值系统提供了灵活性、扩展性，以及高效的管理模式。它不仅能帮助游戏设计者更迅速地对数值进行调整与优化，还能为游戏未来的更新和拓展奠定基础。在下一节内容中，我们将深入探讨在数值模块化设计的基础之上，如何借助自主生成的数值系统，达成更智能化、自动化的数值管理目标。

7.2 自主生成数值系统

随着游戏内容日益丰富，复杂度持续攀升，传统的手动数值设计已无法满足动态且实时的游戏需求。数值模块化设计为数值管理奠定了良好基础，而自主生成数值系统（Procedural Generation）作为数值设计领域的新兴力量，代表着未来数值设计向自动化、智能化方向迈进的重要趋势。借助自主生成数值系统，游戏开发者只需预设规则与目标，程序便能根据这些设定自动生成契合预期的数值配置。这不仅大幅减少了人工干预，还让游戏能够实现更灵活、更具动态性的数值调整，为玩家带来更优质、更具变化性的游戏体验，也为游戏行业数值设计的革新提供了全新的思路与方向。

自主生成数值系统的核心原理在于，通过设定一组规则与目标，如玩家的体验难度、游戏节奏等，程序根据这些目标自主生成数值，并根据实时数据加以调整。该系统不仅能在游戏初始阶段生成数值，还能基于玩家反馈动态变更数值，以此保障游戏体验的平衡性与挑战性。

自主生成数值系统的实现主要依赖游戏设计者设定的一组核心规则与预期目标。这些规则和目标可能涵盖以下方面。

- **玩家体验难度**：游戏设计者预先设定玩家在特定阶段应面临的挑战程度，如对怪物强度的预期设定。
- **游戏节奏**：程序按照设定的游戏节奏自动调节关卡难度变化，确保玩家在不同阶段都能持续面临适度挑战。
- **反馈调整**：系统能够实时监测玩家行为，如战斗表现、过关时长等，进而自动调整后续的数值设定。例如，增强怪物强度或缩短技能冷却时间，以保证玩家体验到符合预期的挑战难度。

凭借这些核心规则，自主生成数值系统能够动态生成角色属性、怪物强度、装备数值等。这种生成方式减轻了游戏设计者手动调整的负担，提升了设计效率与游戏的灵活性。

在传统数值设计过程中，游戏设计者需要手动为每个关卡、怪物和装备逐一进行数值调整。这不仅工作量巨大，而且在游戏运行期间难以根据玩家反馈及时做出调整。与之不同的是，自主生成数值系统通过预设玩家的平均战斗力和期望挑战难度，能够自动为不同关卡生成怪物的生命值、攻击力、防御力等属性。

举例来说，当游戏设计者将某个关卡的期望挑战难度设定为"中等"时，系统会自动根据玩家当前的等级、装备和技能状况，动态生成相应的怪物数值。这些数值既能保证游戏难度的合理性，又能为不同类型的玩家群体提供个性化的挑战。

自主生成数值系统的优势在于，它不仅能生成初始数值，还能根据玩家的表现进行动态调整。例如，假设某个玩家展现出过高的攻击力，系统会自动提升后续关卡中怪物的生命值与防御力，以保障游戏的平衡性。这种动态生成机制使游戏能够更好地适配不同类型的玩家，无论是新手玩家还是经验丰富的老手，游戏都能根据他们的行为调整难度曲线。

此外，这种动态调整并非局限于单个关卡或怪物。系统能够基于整个游戏进程持续分析玩家表现，实时生成适配的数值，确保每个阶段的挑战都维持在合理强度。

数值策划在开展设计工作时可以输入特定的参数（如期望的游戏难度、玩家平均完成时间，或者怪物的技能效果等），让系统自动生成最为适宜的数值配置。例如，数值策划预设一个关卡的期望完成时间为 15 分钟，系统会根据玩家的平均战斗力，自动调整怪物的生命值、攻击力和技能效果，确保大多数玩家能够在预期时间内完成挑战。

通过这种方式，游戏设计者能够大幅减少手动调整的工作量，提高设计效率，同时保证数值的合理性与一致性。自主生成数值系统不仅提高了工作效率，还能根据不同的玩家行为、技能使用频率和关卡设计目标动态生成合理的数值配置，从而实现高度个性化与动态化的游戏体验。

尽管自主生成数值系统带来了显著的优势，但它也面临一些挑战。

- **可控性**：生成数值的随机性和动态调整能力虽然增强了游戏的灵活性，但也需要谨慎把控。游戏设计者需要设定合理的数值波动范围，避免生成的数值过强或过弱，致使游戏体验失衡。

- **复杂性**：随着系统复杂度的增加，生成规则和算法也会愈发复杂，尤其是在涉及多个模块（如装备、技能、怪物等）相互作用的情况下，需要游戏设计者合理规划算法，确保生成的数值能够维持平衡和稳定。

自主生成数值系统为数值设计赋予了更高程度的自动化与动态调整能力。它通过设定规则与预期目标生成符合游戏平衡要求的数值，并根据玩家实时表现进行调整。随着游戏系统复杂性的不断提升，自主生成数值系统在未来的数值设计领域将发挥愈发重要的作用。在下一节内容中，我们将探讨如何将数值模块化设计与自主生成数值系统相结合，构建更为智能、灵活的数值系统。

7.3　从模块化到自主生成的未来

在现代数值设计领域，数值模块化设计与自主生成数值系统各有其独特优势，而将二者融合，无疑是未来数值系统发展的重要方向。数值模块化设计为游戏系统搭建起清晰的架构，提供了灵活的调整空间和高度的扩展性；而自主生成数值系统则在此基础上，赋予了系统动态生成数值和自适应变化的能力。未来的数值系统不仅是静态的数据集，还是一个能够根据玩家行为、游戏进程及反馈信息进行实时优化的智能体系。

数值模块化设计作为数值设计的基石，将复杂的系统拆解为不同的模块，让游戏设计者得以更便捷地管理和调节数值。不过，随着游戏规模不断扩大、复杂度持续提升，单纯依靠数值模块化设计已难以应对多变的游戏需求。在此情形下，自主生成数值系统发挥出重要作用。

通过把数值模块化设计与自主生成数值系统相结合，游戏设计者能够设定每个模块的核心规则与边界条件，随后系统根据这些规则自动生成数值，并在必要时进行实时调整。例如，装备模块可以界定装备的基础属性范围，而自主生成系统则能根据玩家的游戏进度动态生成装备的具体属性数值，以此确保游戏的难度与挑战性始终维持在合理水平。

随着技术的不断进步，未来的数值系统将愈发智能。程序不仅能按照预设规则生成数值，还能借助大数据分析和机器学习技术实时调控游戏平衡。例如，系统能够通过分析海量玩家的游戏行为数据，自动生成最适配每位玩家的数值配置，使每个玩家都能获得定制化的游戏体验。

自适应系统是未来数值设计的重要趋势之一。它能够根据每个玩家的游戏风格和习惯，自动调节游戏内的数值难度。例如，对于偏好进攻型玩法的玩家，系统可能生成更强的怪物防御力属性；而对于倾向防御型玩法的玩家，系统则会增强怪物的攻击力，以此保证玩家始终面临契合自身的挑战。

　　尽管自主生成数值系统能够极大地提高工作效率，但人工设计在游戏数值领域依旧起着不可替代的作用。游戏设计者的创造力和对游戏体验的精准把控是程序无法完全企及的。未来的数值设计工作将更侧重于规则的制定与目标的设定，而具体的数值生成则交由系统完成。这种分工模式让游戏设计者得以将更多精力投入到游戏的创意构思和宏观把控上。例如，某些特殊关卡或 BOSS 战的数值设计，仍然需要依靠游戏设计者的经验与创造力，手动设定独具特色的挑战性数值，而不能完全依赖系统生成。

　　尽管数值模块化设计与自主生成数值系统的结合带来诸多便利，却也面临一些挑战。首先，随着系统复杂程度的增加，如何保障生成数值的稳定性与可控性，成为一个关键问题。其次，游戏设计者需要精心构建生成规则，确保系统生成的数值合理恰当，同时保障游戏的平衡性。不过，技术的进步同样为数值设计带来了更多机遇。随着更强大的算法和更智能的工具不断涌现，未来的数值设计将有能力处理更为复杂的场景和系统，游戏设计者也将拥有更得力的工具来实现自身的创意构想。

　　数值模块化设计和自主生成数值系统的结合，将有力推动未来数值设计朝着智能化方向发展。随着技术的不断进步，游戏设计者的角色将从微观的数值调整逐步转变为宏观的规则制定与创意策划，而程序将承担起自动生成和优化数值系统的重任。展望未来，数值系统将变得更加灵活、智能，能够根据玩家行为和游戏进程实时调整，为每一位玩家打造独一无二的游戏体验。